Von der Laserbeschriftung bis zum Lasermaterialabtrag

Christoph Kollbach · Hans Wilhelm · Christoph Hartl

Von der Laserbeschriftung bis zum Lasermaterialabtrag

Wie Sie sich mit den Grundlagen vertraut machen und Fehlinvestitionen vermeiden

Christoph Kollbach
SK LASER GmbH
Wiesbaden, Deutschland

Hans Wilhelm
SK Latronics Laser GmbH
Aachen, Deutschland

Christoph Hartl
Fakultät für Fahrzeugsysteme und Produktion,
Technische Hochschule Köln
Köln, Deutschland

ISBN 978-3-658-38129-5   ISBN 978-3-658-38130-1   (eBook)
https://doi.org/10.1007/978-3-658-38130-1

Die Deutsche Nationalbibliothek verzeichnet diese Publikation in der Deutschen Nationalbibliografie; detaillierte bibliografische Daten sind im Internet über http://dnb.d-nb.de abrufbar.

Planung/Lektorat: Reinhard Dapper
Springer Vieweg ist ein Imprint der eingetragenen Gesellschaft Springer Fachmedien Wiesbaden GmbH und ist ein Teil von Springer Nature.
Die Anschrift der Gesellschaft ist: Abraham-Lincoln-Str. 46, 65189 Wiesbaden, Germany

Inhaltsverzeichnis

Einleitung

1

Inhaltsverzeichnis

LASER = *Light Amplification by Stimulated Emission of Radiation*

Nur wenige Technologien haben sich in den vergangenen Jahrzehnten so rasant entwickelt wie die Lasertechnik. Hierdurch steht heute eine Vielzahl unterschiedlichster Strahlquellen und laserbasierter Systeme zur Verfügung, die sich für Anwendungen in Bereichen wie der Kommunikationstechnik, Medizintechnik, Werkstückbearbeitung im Mikro- und Makrobereich, dem 2D- und 3D-Druck, der Messtechnik und Sensorik etabliert haben. Gleichzeitig ist die Lasertechnik ein wachsender Markt mit einem weltweiten Umsatz von Lasersystemen in der Größenordnung von etwa 15,5 Mrd. US\$ im Jahr 2019 [1].

Das hohe Maß an Flexibilität, die leichte Automatisierbarkeit und die Vielfalt bearbeitbarer Werkstoffe sind wesentliche Gründe für die Bedeutung, die der Einsatz von Lasern insbesondere in der industriellen Oberflächenbearbeitung gewonnen hat. Durch diese Eigenschaften ist der Laser beispielsweise ein ideales Werkzeug, um den zunehmenden Bedarf an Möglichkeiten für eine Produktkennzeichnung durch Beschriften und Markieren mit hohem Informationsgehalt, einfach umzusetzender Rückverfolgbarkeit [2] und hoher Fälschungssicherheit zu bedienen.

Erfolgreiche Investitionen in Lasersysteme zur Oberflächenbearbeitung setzen voraus, dass die gewählte Strahlquelle, deren Betriebsparameter wie Leistung und Laserpulsgestaltung, die Strahlführung, Systemautomatisierung und installierte Hilfsvorrichtungen wie zum Beispiel Absaugung und Schutzmaßnahmen für optische Bauteile auf das vorgesehene Bearbeitungsspektrum von Produkten abgestimmt sind.

Dieses Buch gibt wichtige Informationen zum Laser und seiner Physik. Es behandelt Laser bis zu einer Stärke von maximal 1 kW. Nach einer kurzen Übersicht

© Der/die Autor(en), exklusiv lizenziert an Springer Fachmedien Wiesbaden GmbH, ein Teil von Springer Nature 2023   1
C. Kollbach et al., *Von der Laserbeschriftung bis zum Lasermaterialabtrag,*
https://doi.org/10.1007/978-3-658-38130-1_1

zur Entstehungsgeschichte des Lasers in Kap. 2 dieses Buches werden im 3. Kapitel Grundlagen zur Physik des Laserlichtes erläutert, um die Wirkungsweise, Varianten und Besonderheiten dieser Energieform verständlich zu machen. Wer nicht soviel über die Physik lesen möchte, kann direkt zu Kap. 3, Abschn. 3.5 springen und lässt die physikalische Basis weg. Kap. 4 gibt eine Einführung in notwendige Maßnahmen, Richtlinien und anlagenspezifische Details zum Thema Lasersicherheit. Die wesentlichen Verfahren für die Oberflächenbearbeitung wie das Beschriften, Markieren, Gravieren und Reinigen von Oberflächen mit ihren Merkmalen und Anwendungsfeldern werden in Kap. 5 genau erläutert. Eine ausführliche Übersicht typischer Handlingsysteme und Ausführungen kommerzieller Lasersysteme mit den Vor- und Nachteilen und bevorzugten Einsatzgebieten wird in Kap. 6 dargestellt. Die gebräuchlichsten der in diesen Maschinen eingebauten Lasertypen werden in Kap. 7 vorgestellt. Mit den Kap. 8 bis 11 werden wichtige Hinweise und Beispiele für die Auswahl und Beschaffung von Lasersystemen und -typen für spezifische Bearbeitungsaufgaben gegeben. Das Buch schließt mit einem letzten Kap. 12, in dem auf Trends und Entwicklungen eingegangen wird.

Den Autoren ist bewusst, dass die einzelnen Kapitel dieses Buches teilweise unterschiedliche Gruppen von Lesern und Leserinnen ansprechen. So ist zum Beispiel das Kap. 3, mit Details zu physikalischen Grundlagen des Lasers, für diejenigen geeignet, die sich intensiver mit der Entstehung von Laserlicht und dessen Eigenschaften auseinandersetzen wollen. Dahingegen sind die Kap. 4 bis 11 von Bedeutung für Leser und Leserinnen, die an der Entscheidung zur Anschaffung von Systemen für die Oberflächenbearbeitung mit Lasersystemen involviert sind. Insgesamt sind die einzelnen Kapitel in sich geschlossen und geben alle wichtigen Informationen, wodurch sich teilweise bewusst eingesetzte thematische Überschneidungen ergeben.

Literatur

1. N.N. (2020) The Worldwide Market for Lasers: Review and Forecast. Strategies Unlimited, March 2020
2. Bassi L (2017) Industry 4.0: Hope, hype or revolution? 2017 IEEE 3rd International Forum on Research and Technologies for Society and Industry (RTSI) (S 1–6). https://doi.org/10.1109/RTSI.2017.8065927

Entwicklungsgeschichte LASER

2

Inhaltsverzeichnis

2.1 Entdeckung des Laserlichts

Die physikalischen Grundlagen für die Erzeugung von Laserlicht sind bereits im Jahr 1916 von Albert Einstein in seinem Artikel ‚Strahlungsemission und Absorption nach der Quantentheorie' beschrieben worden [1]. Dabei setzte er zwei Annahmen voraus, die erst einige Jahre vorher gemacht wurden: erstens, dass Licht nicht nur als elektromagnetische Welle beschrieben werden kann, sondern auch als Teilchen (meistens als ‚Lichtquanten' oder ‚Photonen' bezeichnet) und zweitens die Existenz von diskreten atomaren Energieniveaus, was erst einige Jahre zuvor mit dem ‚Bohrschen Atommodell' begründet wurde (s. a. Abschn. 3.1, 3.2 und 3.3 und Anhang). Er nahm in seinem Artikel an, dass zwei Energieniveaus eines Atoms mit einem Photon auf die folgenden drei Arten wechselwirken können:

1. Durch die Absorption eines Photons wird das Atom vom Grundzustand in das höhere Energieniveau gebracht.
2. Durch die Emission eines Photons geht das Atom vom höheren Energieniveau wieder in den Grundzustand über. Dies wird auch als ‚spontane Emission' bezeichnet.

© Der/die Autor(en), exklusiv lizenziert an Springer Fachmedien Wiesbaden GmbH, ein Teil von Springer Nature 2023
C. Kollbach et al., *Von der Laserbeschriftung bis zum Lasermaterialabtrag*,
https://doi.org/10.1007/978-3-658-38130-1_2

3. Ein Lichtquant kann ein Atom, das sich im höheren Energieniveau befindet, dazu ‚stimulieren‘ unter Emission eines weiteren Photons wieder in den Grundzustand überzugehen.

Diese Art von Emission hat Einstein als ‚stimulierte Emission‘ bezeichnet. Absorption und spontane Emission waren damals schon bekannte Prozesse. Das Besondere und Neue ist allerdings die Annahme einer ‚stimulierten Emission‘ als zweite Möglichkeit der Emission eines Lichtquants. Sie ist eine notwendige Voraussetzung für die Erzeugung von Laserstrahlung (vgl. auch Abschn. 3.4). Durch die ‚stimulierte Emission‘ verdoppelt sich jeweils die Anzahl der Photonen, da ja jedes Photon ein weiteres erzeugt. Es entsteht auf diese Weise eine ‚Photonenlawine‘, also im Prinzip die Voraussetzung für die Entstehung des Laserlichts. Allerdings ging es Einstein in seinem Artikel nicht um die Erfindung des Lasers oder dessen theoretische Voraussage, sondern er wollte eine auf andere Weise abgeleitete Formel zur Strahlungsemission eines Festkörpers unter Zugrundelegung der obigen drei Emissionsarten bestätigen.[1] Das gelang ihm und er bestätigte damit auch die Existenz der ‚stimulierten Emission‘ als weitere Wechselwirkung zwischen Licht und Materie. Seine Begeisterung über diese Bestätigung der Existenz von ‚stimulierten Emission‘ zeigt eine Passage eines Briefes von 1916 an einen Freund, in dem er schreibt: „A splendid idea on the absorption and emission of radiation has dawned on me“ – „Mir ist ein prächtiges Licht über die Absorption und Emission von Strahlung aufgegangen“.

Es hat allerdings noch Jahrzehnte gedauert, bis es vom Postulat der ‚stimulierten Emission‘ auch zur technischen Realisierung einer Laseremission kam. Ein wichtiger Grund war, dass die Entstehung der Photonenlawine erst dann möglich ist, wenn sich deutlich mehr Atome im angeregten Zustand befinden als im Grundzustand. Man spricht von einer ‚Besetzungsinversion‘ der beiden Energieniveaus, die technisch nicht leicht zu realisieren ist. Erst in den frühen 1950er Jahren entwickelte die Arbeitsgruppe des Physiker Charles Townes ein Gerät, das einen starken und gerichteten Strahl von Mikrowellen (elektromagentische Strahlung mit Wellenlängen im Bereich von ca. 1 mm bis 30 cm) durch stimulierte Emission erzeugte. Im Prinzip wurde somit erstmals nachgewiesen, dass elektromagnetische Strahlung durch induzierte Emission verstärkt wird. Da die Strahlung von Mikrowellen nicht im optischen Spektralbereich liegt, wurde es MASER[2] genannt [3]. Im optischen Spektralbereich gelang dies erst 1960 dem Physiker Theodore Maiman. Er war damals 32 Jahre alt und arbeitete als promovierter Physiker in den Hughes Research Laboratories in Malibu Kalifornien. Am 16. Mai 1960 hatte seine Konstruktion aus Edelstahlhülse, 2 cm Rubinstabkristall mit am Ende silberbeschichteten

---

[1] Hierbei handelte es sich um die ‚Plancksche Strahlungsformel‘, die das Strahlungsspektrum eines Festkörpers in Abhängigkeit von seiner Temperatur beschreibt [2]. Ein Beispiel ist das Emissionsspektrum der Sonne.

[2] MASER: **M**icrowave **A**mplification by **S**timulated **E**mission of **R**adiation.

Flächen und einer Blitzlampe als Laser funktioniert. Mit jedem Lichtblitz, der auf den Rubinkristall abgegeben wurde, um dort eine Besetzungsinversion zwischen dem unteren und oberen Laserniveau zu erreichen, wurden rote Laserpulse erzeugt [4]. Dieses Experiment gilt als die Geburtsstunde des Lasers.

2.2 Industrialisierung des Lasers

Der Laser inspirierte anfangs sehr stark das Militär einiger Länder, weshalb viel Geld in die Entwicklung floss. Die Generäle träumten von Laserkanonen, die feindliche Flieger oder Raketen vom Himmel holen könnten. Dieser Traum ging bis heute nicht in Erfüllung. Dafür entwickelten sich viele Anwendungen im zivilen Bereich, die heute Standard sind. Auch in Deutschland begann der Siegeszug des Lasers quasi zeitgleich. Schon Anfang der 60er Jahre wurden sowohl in West-Deutschland als auch in der DDR erste Laser für Entfernungsmessungen eingesetzt.

Im Jahr 1964 wurde der erste CO_2-Laser vorgestellt und es begannen Untersuchungen, Laserlicht als Werkzeug für die Materialbearbeitung einzusetzen. Erste industrielle Laserschneidanlagen waren beispielsweise 1978 bereits verfügbar [5]. Die Entwicklungen im Bereich der Lasersysteme haben sich seitdem sehr intensiv auf Verbesserungen für den Einsatz in der Materialbearbeitung konzentriert und sich mit der Optimierung wichtiger Parameter wie Verfügbarkeit, Wirkungsgrad, Strahlqualität, Leistung und Baugröße beschäftigt. Als effizientere Alternativen zu den lampengepumpten Festkörperlasern mit Stabgeometrie wurden so beispielsweise 1990 die ersten kommerziellen Faserlaser auf den Markt gebracht und 1993 konnte der erste Scheibenlaser vorgestellt werden [5]. Neben dem mit der Verfügbarkeit erster kommerzieller Systeme zum Ende der 70er Jahre beginnenden Einsatz von Lasern für traditionelle Fertigungstechniken wie Schneiden, Schweißen, Löten, Abtragen, Beschriften, Wärmebehandeln und Beschichten wurden aber auch sehr früh bereits Untersuchungen zur Anwendung der in den vergangenen Jahren populär gewordenen additiven Fertigungsverfahren unternommen. So wurde zum Beispiel das erste Patent zum selektiven Lasersintern schon im Jahr 1986 angemeldet.

Literatur

1. Einstein A (1916) Strahlungs-Emission und -Absorption nach der Quantentheorie. In: Deutsche Physikalische Gesellschaft. Verhandlungen 18, Seite 318 A 323, Berlin
2. Haken H, Wolf HC (1993) Atom- und Quantenphysik. Einführung in die experimentellen und theoretischen Grundlagen, 5. Aufl. Springer, Berlin
3. Gordon JP, Zeiger HJ, Townes CH (1955) The maser–new type of microwave amplifier, frequency standard, and spectrometer. Phys Rev 99(4):1264–1274. https://doi.org/10.1103/PhysRev.99.1264

4. Maiman TH (1960) Optical and microwave-optical experiments in ruby. Phys Rev Lett 4(11):S. 564–567. https://doi.org/10.1103/PhysRevLett.4.564
5. Bliedtner J, Müller H, Bartz A (2013) Lasermaterialbearbeitung, Grundlagen – Verfahren – Anwendungen – Beispiele. Fachbuchverlag Leipzig im Carl Hanser Verlag, München

Physikalische Grundlagen – das Geheimnis vom Laserstrahl

Inhaltsverzeichnis

Die Abschn. 3.1, 3.2 und 3.3 dieses Kapitels geben einen Überblick über physikalische Grundbegriffe, die für die folgenden Abschnitte wichtig sind. In den Abschn. 3.4, 3.5 und 3.6 geht es dann um einige Grundlagen der Lasertechnik. Der Abschn. 3.7 gibt einen praxisnahen Überblick über optische Elemente zur Strahlführung, während 3.8 drei der gängigsten Laserstrahlquellen für die Lasermaterialbearbeitung vorstellt und dabei auch viele Begriffe erläutert, die bei Inbetriebnahme und dem industriellen Einsatz eines Lasersystems auftauchen.

Die Schwerpunkte der Abschn. 3.6, 3.7 und 3.8 ergaben sich zum Teil aus Gesprächen mit Anwendern und Anwenderinnen sowie Entscheidungsträgern und Entscheidungsträgerinnen aus den technischen Bereichen von Unternehmen, wobei meistens Fragen zu Laserparametern und Spezifikationen aus den Datenblättern oder dem Manual einer Laseranlage im Mittelpunkt standen. Die Themen der einzelnen Abschnitte sollen einen anwendungsorientierten Einstieg in die Themenbereiche bieten und haben nicht den Anspruch auf Vollständigkeit oder ein Lehrbuch der Lasertechnik zu sein. Eine weiter-

© Der/die Autor(en), exklusiv lizenziert an Springer Fachmedien Wiesbaden GmbH, ein Teil von Springer Nature 2023
C. Kollbach et al., *Von der Laserbeschriftung bis zum Lasermaterialabtrag*,
https://doi.org/10.1007/978-3-658-38130-1_3

gehende Darstellung zu den einzelnen Themenbereichen findet sich im Literaturverzeichnis.

Im Wesentlichen wendet sich dieses Kapitel also an ‚(Quer)einsteiger/einsteigerinnen‘, die sich etwas Grundwissen zu den obigen Abschnitten aneignen wollen. In der industriellen Praxis sind dies beispielsweise Facharbeiterinnen und Facharbeiter, deren beruflicher Schwerpunkt nicht die Lasertechnik ist und die sich trotzdem erstmals mit einer Laseranlage vertraut machen müssen und damit auch mit den Fachbegriffen aus den Datenblättern oder Manuals einer Laseranlage konfrontiert werden.

Auch Studierende technischer Fachrichtungen, die vielleicht am Rande mit dem Thema ‚Laser‘ in Berührung kommen, können sich hier einen ersten Überblick über dieses Thema verschaffen.

Aber auch für Schülerinnen und Schüler der Sekundarstufe II kann dieser Abschnitt interessant sein. U. a. weil man sieht, dass Schulwissen aus der Physik im beruflichen Alltag durchaus nützlich ist.

Im Anhang werden einige Formeln, Resultate und Zusammenhänge noch weiter erklärt.

3.1 Der Welle-Teilchen-Dualismus des Lichts

Licht als elektromagnetische Welle
Historisch gesehen wurde Licht im 19. Jahrhundert als elektromagnetische Welle (im Folgenden als ‚EM-Welle‘ bezeichnet) gedeutet. Das für uns sichtbare Licht stellt dabei nur einen kleinen Bereich des gesamten elektromagnetischen Spektrums dar. Darauf wird im folgenden Abschn. 3.2 genauer eingegangen.

Eine EM-Welle besteht aus einem sich zeitlich (Parameter t) und räumlich (drei Raumdimensionen x,y,z) verändernden elektrischen Feld E und magnetischen Feld B, das man sehr allgemein durch den Vektor $E(x,y,z,t)$ bzw. $B(x,y,z,t)$ darstellen kann. Im Folgenden wird abkürzend das elektromagnetische Feld meistens durch $E(t)$ und $B(t)$ bezeichnet und bei später folgenden Rechnungen das Koordinatensystem immer so gelegt, dass $E(t)$ und $B(t)$ immer entlang einer Achse des Koordinatensystems verlaufen. Das ist rechnerisch einfacher, ohne dass an der physikalischen Aussage etwas verloren geht. Ein sich mit der Zeit veränderndes elektrisches Feld $E(t)$ hat auch immer ein sich zeitlich veränderndes Magnetfeld $B(t)$ zur Folge. Um aber zunächst die Begriffe ‚elektrisches Feld‘ bzw. ‚magnetisches Feld‘ sowie zeit- und ‚ortsabhängig‘ etwas anschaulicher zu machen werden diese anhand des folgenden Beispiels zum ‚elektrischen Schwingkreis‘ verdeutlicht (Abb. 3.1). Auch wenn dieses Beispiel auf den ersten Blick wenig mit einer EM-Welle zu tun haben scheint, kann man zumindest im Gedankenexperiment den Bogen dahin spannen und so die obigen Begriffe veranschaulichen.

Der elektrische Schwingkreis besteht aus einem Kondensator ‚K‘ und einer Spule ‚Sp‘. Links in Abb. 3.1 sind die Pole einer Gleichspannungsquelle dargestellt und ‚U‘

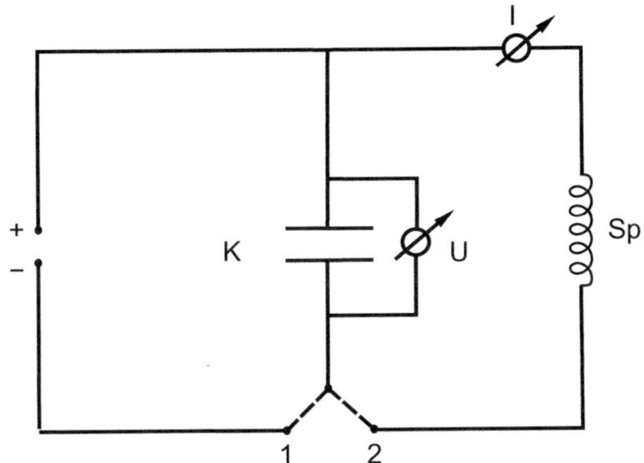

Abb. 3.1 Versuchsanordnung zum elektrischen Schwingkreis

bzw. ‚I' symbolisieren eine Spannungs- bzw. Strommessung. In der Schalterstellung ‚1' wird durch die Gleichspannungsquelle der Kondensator aufgeladen. Zwischen den Kondensatorplatten entsteht so ein elektrisches Feld, das allerdings zeitunabhängig ist (‚stationär'). Ein elektrisches Feld entsteht immer dann, wenn unterschiedliche Ladungsverteilungen vorhanden sind. Im obigen Beispiel also die durch die Gleichspannungsquelle positiv bzw. negativ aufgeladenen Kondensatorplatten. In diesem Spezialfall ist die Amplitude des elektrischen Feldes $E = U/l$, wobei l der Abstand der beiden Kondensatorplatten ist. In diesem stationären Zustand ist kein magnetisches Feld vorhanden. Wenn man sich übrigens im obigen Gedankenexperiment den Kondensator durch einen ohmschen Widerstand ersetzt denkt, dann würde entsprechend dem ohmschen Gesetz ($R = U/I$) in dem Stromkreis der Strom $I = U/R$ fließen. Dieser Strom wäre konstant, also zeitunabhängig. Ein Strom erzeugt aber immer ein Magnetfeld. In diesem Fall würde das Magnetfeld radialsymmetrisch um den Leiter verlaufen. Die Amplitude B von $\boldsymbol{B}$ ist proportional zur Stromstärke I und umgekehrt proportional zum Abstand d zum Leiter: $B \sim I/d$. Weil das Magnetfeld ebenfalls zeitunabhängig ist wäre in diesem Fall kein elektrisches Feld vorhanden.

Jetzt zum Schwingkreis in der obigen Abbildung. Der Kondensator wird mit der Schalterstellung 1 aufgeladen und danach wird der Schalter in die Position 2 gebracht. Dadurch ist die Spannungsquelle vom Stromkreis getrennt und der Kondensator übernimmt jetzt deren Funktion. Durch seine Entladung fließt ein Strom durch die Spule, wodurch wiederum ein Magnetfeld in der Spule entsteht. Der Kondensator wird wieder aufgeladen, allerdings jetzt mit entgegengesetzter Ladungsverteilung. Die nachfolgende Entladung führt wieder zu einem Magnetfeld in der Spule, allerdings in umgekehrter Richtung. Es entsteht also eine zeitlich synchronisierte Umwandlung zwischen dem elektrischen und dem magnetischen Feld, d. h. die periodische Änderung des elektrischen Feldes führt zu einer entsprechenden Änderung des magnetischen Feldes. Bei diesen Vorgängen geht (im idealen Gedankenexperiment) keine Energie verloren, sondern sie pendelt zwischen den Zuständen des vollständig geladenen Kondensators (die gesamte Energie ist im Kondensator gespeichert) und dem maximalen Strom durch den Leiter (die gesamte Energie steckt im Magnetfeld der Spule). Diese zeitlich periodische Umverteilung der Energie, bzw. zwischen elektrischem Feld $E(t)$ und magnetischem Feld $B(t)$, ist eine ‚elektromagnetische Schwingung‘, deren Schwingungsfrequenz f (Eigenfrequenz) durch die Kapazität C des Kondensators und die Induktivität L der Spule gegeben ist:

$$f = \frac{1}{2 \cdot \pi \cdot \sqrt{L \cdot C}} \tag{3.1}$$

Der Schwingkreis ist also ein Beispiel für die periodische Umverteilung von Energie zwischen dem elektrischen und dem magnetischen Feld. Der ‚ideale Schwingkreis‘ ist ein sogenanntes ‚geschlossenes System‘, d. h. die Energie verbleibt vollständig im Schwingkreis und es wird keine Energie in Form von Wärme („ohmsche Verluste“ durch den Widerstand des Leiters) oder von elektromagnetischer Strahlung abgegeben. Im ‚nicht idealen Fall‘ tritt Energieverlust hauptsächlich durch ohmsche Verluste auf und dadurch ist die Schwingung nach einigen Zyklen abgeklungen. Durch eine synchrone Energiezufuhr im Takt der Schwingungsfrequenz (Rückkopplung) könnte die Schwingung aber aufrechterhalten werden. Damit es aber auch zu einer Abstrahlung von Energie in Form von elektromagnetischer Strahlung kommt muss der Schwingkreis zu einem ‚offenen‘ elektromagnetischen Schwingkreis gemacht werden. Dieses ‚Öffnen‘ kann man sich sehr anschaulich vorstellen, und zwar so wie in der folgenden Abb. 3.2 dargestellt.

Der Schwingkreis (1) wird an den Kondensatorplatten aufgebogen (2) und dann alles in der Vertikalen angeordnet (3). (2) zeigt den Übergang zu einem offenen Schwingkreis und wenn man bei (3) jetzt noch die Spule auseinanderzieht und die beiden Kondensatorplatten stark verkleinert erhält man im Wesentlichen eine Stabantenne (3). Sie wird im physikalischen Sprachgebrauch auch als ‚Dipolantenne‘ oder einfach ‚Dipol‘ bezeichnet. Trotz der drastischen geometrischen Änderung bleibt diese Antenne ein elektromagnetischer Schwingkreis. Die beiden Enden sind der Kondensator und der gerade gezogene Leiter ist die Spule dieses Schwingkreises. Die Schwingungsfrequenz (Eigenfrequenz) dieses offenen Schwingkreises ist gegenüber dem ursprünglichen Schwingkreis deutlich erhöht, weil das Auseinanderziehen der Spule deren Induktivität verkleinert und das Verkleinern der Kondensatorplatten dessen Kapazität deutlich verringert. Nach Gl. 3.1 ergibt sich so eine entsprechende Erhöhung der Schwingungsfrequenz. Während beim geschlossenen Schwingkreis allerdings das elektrische Feld $E(t)$ und das magnetische Feld $B(t)$ noch weitgehend räumlich getrennt zueinander waren und im Schwingkreis verblieben sind, erstrecken sich bei der ‚Stabantenne‘ (Dipol) als ‚offenem Schwingkreis‘ $E(t)$ und $B(t)$ jetzt unendlich weit in die Umgebung,

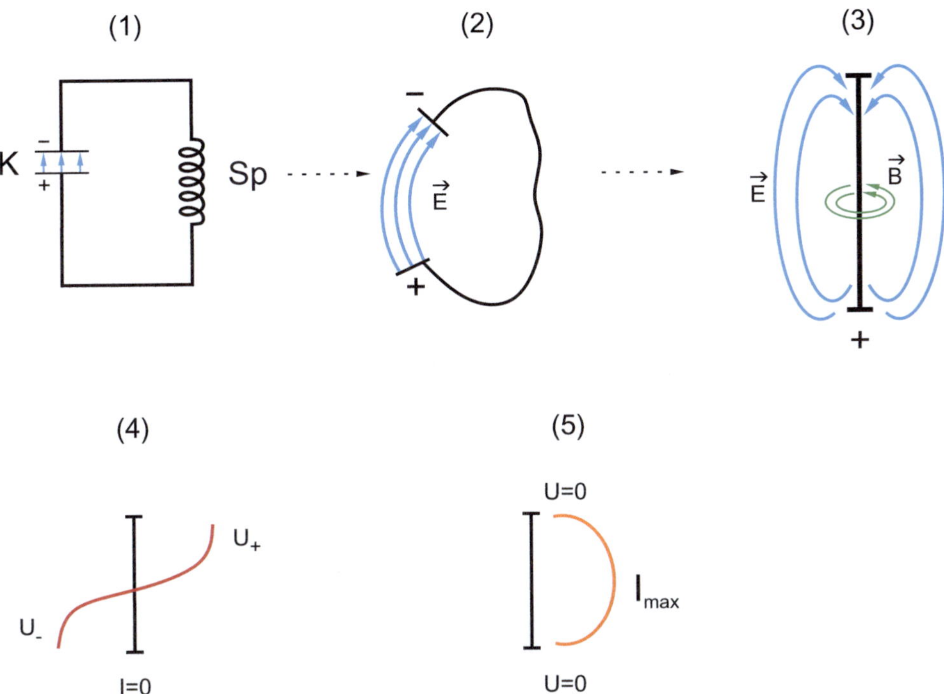

Abb. 3.2 Aus dem Schwingkreis wird eine Dipolantenne, die elektromagnetische Strahlung abgibt

vorausgesetzt diesem Schwingkreis wird durch eine rückgekoppelte Energiezufuhr mit der passenden Eigenfrequenz fortlaufend Energie zugeführt.[1]

Beim Dipol pendeln die Ladungen wie beim geschlossenen Schwingkreis zwischen den beiden Enden, wobei zwischen diesen Enden ein elektrisches Feld $E(t)$ erzeugt wird und bei der Bewegung der elektrischen Ladungen durch den Dipolstab ein Strom fließt, der wiederum ein magnetischen Feld $B(t)$ erzeugt, das ringförmig um den Dipol angeordnet ist (3). Wie beim Schwingkreis der Abb. 3.1 pendelt die Energie des Dipols also zwischen magnetischer und elektrischer Energie. In der Abbildung Abb. 3.2 sind zwei Momentaufnahmen der Schwingung dargestellt. In (4) von Abb. 3.2 mit der maximalen Ladungsverteilung an den Enden, was beim geschlossenen Schwingkreis dem maximal aufgeladenen Kondensator entsprechen würde und in (5) mit dem

---

[1]Wenn beispielsweise ein ungedämpfter Schwingkreis mit derselben Eigenfrequenz neben den Dipol platziert wird, induziert dessen Magnetfeld $B(t)$ im Dipol eine Induktionsspannung $U_{ind}(t) \sim dB/dt$. Das führt zu Ladungsschwingungen (Stromfluss) im Dipol und dem damit verbundenen magnetischen Feld und elektrischen Feld. Man spricht auch von ‚induktiver Kopplung‘ zweier Schwingkreise.

maximalem Ladungsfluss durch die Dipolantenne, was beim geschlossenem Schwingkreis dem maximalen Stromfluss durch die Spule bzw. einem maximalen Magnetfeld entspricht. In (4) von Abb. 3.2 ist außerdem die Spannungsverteilung zum Zeitpunkt der maximalen Aufladung der Dipolenden dargestellt (rote Kurve). Zu diesem Zeitpunkt ist $I = 0$. In (5) ist die Stromverteilung im Zustand des maximalen Stromflusses durch den Dipol dargestellt (orange Kurve). Zu diesem Zeitpunkt ist $U = 0$.

Bei der Untersuchung der Dipolstrahlung im 19. Jahrhundert zeigte sich, dass sich auf der Dipolantenne stehende EM-Wellen ausbreiten, wobei für die Wellenlänge λ der Grundschwingung und der Dipollänge l gilt:

$$l = \frac{\lambda}{2} \tag{3.2}$$

Außerdem zeigte sich, dass die Dipolschwingungen stark gedämpft sind und sich das nicht mit dem geringen ohmschen Verlust am Leiter erklären lässt. Das war ein wesentliches Indiz dafür, dass der Dipol seine Energie durch die Abstrahlung von elektromagnetischer Strahlung verliert. Das und die Lichtgeschwindigkeit c ($c = 3 \cdot 10^8$ m/s) als Ausbreitungsgeschwindigkeit einer EM-Welle wurde bereits im Jahr 1864 vom theoretischen Physikers J.C. Maxwell[2] vorausgesagt. Experimentell wurde die Dipolstrahlung 1886 von H.R. Hertz[3] nachgewiesen und auch dessen Ausbreitungsgeschwindigkeit als Lichtgeschwindigkeit c bestätigt. Die Wellenlänge λ und die Eigenfrequenz f der Dipolschwingung sind folgendermaßen mit der Lichtgeschwindigkeit c verknüpft:

$$c = \lambda \cdot f \tag{3.3}$$

Bei einer Dipollänge von beispielsweise $l = 1$ m erhält man $\lambda = 2$ m. Aus Gl. 3.3 folgt dann $f = 1{,}5 \cdot 10^8$ Hz $= 150$ MHz, was einer Radiowelle im UKW-Radiofrequenzband entspricht. Gl. 3.3 gilt für allen anderen Frequenz- bzw. Wellenlängenbereiche von elektromagnetischer Strahlung, also auch für das sichtbare Licht. Die EM-Welle bewegt sich mit Lichtgeschwindigkeit und hauptsächlich senkrecht zur Schwingungsrichtung der Ladungen im Dipol. Für die Wellenlänge und die Frequenz der EM-Strahlung gelten dabei ebenfalls Gl. 3.2 bzw. Gl. 3.3.

Im Fernfeld (großer Abstand vom Dipol) kann man die sich in z-Richtung ausbreitende EM-Welle wie in der folgenden Abb. 3.3 darstellen. Die Vektoren $\boldsymbol{E}$ und $\boldsymbol{B}$ stehen senkrecht aufeinander. Auch die Ausbreitungsrichtung ist senkrecht zu $\boldsymbol{E}$ und $\boldsymbol{B}$. Das Koordinatensystem ist so gelegt, dass die Ausbreitung der EM-Welle entlang der z-Achse verläuft und $\boldsymbol{E}$ in y-Richtung bzw. $\boldsymbol{B}$ in x-Richtung schwingt. Im Folgenden werden noch einige quantitative Zusammenhänge zur elektromagnetischen Strahlung skizziert, um eine

---

[2] Schottischer Physiker (1831–1879). Seine 4 ‚Maxwellschen Gleichungen' bilden die Grundlage der Elektrodynamik.

[3] Deutscher Physiker (1857–1894).

bessere Vorstellung von der mathematisch formalen Beschreibung, Ausbreitung und den Kenngrößen von EM-Strahlung zu bekommen. Diese Kenngrößen werden auch in den folgenden Abschnitten bei der Beschreibung von Laserstrahlung wieder auftauchen.

Mathematisch können die Vektoren E und B der EM-Welle der obigen Abbildung Gl. 3.3 folgendermaßen beschrieben werden:

$$E = \begin{pmatrix} 0 \\ E_0 \cdot \sin\left[2\pi f\left(t - \frac{z}{c}\right)\right] \\ 0 \end{pmatrix} ; B = \begin{pmatrix} \frac{E_0}{c} \cdot \sin\left[2\pi f\left(t - \frac{z}{c}\right)\right] \\ 0 \\ 0 \end{pmatrix} \tag{3.4}$$

Die Periodizität wird durch eine Sinusfunktion beschreiben, wobei der zeitliche und räumliche Verlauf durch die beiden Parameter t und z beschrieben wird. Eine genauere Beschreibung bzw. die Begründung von Gl. 3.4 befindet sich im Anhang zu diesem Kapitel. Dort wird auch der physikalische Hintergrund etwas genauer dargestellt. Die obige Abb. 3.3 beschreibt die Ortsabhängigkeit von E und B. Sie ist also eine Momentaufnahme zu einem bestimmten Zeitpunkt. Gl. 3.4 beschreibt darüber hinaus den Verlauf von E und B zu jedem Zeitpunkt t und an jedem Ort (x,y,z). E_0 ist die Amplitude (Maximalwert) von E, bzw. E_0/c die von B.

Zum besseren Verständnis von Gl. 3.4 könnte man als Spezialfall den Verlauf bei festem Ort betrachten, also rechnerisch am einfachsten bei $z = 0$. Wir beschränken uns im Folgenden auf die Komponente E_y, für B_x gilt sinngemäß dasselbe. Man erhält für $z = 0$ beispielsweise für E_y eine nur von der Zeit abhängige Sinusfunktion:

$$E_y(z = 0) = E_0 \cdot \sin(2 \cdot \pi \cdot f \cdot t) \tag{3.5}$$

An einem festen Ort schwingt E also zeitlich periodisch. Andererseits kann man die räumliche Ausbreitung von E bei fester Zeit ansehen, also rechnerisch wieder am einfachsten bei $t = 0$.

Man erhält dann:

$$E_y(t = 0) = E_0 \cdot \sin\left(-2 \cdot \pi \cdot f \cdot \frac{z}{c}\right) = E_0 \cdot \sin\left(-2 \cdot \pi \cdot \frac{z}{\lambda}\right) \tag{3.6}$$

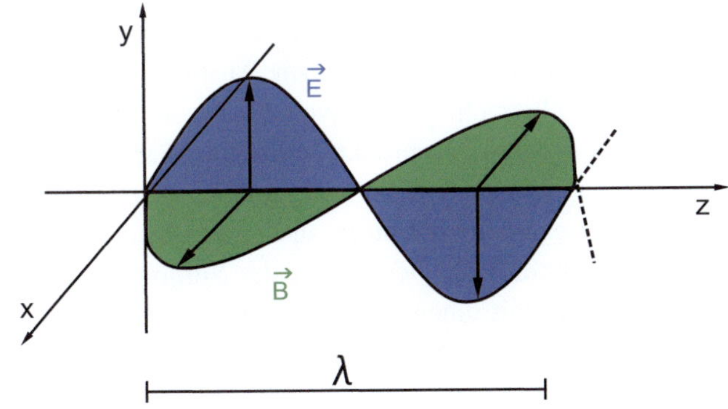

Abb. 3.3 Eine sich in z-Richtung ausbreitende EM-Welle

also eine sich in z-Richtung ausbreiten Sinusschwingung mit der Wellenlänge λ, wie in Abb. 3.3 dargestellt.

Etwas allgemeiner kann man sich auch aus der Periodizität der Sinusfunktion klarmachen, dass Gl. 3.4 den Verlauf der in Abb. 3.3 skizierten Welle richtig beschreibt. Das Argument der Sinusfunktion besteht aus zwei Summanden, wobei der erste Term die Zeitabhängigkeit (t) von E beschreibt und der zweite die Ortsabhängigkeit (z). Das bedeutet, dass von einer bestimmten Zeit t aus gerechnet nach Ablauf einer anschließenden zeitlichen Periode T genau wieder der Zustand zur Zeit t gilt, d. h.:

$$\sin\left[2 \cdot \pi \cdot f\left(t - \frac{z}{c}\right)\right] = \sin\left[2 \cdot \pi \cdot f\left(t + T - \frac{z}{c}\right)\right] \tag{3.7}$$

Das ist nur möglich, wenn $2 \cdot \pi \cdot f \cdot T = 2 \cdot \pi$ ist. Daraus folgt die bekannte Beziehung zwischen Frequenz f und Periodendauer T:

$$f = \frac{1}{T} \tag{3.8}$$

Anknüpfend an das zuvor beschriebene Beispiel der Dipolstrahlung ergibt sich dabei z. B. für $f = 150\,\text{MHz}$ eine zeitliche Periodendauer von

$$T = \frac{1}{1{,}5 \cdot 10^{8}}\,\text{s} \cong 6{,}6 \cdot 10^{-9}\,\text{s} = 6{,}6\,\text{ns}$$

Aus der räumlichen Periodizität folgt, dass zu einem festen Zeitpunkt nach jedem Abstand einer Wellenlänge λ der **E**-Vektor wieder denselben Zustand annimmt.

Diese Forderung führt zu:

$$\sin\left[2 \cdot \pi \cdot f\left(t - \frac{z}{c}\right)\right] = \sin\left[2 \cdot \pi \cdot f\left(t - \frac{z + \lambda}{c}\right)\right] \tag{3.9}$$

Diese Gleichung ist nur für $2 \cdot \pi \cdot f \cdot \lambda/c = 2 \cdot \pi$ erfüllt, was wieder auf die schon oben erwähnte Gleichung $c = \lambda \cdot f$ führt.

Abschließend zu diesem Abschnitt werden noch zwei Begriffe bzw. wichtige Kenngrößen vorgestellt, die auch bei der Charakterisierung von Laserstrahlung von Bedeutung sind. Das wäre zunächst die ‚Polarisation' einer EM-Welle. In der Darstellung in Abb. 3.3 schwingen **E** und **B** stets in einer Richtung, also in y- bzw. x-Richtung. Weil sie senkrecht zur Ausbreitungsrichtung schwingen, bezeichnet man diese EM-Welle auch als Transversalwelle und weil die Schwingung von **E** und **B** sich auf eine Dimension beschränkt, wird diese EM-Welle als ‚linear polarisiert' bezeichnet. Laserlicht ist in der Regel linear polarisiert, während das spektral breitbandige Licht beispielsweise einer Glühbirne aus einem Mix aus Wellenzügen mit allen möglichen Polarisationsrichtungen besteht, in der Summe also keine Polarisation aufweist. Wenn man allerdings mit einem optischen Instrument (einem „Polarisator") die transversalen Komponenten dieses Wellenzuges herausfiltert, kann man auch eine ‚Polarisation' der Lichtemission erreichen.

Eine weitere wichtige Kenngröße ist die Energie E einer EM-Welle. Diese ist proportional zum Quadrat der Amplitude E_0 der EM-Welle:

$$E \cong E_0^2 \tag{3.10}$$

Aus Gl. 3.10 folgt auch, dass die Lichtleistung (Energie/Zeit) und die Intensität (Leistung/Fläche) einer EM-Welle proportional zu E_0^2 sind.

Licht als Teilchen („Photon")
Mit der Beschreibung von Licht als EM-Welle können viele Eigenschaften des Lichts wie z. B. Beugungserscheinungen, Interferenz, Polarisation und Kohärenzeffekte erklärt werden.

Ende des 19. Jahrhunderts wurden allerdings Experimente zur Wechselwirkung von Licht mit Metallen gemacht, deren Ergebnisse sich mit dem Wellencharakter des Lichts nicht beschreiben lassen, bzw. die im Widerspruch zu den experimentellen Ergebnissen standen und die sich schließlich nur mit einer Modellvorstellung von ‚Licht als Teilchen' erklären ließen. Wie schon im vorigen Abschnitt wird das nun wieder anhand einer Versuchsbeschreibung vorgestellt, um so die Widersprüche besser zu verstehen, die sich bei den Erklärungsversuchen der experimentellen Ergebnisse ergaben.

In der Abb. 3.4 wird der sogenannte ‚Fotoeffekt' skizziert.[4] Dieses Experiment hat auf den ersten Blick wieder wenig mit dem Laser zu tun, ist aber sehr hilfreich für das Verständnis von ‚Licht als Teilchen' und erklärt einige Begriffe und Zusammenhänge, die in den nächsten Abschnitten eine Rolle spielen.

Beim Fotoeffekt wird eine Metallplatte durch Licht bestrahlt. Dadurch werden Elektronen aus der Metallplatte freigesetzt. Elektronen sind elektrisch negativ geladene Teilchen und werden deshalb durch eine positiv aufgeladene Anode angezogen. Das wird in der Abb. 3.4 skizziert.

Wenn man den Fotostrom I über die Spannung U aufträgt erhält man die folgende Kennlinie (Abb. 3.4b):

Das ist die typische Kennlinie einer Fotozelle: mit zunehmender Spannung steigt der Strom zunächst an und nähert sich dann einem konstanten Wert (Sättigung), weil die Spannung dann groß genug ist, sodass alle pro Zeiteinheit erzeugten Elektronen die Anode erreichen. Der kleine Fotostrom, der schon bei $U = 0$ vorhanden ist, entsteht durch die kinetische Energie (Bewegungsenergie), die die Elektronen bereits beim Austritt aus dem Metall besitzen, sodass sie also auch ohne die positive Spannung (Saugspannung) die Anode erreichen können. Um den Fotostrom gänzlich auf $I = 0$ zu bringen ist eine kleine Gegenspannung U_g nötig. Die wesentlichen Beobachtungen waren nun:

1) I ist proportional zur Intensität der Lichtquelle.
2) U_g ist unabhängig von der Intensität der Lichtquelle.

---

[4] Er wurde bereits 1839 von A.E. Becquerel entdeckt und 1886 von H. Hertz genauer untersucht.

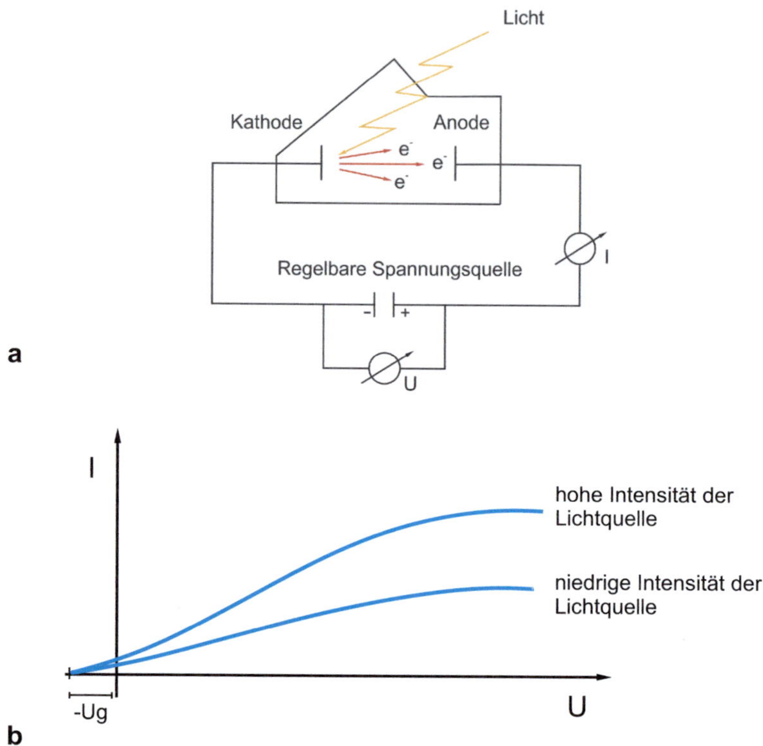

Abb. 3.4 Schematische Versuchsanordnung, **a** zum ‚Fotoeffekt‘ und **b** zur Kennlinie $I(U)$

3) Es gibt eine bestimmte maximale Größe der Wellenlänge (λ_{max}) ab der das Licht keine Elektronen mehr aus dem Metall auslösen kann. Bei Einstrahlung von Licht mit einer Wellenlänge $\lambda > \lambda_{max}$ tritt also kein Fotostrom mehr auf.

4) Wenn man eine Lichtquelle mit kürzerer Wellenlänge verwendet – entsprechend mit höherer Frequenz f – vgl. Gl. 3.3 – erhöht sich auch die kinetische Energie der Elektronen. D. h. der Wert der negativen Gegenspannung U_g wird größer.[5]

2), 3) und 4) stehen im Widerspruch zum Wellenbild des Lichts.

Zu 2): eine höhere Strahlungsintensität bedeutet, dass die Amplitude der Vektoren *E* und *B* des EM-Feldes (also in diesem Fall des Lichts) größer werden. Es müsste demnach mehr Energie – vgl. Gl. 3.10 – auf das Elektron übertragen werden. Das ist aber nicht der Fall. Die kinetische Energie des Elektrons ist unabhängig von der Strahlungsintensität des Lichts.

---

[5] Die kinetische Energie eines Teilchens ist $E_{kin} = 1/2 \cdot m \cdot v^2$; *m:* Masse des Teilchens und *v:* Geschwindigkeit des Teilchens.

Zu 3): Auch eine größere Wellenlänge, also $\lambda > \lambda_{max}$ müsste bei genügend großer Amplitude von E und B genug Energie haben, um ein Elektron aus dem Metall abzulösen. Das ist aber ebenfalls nicht der Fall.

Zu 4) Da die Energie der Welle proportional der Amplituden von E und B ist und nicht von der Wellenlänge λ anhängt, müsste die kinetische Energie des Elektrons ebenfalls unabhängig von λ sein.

Zur Auflösung dieser Widersprüche schlug Einstein 1905 vor, dem Licht auch Teilchencharakter zuzuordnen. Demnach bestünde Licht aus Teilchen („Photonen'), wobei jedes Photon die Energie $E = h \cdot f$ besitzt. Die Konstante h ist das sogenannte ‚Plancksche Wirkungsquantum'. Bei dieser Modellvorstellung wird die Energie des Photons auf das Elektron übertragen, das entsprechend kinetische Energie erhält. Diese kinetische Energie wird noch durch die Austrittsarbeit W_a vermindert, die nötig ist, um das Elektron aus dem Metallverbund herauszulösen. D. h. die Energie $E = h \cdot f$, die das Photon (Lichtteilchen) zur Verfügung stellt, wird zum Teil vom Elektron zur Überwindung der Austrittsarbeit verbraucht und der Rest steht dem Elektron als kinetische Energie zur Verfügung. Die Energiebilanz lautet damit:

$$h \cdot f = E_{kin} + W_a \tag{3.11}$$

Mit Gl. 3.11 lassen sich die Befunde unter 2), 3) und 4) erklären. Nur die Energie E (bzw. die Frequenz f) des Lichts bestimmt die kinetische Energie E_{kin} der Fotoelektronen. Damit ändert sich auch U_g bei zunehmender Lichtintensität nicht. Die Grenzwellenlänge entspricht der Energie E (bzw. Frequenz f) des Lichts, die gerade noch ausreicht, um die Austrittsarbeit aufzubringen ($h \cdot f = h \cdot c/\lambda_{max} = W_a$). Für Wellenlängen $\lambda > \lambda_{max}$ kann Gl. 3.11 nicht mehr erfüllt werden. Andererseits folgt aus Gl. 3.11, dass F_{kin} umso grösser wird, je kürzer die Wellenlänge (bzw. grösser die Frequenz) des Lichts ist. Die experimentellen Ergebnisse zum Fotoeffekt lassen sich also größtenteils nur mit dem Teilchenmodell des Lichts erklären. Auch weitere Untersuchungen zum Fotoeffekt haben diese Modellvorstellung bestätigt.

Abschießend werden nun noch einige quantitative Zusammenhänge zum Photon aufgelistet. Als Teilchen wird dem Photon eine Masse zugeordnet und damit gilt auch für das Photon die Einsteinsche Energie/Masse Äquivalenz:

$$E = m \cdot c^2 \tag{3.12}$$

Als Teilchen mit der Masse m und der Lichtgeschwindigkeit c gilt für den Impuls des Photons:

$$p = m \cdot c \tag{3.13}$$

Aus $E = m \cdot c^2 = h \cdot f$ folgt $m = (h \cdot f)/c^2$. Damit erhält man für den Impuls des Photons: $p = m \cdot c = (h \cdot f)/c$. Bzw. mit Gl. 3.3 folgt damit:

$$p = \frac{h}{\lambda} \tag{3.14}$$

Diese Beziehung zwischen Impuls p und Wellenlänge λ beschreibt den Dualismus von Teilchencharakter (Impuls p als mechanische Kenngröße eines Teilchens) und dem Wellencharakter (Wellenlängen λ als Kenngröße einer EM-Welle) des Lichts bzw. allgemeiner gesagt einer EM-Welle.

Die Beziehung Gl. 3.14 wird auch in den folgenden Abschnitten eine wichtige Rolle spielen. Historisch betrachtet wurde Licht (bzw. elektromagnetische Strahlung) zunächst als Welle beschrieben und erst Anfang des 20. Jahrhunderts wurde auch der Teilchencharakter des Lichts erkannt. Dieser Dualismus wurde später auch auf die Elementarteilchen (Materieteilchen) angewendet.[6] Allerdings war hier die Reihenfolge genau umgekehrt. Zunächst wurden die Materieteilchen als ‚Teilchen' angesehen und erst später wurde auch der Wellencharakter der Materieteilchen erkannt. De Broglie[7] postulierte 1923, dass Teilchen mit der Masse m und dem Impuls p auch eine Welle zugeordnet werden kann und deshalb die vom Photon bekannte Beziehung $p = h/\lambda$ auch für Materieteilchen gilt. Ebenfalls gilt für die Energie der Materieteilchen:

$$E = m \cdot c^2 = h \cdot f = \frac{h \cdot c}{\lambda} \tag{3.15}$$

3.2   Das elektromagnetische Spektrum

Durch das elektromagnetische Spektrum können EM-Wellen je nach der Größe der Wellenlänge bestimmten Teilbereichen zugeordnet werden. Die Bezeichnungen dieser Teilbereiche ergeben sich durch die Anwendungsmöglichkeiten der EM-Wellen oder auch durch deren Nachweismöglichkeiten. Es gibt jedoch keine feste Grenze zwischen diesen Teilbereichen, sondern eher nur grobe Zuordnungen. Die Wellenlänge einer EM-Welle ist durch die Gl. 3.3 gegeben. Dadurch ist jeder Wellenlänge auch eindeutig eine Frequenz zugeordnet. In der folgenden Abb. 3.5 ist das EM-Spektrum abgebildet, einschließlich der Bezeichnung einiger Teilbereiche. Das menschliche Auge ist nur für einen sehr kleinen Ausschnitt des EM-Spektrums empfindlich, und zwar für den Wellenlängenbereich von ca. $\lambda = 400$ nm bis $\lambda = 700$ nm. (1 nm $= 10^{-9}$ m). Das entspricht nach Gl. 3.3 einem Frequenzbereich von ca. $4 \ldots 8 \cdot 10^{14}$ Hz. Licht mit $\lambda = 400$ nm sieht für uns violett aus und Licht mit $\lambda = 700$ nm tiefrot. Im Wellenlängenbereich von $\lambda > 700$ nm beginnt der ‚Infrarotbereich' und im Bereich $\lambda < 400$ nm schließt sich der UV-Bereich an (Ultraviolettbereich). Die Emissionswellenlängen der in diesem Buch vorgestellten Laser liegen im nahen und mittleren Infrarotbereich (ca. $10^{-6} \ldots 10^{-5}$ m – entsprechend $1 \ldots 10\ \mu$m), sowie im sichtbaren- und nahen UV-Spektralbereich. Für alle Bereiche des EM-

---

[6] Ein Beispiel für ein Elementarteilchen ist das Elektron, das in Abschn. 3.3 einschließlich seiner ‚Materiewelle' vorgestellt wird.

[7] Französischer Physiker (1892–1987).

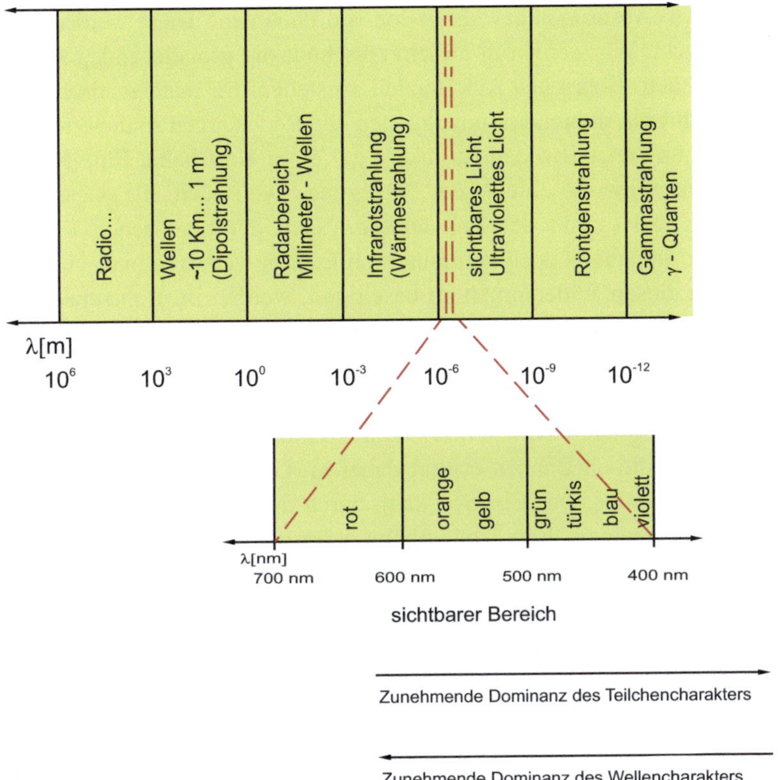

Abb. 3.5 Das elektromagnetische Spektrum

Spektrums gilt der Welle-Teilchen Dualismus. D. h. eine EM-Welle mit der Wellenlänge λ hat im Teilchenbild die Energie $E = h \cdot f = (h \cdot c)/\lambda$ bzw. den Impuls $p = h/\lambda$. Grundsätzlich dominiert der Teilchencharakter über den Wellencharakter umso mehr, je höher die Energie der Strahlung ist, während der Wellencharakter einer Strahlung bei niedrigeren Energien mehr zum Vorschein kommt.

3.3   Energieniveaus im Mikrokosmos

Bevor im nächsten Abschnitt die Grundlagen für die Entstehung von Laserstrahlung beschrieben werden stellen wir in diesem Abschnitt das ‚Bohrsche Atommodell' vor. Die Modellvorstellung ist dabei, dass ein Elektron als negativ geladenes Elementarteilchen den positiven Atomkern, bestehend aus einem Proton, umkreist. Mit diesem Modell wird also das Wasserstoffatom beschrieben, allerdings können damit auch wasserstoffähnliche Atome näherungsweise beschrieben werden. Anhand dieses Modells können wichtige Begriffe erläutert werden, die für das Verständnis des Lasers nötig sind, wie z. B. ‚Energieniveaus' oder auch ‚Absorption bzw. Emission von Photonen'. Diese werden im folgenden Abschnitt gebraucht. Wir werden in diesem Abschnitt die grundlegenden Annahmen und Folgerungen aus dem Bohrschen Atommodell vorstellen. Im mathematischen Anhang zu Kap. 3 finden sich weiterführende Anmerkungen und Rechnungen zu diesem Abschnitt.

Das Elektron umkreist also den Atomkern auf einer Kreisbahn. Eine Kreisbewegung ist jedoch immer eine beschleunigte Bewegung, weil sich die Geschwindigkeits-komponenten v_x und v_y mit der Zeit ändern. Nach der klassischen Elektrodynamik müsste das Elektron dabei jedoch kontinuierlich Energie verlieren und schließlich in den Kern fallen. Um diesen Widerspruch zu beseitigen, werden im Bohrschen Atommodell nun die folgenden Annahmen gemacht:

1) Das Elektron kann sich nur auf ganz bestimmten (diskreten) Bahnen bewegen (n_1, n_2, n_3 …). Bahnbewegungen dazwischen sind nicht möglich. Weiteres dazu unter 3).
2) Der Umlauf auf diesen Bahnen erfolgt dabei im Gegensatz zur klassischen Elektro-dynamik strahlungslos. Das Elektron kann durch die Aufnahme von Energie, z. B. in Form von Licht in eine höhere Umlaufbahn befördert werden, bzw. durch die Abgabe von Energie auch wieder auf eine niedrigere Umlaufbahn gelangen. Beim Übergang wird Licht entweder absorbiert (Sprung auf eine höhere Umlaufbahn) oder emittiert (Rücksprung auf eine tiefer gelegene Umlaufbahn). Bei der Absorption von Licht gilt dabei für den Sprung von der n_1-ten Bahn auf die n_2-te:

$$h \cdot f = E_{n_1} - E_{n_2} \tag{3.16}$$

Es wird also Licht (ein Photon) mit der Energie $E = h \cdot f$ absorbiert. Für den Rücksprung von der die n_2-ten Bahn auf die n_1-te wird dieses Licht (Photon) wieder emittiert.
3) Es sind nur diejenigen Bahnen erlaubt, für die die Materiewelle des Elektrons eine stehende Welle auf der Umlaufbahn bildet.[8]

Eine stehende Welle auf der Umlaufbahn ist eine Welle, die sich nicht durch Inter-ferenzen auslöschen lässt – dazu mehr in Abschn. 3.5. Das ist nur möglich, wenn die Länge l der Umlaufbahn ($l = 2 \cdot \pi \cdot r$) ein ganzzahliges Vielfaches der Materiewellen-länge λ_M des Elektrons ist. Das führt zu der Gleichung:

$$2 \cdot \pi \cdot r_n = n \cdot \lambda_M \tag{3.17}$$

Durch diese Bedingung sind daher nur bestimmte, also passende Umlaufbahnen (bzw. Radien) erlaubt. Mit der de-Broglie Beziehung $p = h/\lambda$ kann man Gl. 3.17 auch folgendermaßen schreiben:

$$r_n \cdot p = \frac{n \cdot h}{2\pi} \tag{3.18}$$

---

[8]Vgl. Abschn. 3.1: so wie das Licht als EM-Welle auch Teilchencharakter hat, hat das Elektron als Materieteilchen auch Wellencharakter.

Gl. 3.18 wird auch als ‚Bohrsche Quantenbedingung' bezeichnet, wobei die Interpretation der ‚stehenden Wellen auf der Umlaufbahn' eigentlich erst später gemacht wurde, weil der Wellencharakter von Elementarteilchen erst 1923 postuliert wurde (vgl. Abschn. 3.1), während das Bohrsche Atommodell aus dem Jahr 1913 ist.

Abb. 3.6 zeigt schematisch die Umlaufbahn eines Elektrons um den Atomkern. Als Teilchen hat das Elektron dabei den Impuls $p = m_e \cdot v_n$. Dabei ist m_e die Masse des Elektrons und v_n seine Geschwindigkeit auf der n-ten Umlaufbahn. Die Verknüpfung zum Wellencharakter des Elektrons erhält man dann wieder über die Beziehung $p = h/\lambda_M$. Im Wellenbild bildet die Materiewelle des Elektrons eine stehende Welle auf der Umlaufbahn. Die Wellenlänge λ_M dieser Materiewelle ist umso kleiner, je näher die Umlaufbahn am Atomkern ist, entsprechend ist der Impuls p bzw. die Umlaufgeschwindigkeit dort größer. Jede Umlaufbahn, für die eine stehende Materiewelle nach der Gl. 3.18 möglich ist, entspricht einem diskreten Energieniveau des Elektrons. Zwischen diesen ‚erlaubten Bahnen' (bzw. Energieniveaus) sind keine weiteren Umlaufbahnen möglich. Im Anhang zum Kap. 3 befindet sich eine ausführlichere und quantitative Beschreibung des Wasserstoffatoms im Rahmen des Bohrschen Atommodells.

Das Bohrsche Atommodell zeigte erstmals, dass im Mikrokosmos die Energiezustände nicht kontinuierlich verlaufen, sondern nur diskrete Energiezustände möglich sind. Man spricht auch von der „Quantisierung der Energieniveaus". Jedem Energiezustand ist eine Quantenzahl n zugeordnet, wobei damit die jeweilige erlaubte Umlaufbahn gemeint ist. Der Zustand mit der niedrigsten Energie ist der sogenannte Grundzustand n_1. Übergänge zwischen den Energieniveaus können durch die Absorption

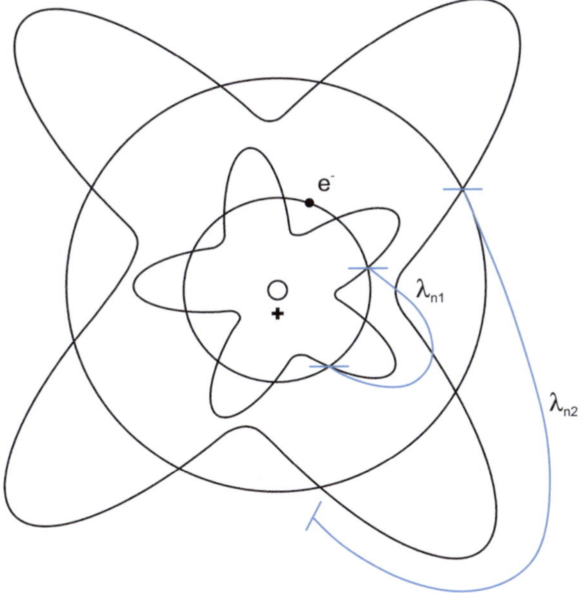

Abb. 3.6 Umlaufbahn eines Elektrons um den Atomkern

bzw. Emission eines Photons mit passender Energie $E = h \cdot f$ stattfinden. Bei der Absorption eines Photons geht das Atom über in einen höheren Energiezustand, entsprechend einem Sprung des Elektrons in eine höhere Bahn. Umgekehrt wird ein Photon emittiert, wenn das Elektron einen energetisch niedrigeren Zustand einnimmt, also ein Rücksprung auf eine niedrigere Umlaufbahn stattfindet.

Zu den in den ersten 3 Abschnitten dieses Kapitels beschriebenen Themen findet sich vieles bereits in Physik-Lehrbüchern für die Sekundarstufe II. Stellvertretend für viele weitere sei hier z. B. [1] genannt. Wer sich weitergehend mit diesen Themen beschäftigen will, findet zu den Themenbereichen ‚Schwingkreis/EM-Welle/EM-Spektrum‘ weiterführende Darstellungen u. a. in [2] und zu den Themenbereichen ‚Welle-Teilchen Dualismus/Bohrsches Atommodell‘ u. a. in [3] und [4].

3.4   Absorption, spontane Emission und induzierte Emission

Im vorigen Abschnitt wurden die die Begriffe ‚Absorption‘ bzw. ‚Emission‘ eines Photons und die damit verbundenen Übergänge zwischen Energieniveaus bereits im Rahmen des Bohrschen Atommodells vorgestellt. Die beschriebene Emission wird auch als ‚spontane Emission‘ bezeichnet, weil der Übergang zu einem niedrigeren Energieniveaus ohne externe Einwirkung, also ‚spontan‘ erfolgt. Neben der ‚spontanen Emission‘ gibt es auch die ‚induzierte Emission‘. Dabei wird der Übergang vom höheren in den niedrigeren Energiezustand durch ein Photon mit passender Energiedifferenz verursacht, also ‚induziert‘. Dabei wird dann ein weiteres Photon emittiert. Zusammengefasst gibt es also drei Arten der Wechselwirkung von elektromagnetischer Strahlung (bzw. Photonen) mit Materie, bzw. als konkretes Beispiel die Wechselwirkung mit einem Atom. Das ist in der Abb. 3.7 für zwei Energieniveaus E_1 und E_2 dargestellt.

Während für die spontane Emission keine elektromagnetische Strahlung (EMS) bzw. Photonen – beides im Folgenden als *ph(f)* bezeichnet – erforderlich ist, ist dies bei der

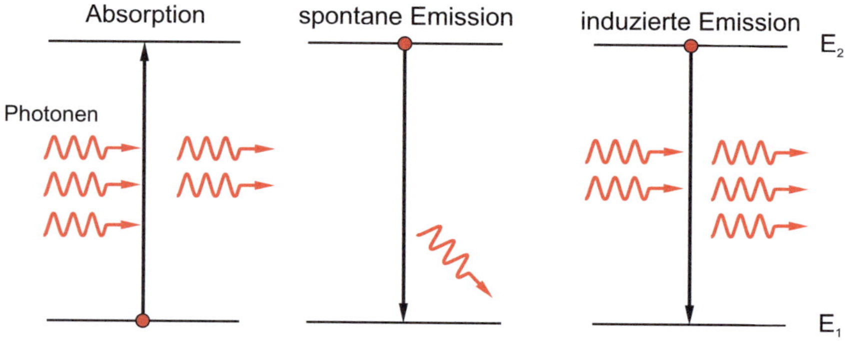

Abb. 3.7 Schematische Darstellung der Absorption sowie der spontanen- und der induzierten Emission

Absorption bzw. der induzierten Emission der Fall. Bei der Absorption wird der EMS ein Photon entnommen und im Gegenzug geht das Atom in einen höheren Energiezustand über. Bei der induzierten Emission verursacht ein Photon aus der EMS den Übergang des Atoms in einen niedrigeren Energiezustand, wobei ein weiteres Photon für die EMS erzeugt wird. Formal gesehen ist die induzierte Emission also der Umkehrprozess zur Absorption. Bei der induzierten Emission läuft das erzeugte Photon außerdem in dieselbe Richtung wie das Photon, das die Emission verursacht hat. Im Gegensatz zu dem Photon, das bei der spontanen Emission entsteht. Ein solches, durch spontane Emission erzeugtes Photon, kann statistisch verteilt in alle Richtungen verlaufen. Die spontane Emission erfolgt übrigens immer mit einer typischen Lebensdauer Δt für diesen Zustand, d. h. nach der Anregung (z. B. durch Absorption eines Photons) befindet sich das Atom während der Zeitdauer Δt im angeregten Zustand E_2 und geht dann wieder in den niedrigeren Energiezustand E_1 über. Δt ist dabei die durchschnittliche Zeit, in der sich das Atom im Energiezustand E_2 befindet, bzw. sich das Elektron im Modellbild des Bohrschen Atommodells auf der höheren Umlaufbahn n_2 befindet. Nach der Zeit Δt geht das Atom mit der spontanen Emission eines Photons wieder in den Grundzustand E_1 über. Eine weitere wichtige Größe ist die ‚Übergangswahrscheinlichkeit‘ für einen Wechsel des Energiezustands. Für das Beispiel ‚spontane Emission‘ bezeichnen wir diese Übergangswahrscheinlichkeit im Folgenden als se_{21}. se_{21} steht dabei für spontane Emission und die Ziffern ‚21‘ bezeichnen den Übergang von E_2 nach E_1. Die ‚Übergangswahrscheinlichkeit‘ und die ‚durchschnittliche Verweilzeit Δt in E_2 sind durch die folgende Formel verknüpft:

$$\Delta t = \frac{1}{se_{21}} \tag{3.19}$$

Eine typische Verweilzeit eines Atoms in einem ‚elektronisch angeregten Zustand‘ – im Bild des Bohrschen Atommodells wäre das wieder das Elektron auf der höheren Umlaufbahn – beträgt einige Nanosekunden. Bei einer Lebensdauer im angeregten Zustand E_2 von beispielsweise ca. $\Delta t \cong 10 \text{ ns} = 10^{-8}$ s wäre die Übergangswahrscheinlichkeit also ca. $se_{21} \cong 10^8$ 1/s.

Abschließend stellen wir in diesem Abschnitt noch die sogenannte ‚Boltzmann-Verteilung‘ vor. Sie beschreibt die Besetzungswahrscheinlichkeit von Energieniveaus des Atoms in Abhängigkeit von der Temperatur ϑ und der Energiedifferenz der zwei Energieniveaus. Wenn $N = N_1 + N_2$ die Gesamtzahl der Atome in einem bestimmten Volumen ist und mit N_1 sowie N_2 die Anzahl der Atome gemeint ist, die sich im Energiezustand E_1 bzw. E_2 befinden, so gilt für deren Verhältnis:

$$\frac{N_2}{N_1} = e^{-\frac{E_2 - E_1}{k \cdot \vartheta}} \tag{3.20}$$

k ist die sogenannte ‚Boltzmann-Konstante‘ ($k = 1{,}38 \cdot 10^{-23}$ J/K; J $= Joule$ als Einheit der Energie und K $= Kelvin$ als Einheit der Temperatur ϑ). Aus Gl. 3.20 folgt, dass bei Atomen bei normalen Temperaturen praktisch nur der Grundzustand besetzt ist. Das wird im Anhang zu Kap. 3 als Beispiel für die beiden niedrigsten Energieniveaus des Wasserstoffs berechnet.

Die Wechselwirkung von 2 Energieniveaus mit elektromagnetischer Strahlung
Ohne eine externe Energiezufuhr, also zum Beispiel Absorption von Photonen mit ‚passender' Energie $h \cdot f = E_2 - E_1$, kann also das höhere Energieniveau nicht besetzt werden. In diesem Zusammenhang ist es auch wichtig, dass Photonen mit einer zu hohen Energie ebenfalls nicht absorbiert werden. Erst wenn die Energie des Photons so groß ist, dass sie ausreicht für einen Elektronensprung auf das nächst höhere Energieniveau, also $h \cdot f = E_3 - E_1$ gilt, kann das Photon wieder absorbiert werden. Abb. 3.8 zeigt schematisch die Wechselwirkung der EMS $ph(f)$ – also Photonen mit der Frequenz f – mit einem 2-Niveau System.

Die Bezeichnungen in der Abbildung haben die folgende Bedeutung:

N_1	Anzahl der Atome im Grundzustand
N_2	Anzahl der Atome im ersten angeregten Zustand
$ph(f)$	die EMS bzw. die Anzahl der Photonen mit der Energie $E = h \cdot f$
a_{12}	die Übergangswahrscheinlichkeit für die Absorption
se_{21}	die Übergangswahrscheinlichkeit für die spontane Emission; vgl. Gl. 3.19
ie_{21}	die Übergangswahrscheinlichkeit für die induzierte Emission

a_{12}, se_{21} und ie_{21} beziehen sich auf eine Zeiteinheit, also z. B. eine Sekunde. $ph(f)$ ist die Anzahl der Photonen. Sie ändert sich im Gleichgewicht (‚stationärer Zustand') nicht mehr. Für das gesamte System stellt sich also ein stationärer Zustand ein, d. h. auch die Besetzungen der beiden Energieniveaus ändern sich nicht mehr. In diesem Zustand sind die Anzahl der Übergänge pro Zeiteinheit von E_1 nach E_2 also gleich denen von E_2 nach E_1. Für die Übergänge von E_2 nach E_1 sind die spontane und die induzierte Emission verantwortlich. Für die von E_1 nach E_2 die Absorption. Die Änderung der Anzahl der angeregten Atome, die pro Zeiteinheit von E_2 zurück in den Grundzustand übergehen bezeichnen wir mit ΔN_{21}. Für den Anteil der durch spontane Emission verursachten Änderung erhalten wir damit:

$$\Delta N_{21(\text{spontane Emission})} = -se_{21} \cdot N_2 \cdot \Delta t \tag{3.21}$$

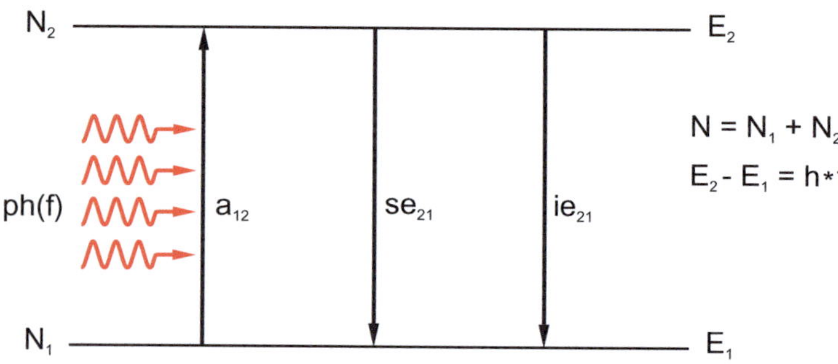

Abb. 3.8 EMS und Übergangswahrscheinlichkeiten in einem 2-Niveau System

Diese Gleichung beschreibt im Grunde genommen eine exponentielle Abnahme der Besetzung von N_2 durch spontane Emission. Dazu mehr im Anhang. Die induzierte Emission ist nur möglich, wenn EMS, also eine Anzahl $ph(f)$ von Photonen vorhanden ist. Für den Anteil, der durch induzierte Emission verursachten Abnahme der angeregten Atome erhält man damit:

$$\Delta N_{21\,(\text{induzierte Emission})} = -ie_{21} \cdot ph(f) \cdot N_2 \cdot \Delta t \tag{3.22}$$

Insgesamt gilt für ΔN_{21}:

$$\Delta N_{21} = \Delta N_{21\,(\text{induzierte Emission})} + \Delta N_{21\,(\text{spontane Emission})} \tag{3.23}$$

Die Abnahme der Anzahl der Atome im Grundzustand, die also durch Absorption eines Photons pro Zeiteinheit Δt vom Grundzustand E_1 nach E_2 übergehen, bezeichnen wir mit ΔN_{12}.

Für den Übergang durch Absorption erhalten wir damit:

$$\Delta N_{12} = -a_{12} \cdot ph(f) \cdot N_1 \cdot \Delta t \tag{3.24}$$

Im Gleichgewicht müssen die Übergänge durch Absorption gleich sein wie die durch spontane und induzierte Emission. Es gilt dann $\Delta N_{12} = \Delta N_{21}$, also:

$$a_{12} \cdot ph(f) \cdot N_1 \cdot \Delta t = (ie_{21} \cdot ph(f) + se_{21}) \cdot N_2 \cdot \Delta t \tag{3.25}$$

a_{12}, se_{21} und ie_{21} werden auch als ‚Einstein Koeffizienten‘ bezeichnet. Für sie gelten die folgenden Beziehungen:

$$a_{12} = ie_{21} \tag{3.26}$$

$$se_{21} = a_{12} \cdot \frac{8 \cdot \pi \cdot h \cdot f^3}{c^3} \tag{3.27}$$

Gl. 3.26 zeigt, dass die Wahrscheinlichkeit für die Absorption eines Photons genauso groß ist wie die für die Erzeugung eines Photons durch induzierte Emission und nach Gl. 3.27 ist bei gegebener Frequenz f (bzw. Wellenlänge λ) die Wahrscheinlichkeit für die spontane Emission eines Photons proportional zur Wahrscheinlichkeit der Absorption eines Photons.[9] Eine Herleitung von Gl. 3.26 und Gl. 3.27 findet sich in [3].

Anhand von Gl. 3.25 und Gl. 3.26 erkennt man bereits eine für den Laser wichtige Tatsache: bei einem 2 Niveau System ist es nicht möglich eine Besetzungsinversion der Energieniveaus zu erzielen. Selbst wenn man die spontane Emission als Störfaktor für eine Besetzungsinversion vernachlässigt, also $ie_{21} \cdot ph(f) \gg se_{21}$ annimmt oder einfach $se_{21} = 0$ setzt, kann man bestenfalls eine Gleichbesetzung der beiden Energieniveaus erreichen. Für ein Zwei-Niveausystem ist also keine Besetzungsinversion möglich. Das ist aber für den Laserprozess eine notwendige Voraussetzung. Dazu mehr im nächsten Abschn.. 3.5.

---

[9] Diese Proportionalität wird auch als ‚Kirchhoffsches Strahlungsgesetz‘ bezeichnet und vom Physiker G.R. Kirchhoff bereits 1859 beschrieben.

3.5   Die Erzeugung von Laserstrahlung

Die Abb. 3.9 zeigt wie der Aufbau eines Lasers im Prinzip aussieht.

Der Laserresonator wird durch die beiden Spiegel Sp1 und Sp2 begrenzt, wobei der Spiegel Sp1 im Idealfall eine Reflektivität R von 100 % (entsprechend $R=1$) für das Laserlicht aufweist, während der andere Spiegel Sp2 für einige Prozent des Laserlichts durchlässig ist. Das ist der sogenannte ‚Auskoppelspiegel'. In der Praxis haben die beiden Spiegel oft eine leicht gekrümmte Oberfläche, weil es in diesem Fall einfacher ist, die Laserstrahlung im Resonator zu behalten; d. h. die Justierung der beiden Spiegel ist einfacher und im Gegensatz zu einer Anordnung mit planparallelen Spiegeln sind bei leicht gekrümmten Spiegeloberflächen kleine Abweichungen von einer perfekt parallelen Ausrichtung der Spiegel tolerierbar. Das bedeutet, dass in diesem Fall auch bei einem leicht dejustierten Resonator noch Laserstrahlung im Resonator auftritt. Zwischen den Spiegeln befindet sich das ‚laseraktive Medium'. Das kann beispielsweise aus Kristallen oder Gläsern bestehen, die mit bestimmten Atomen dotiert sind. Aber auch Gase oder Flüssigkeiten, in denen geeignete Moleküle gelöst sind, können das laseraktive Medium bilden. In diesem Buch werden später drei Lasertypen vorgestellt, bei denen das laser-aktive Material entweder ein mit Atomen dotierter Festkörper ist (ND-YAG-Laser $=$ Neo-dym Yttrium Aluminium Granat Laser oder Faserlaser) oder aus Gasmolekülen besteht (CO_2-Laser). Im vorigen Abschnitt wurde schon eine notwendige Voraussetzung genannt, die für eine Laseremission nötig ist, nämlich eine Besetzungsinversion zwischen 2 Energieniveaus. Da ohne Energiezufuhr praktisch nur der Grundzustand besetzt ist, muss diese Energie (‚Pumpenergie') dem Lasermedium zugeführt werden, um höhere Energie-niveaus zu besetzen. Eine weitere notwendige Voraussetzung ist, dass mindestens 3 Energieniveaus in den Pump- und Laserprozess einbezogen werden, damit es zu einer Inversion und damit zum Laserprozess kommt (vgl. den vorigen Abschn. 3.4).

Wenn man sich das Licht im Resonator wie im vorigen Abschnitt wieder als EMS $ph(f)$ vorstellt, so erkennt man an der Abb. 3.9, dass Photonen, die sich in axialer Richtung durch den Resonator bewegen, ständig reflektiert werden können und damit lange im Resonator bleiben. In diesem Sinne kann man den Resonator auch als ein Element auffassen, das axial verlaufende Photonen selektiert. Allerdings muss die EMS

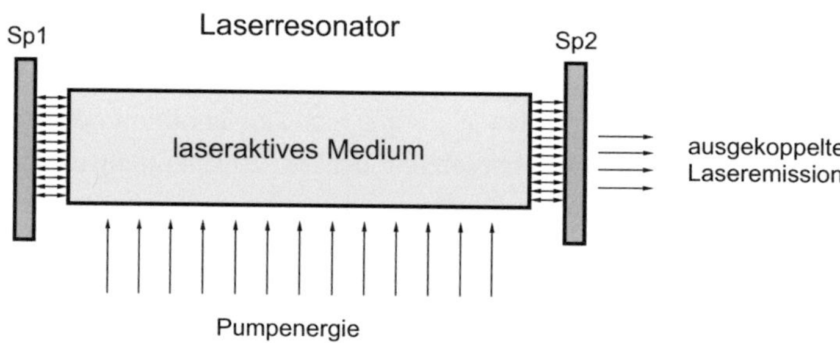

Abb. 3.9 Prinzipieller Aufbau eines Laserresonators

erst einmal entstehen. Dazu müssen die Atome, Moleküle o. ä. im laseraktiven Medium zunächst in ein höheres Energieniveau gebracht werden. Das geschieht durch die ‚Pumpenergie', durch die die Atome angeregt werden, sodass ein höheres Energieniveau besetzt wird. Die Pumpenergie kann z. B. durch eine Lichtquelle mit geeigneter Wellenlänge zugeführt werden. Zunächst werden dann Photonen durch die spontane Emission emittiert. Die Photonen, die sich in axialer Richtung bewegen, können dann weitere Atome zur induzierten Emission anregen. Die dabei entstehenden Photonen verlaufen ebenfalls in axialer Richtung, bleiben dabei auch lange im Resonator und verursachen so eine Photonenlawine. Schematisch ist das bereits in der Abb. 3.7 dargestellt worden. Ein Teil dieser Photonen wird durch den teildurchlässigen Spiegel ausgekoppelt. Das ist die Laseremission. Die Photonenlawine kann allerdings nicht unbegrenzt wachsen, da ja auch die Pumpenergie, also die Energie, die in das System hineingesteckt wird, begrenzt ist. Es wird sich deshalb ein Gleichgewicht einstellen, sodass man wegen der konstanten Pumpenergie auch eine konstante Energie der Laseremission erhält.

Die Entstehung einer Photonenlawine bedeutet formal, dass $ph(t)$ im Resonator über die Zeit anwächst, es muss also gelten:

$$\frac{\mathrm{d}ph(t)}{\mathrm{d}t} > 0 \tag{3.28}$$

Gl. 3.28 ist also eine notwendige Bedingung für die Laseremission. Durch die induzierte Emission werden Photonen für die EMSs $ph(t)$ erzeugt. Dieser Vorgang ist proportional zu der Zahl der Atome N_2 im höheren Energieniveau E_2 und der Größe von ph selbst (vgl. auch Gl. 3.22 im vorigen Abschnitt). Außerdem ist er noch proportional zu einer Übergangswahrscheinlichkeit pro Zeiteinheit, die wir mit w bezeichnen. Die Absorption als Umkehrprozess der induzierten Emission führt dazu, dass ph wieder Photonen entzogen werden, wobei dieser Vorgang wiederum proportional zur Anzahl der Atome N_1 im unteren Energieniveau und der Stärke von ph selbst ist. Dieser Vorgang ist ebenfalls proportional zu w, weil die Übergangswahrscheinlichkeiten für Absorption und induzierte Emission gleich sind (vgl. den Abschn. 3.4).

Um die wesentlichen quantitativen Aspekte aufzuzeigen, vernachlässigen wir bei dieser Betrachtung die spontane Emission, beschreiben also eigentlich einen idealisierten Laser. Natürlich ist sie immer vorhanden und führt zu einem unerwünschten Untergrundrauschen bei der Laseremission. Nicht zu vernachlässigen sind allerdings die Verluste für ph, die durch den teildurchlässigen Spiegel entstehen. Diese Photonen, die die eigentliche Laseremission bilden, werden dem Resonator ja ständig entzogen. Sie sind ebenfalls proportional zur Größe von ph. Wenn man für ein Photon im Laserresonator eine mittlere Verweilzeit von τ definiert kann man diese Verlustrate als $-ph/\tau$ beschreiben. Dieser Ansatz bedeutet, dass ph wegen des Austritts der Photonen über Sp2 exponentiell abnehmen würde, wenn man alle anderen Prozesse zum Aufbau bzw. Abbau von ph ignorieren würde (vgl. auch die Erläuterungen im Anhang). Dazu kommen eigentlich noch weitere Verluste z. B. durch Absorption oder Unebenheiten bzw. Streuprozesse an den Spiegeloberflächen oder eventuell auch durch eine nicht perfekte Justierung des Resonators. Beides werden wir aber wieder im Rahmen ‚idealisierter Bedingungen' vernachlässigen.

Für die zeitliche Entwicklung von $ph(t)$ erhalten wir damit:

$$\frac{dph(t)}{dt} = w \cdot N_2 \cdot ph - w \cdot N_1 \cdot ph - \frac{ph}{\tau} = (N_2 - N_1) \cdot w \cdot ph - \frac{ph}{\tau} \qquad (3.29)$$

Mit Gl. 3.28 folgt daraus:

$$(N_2 - N_1) > \frac{1}{w \cdot \tau} \qquad (3.30)$$

Die wesentliche Aussage von Gl. 3.30 ist, dass der Lawinenprozess und damit der Laserprozess nur möglich ist, wenn durch die Pumpenergie eine Besetzungsinversion der beiden laseraktiven Energieniveaus erfolgt, also $(N_2 - N_1) > 0$ gilt. Da im vorigen Abschnitt gezeigt wurde, dass dies bei nur 2 Energieniveaus nicht möglich ist, sind für den Pump- und Laserprozess also mindestens 3 Energieniveaus nötig. Aus Gl. 3.30 folgt außerdem, dass umso weniger Besetzungsinversion nötig ist, je länger die mittlere Verweilzeit τ der Photonen im Resonator ist. τ ist ausserdem umso größer, je größer der Abstand L zwischen den beiden Spiegeln ist. Und sie ist umso kleiner, je größer die Durchlässigkeit D_{SP2} des teildurchlässigen Spiegels ist. Für D_{SP2} und die Reflektivität R_{SP2} des teildurchlässigen Spiegels gilt näherungsweise:

$$D_{SP2} + R_{SP2} = 1 \quad \text{bzw.} \quad D_{SP2} = 1 - R_{SP2} \qquad (3.31)$$

Dabei sind weitere, oben genannte Verluste an den Spiegeln wieder vernachlässigt worden. Formal gesehen ist die Wahrscheinlichkeit, dass die Photonen den Resonator verlassen umso höher, je schneller diese sind. Das bedeutet, dass τ auch umgekehrt proportional zur Geschwindigkeit der Photonen ist, wobei diese Geschwindigkeit natürlich immer die Lichtgeschwindigkeit c ist.

Insgesamt erhält man für τ damit die folgende Abschätzung [3]:

$$\tau \sim \frac{L}{(1 - R_{SP2}) \cdot c} \qquad (3.32)$$

Für w gilt die folgende Gl. [3]:

$$w = \frac{c^3}{V \cdot 8 \cdot \pi \cdot f^2 \cdot \Delta f \cdot t_2} \qquad (3.33)$$

Man kann deshalb Gl. 3.30 in der folgenden Form schreiben, wobei jetzt die Inversion auf das Volumen V des laseraktiven Mediums bezogen ist:

$$\frac{N_2 - N_1}{V} > \frac{8 \cdot \pi \cdot f^2 \cdot \Delta f \cdot t_2}{c^3 \cdot \tau} \qquad (3.34)$$

t_2 ist die mittlere Lebensdauer des Atoms im Energiezustand E_2, d. h. die Zeit, in der sich das Atom nach der Absorption eines Photons in diesem Zustand befindet bevor es durch spontane Emission wieder in den Energiezustand E_1 zurückkehrt (vgl. auch Gl. 3.19). Δf ist die Linienbreite, d. h. Energie- bzw. Frequenzunschärfe des Übergangs von

E_2 nach E_1, wobei für die Energieunschärfe $\Delta E = h \cdot \Delta f$ gilt (vgl. auch die Abb. 3.13). f ist die Frequenz der Laseremission, also durch die Energiedifferenz $(E_2 - E_1)$ der beiden laseraktiven Energieniveaus durch $f = (E_2 - E_1)/h$ gegeben. Die rechte Seite der Gl. 3.34 gibt die Rahmenbedingungen für den Laserprozess vor. Je kleiner der Wert der rechten Seite der Gleichung ist, desto leichter ist es, durch Pumpen die notwendige Inversion herzustellen und damit Laseremission zu ermöglichen. Gl. 3.34 zeigt auch, dass es im Allgemeinen einfacher ist, die nötige Inversion herzustellen, wenn die Energiedifferenz der beiden laseraktiven Niveaus klein ist. Eine Laseremission im Infrarotbereich ist also meistens einfacher zu erreichen als im UV-Spektralbereich. Auch eine geringe Energieunschärfe Δf der beiden Laserniveaus begünstigt die Besetzungsinversion. Ausserdem zeigen die Gl. 3.32 und Gl. 3.34, dass die nötige Inversion umso leichter zu erreichen ist, je grösser die Resonatorlänge und je höher die Reflektivität des Auskoppelspiegels ist. Abb. 3.10 zeigt schematisch Anordnungen mit 2, 3 und 4 Energieniveaus und den möglichen Licht- bzw. Laseremissionen. Gepumpt wird immer in das höchste Energieniveau.

Nur für die Anordnungen mit 3 oder mehr Energieniveaus ist eine Laseremission möglich. Um genauer zu verstehen, wie die Zusammenhänge zwischen der Pumpenergie, der EMS ph (und der damit gegebenen Laseremission) sowie den Übergangswahrscheinlichkeiten zwischen den Energieniveaus sind, werden wir am Beispiel des 3 Niveausystems (2) – ähnlich wie in Abschn. 3.4 – die Besetzung der Energieniveaus ansehen. Bei dem Schema (2) sind die beiden oberen Energieniveaus ‚laseraktiv‘, d. h. die Wellenlänge der Laseremission wäre damit $\lambda = h \cdot c/(E_2 - E_1)$. Die Anregung (Pumpvorgang) geschieht durch die Besetzung von E_2 aus dem Grundzustand E_0. Dieser Pumpvorgang könnte beispielsweise durch eine Lichtquelle mit der passenden Wellenlänge λ erfolgen, demnach

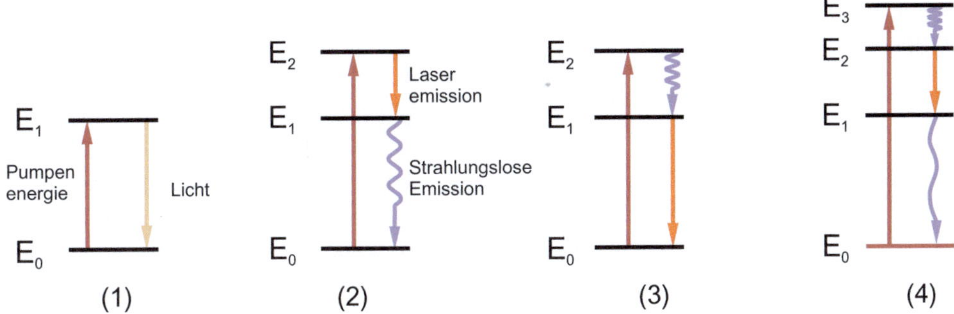

(1): 2-Niveau-System: Keine Inversion möglich, kein Laserprozess

(2) und (3): 3 Niveau System mit Laserermissionen

(4): Bsp. für ein 4-Niveausystem mit Laserermission

Abb. 3.10 Pumpen und Licht- bzw. Laseremission bei 2, 3 und 4 Energieniveaus

wäre als Pumpquelle auch ein Laser mit dieser Emissionswellenlänge geeignet. Die EMS im Laserresonator bezeichnen wir wieder mit *ph*. Die Bezeichnung für die Übergangswahrscheinlichkeiten für spontane und induzierte Emission bzw. die Absorption sind so wie in Abschn. 3.4, Abb. 3.8. Die Wahrscheinlichkeit für einen Übergang von E_0 nach E_2 durch den Pumpvorgang bezeichnen wir mit *p*. *p* ist umso größer, je größer die Pumpleistung ist, also zum Beispiel die Licht- bzw. Laserintensität der Pumpquelle. Für das folgende gehen wir von einer Proportionalität von *p* und der Pumpleistung aus. Alle anderen Übergangswahrscheinlichkeiten sind Konstanten. Als weitere Größe haben wir jetzt außerdem die Übergangswahrscheinlichkeit von E_1 nach E_0, die strahlungslos, also ohne Emission eines Photons erfolgt. Sie wird mit we_{10} bezeichnet, wobei ‚*we*' für ‚Wärmeemission' steht. Damit erhält man für die zeitliche Änderung der Besetzung von E_2 die folgende Gleichung:

$$\frac{dN_2}{dt} = -ie_{21} \cdot N_2 \cdot ph + a_{12} \cdot N_1 \cdot ph + p \cdot N_0 - se_{21} \cdot N_2 \qquad (3.35)$$

Die ersten beiden Glieder auf der rechten Seite von Gl. 3.35 beschreiben die Wechselwirkung in den laseraktiven Niveaus, und zwar durch die induzierte Emission und die Absorption. Das dritte Glied beschreibt die Besetzung von E_2 durch den Pumpvorgang und das 4. Glied ist die Abnahme der Besetzung von E_2 durch die spontane Emission.

Für die zeitliche Änderung der Besetzung von E_1 erhält man entsprechend:

$$\frac{dN_1}{dt} = ie_{21} \cdot N_2 \cdot ph - a_{12} \cdot N_1 \cdot ph + se_{21} \cdot N_2 - we_{10} \cdot N_1 \qquad (3.36)$$

Dabei taucht die Übergangswahrscheinlichkeit we_{10} auf, die dafür sorgt, dass die Besetzung von E_1 schnell abgebaut wird. Strahlungslose Übergänge, die von E_2 ausgehen werden vernachlässigt. Der Pumpvorgang *p* sorgt schließlich für den Besetzungsabbau von E_0, der durch die strahlungslose Rekombination von E_1 nach E_0 wieder kompensiert wird. Damit erhält man für die zeitliche Änderung der Besetzung von E_0:

$$\frac{dN_0}{dt} = -p \cdot N_0 + we_{10} \cdot N_1 \qquad (3.37)$$

Weil die Übergangswahrscheinlichkeiten für die induzierte Emission und die Absorption gleich sind, bezeichnen wir im Folgenden zur Vereinfachung der Formeln beide als ‚*g*':$ie_{21} = a_{12} = g$. In den obigen Gleichungen wurden strahlungslose Übergänge von E_2 nach E_1 bzw. von E_2 nach E_0 vernachlässigt. Wenn es allerdings einen nicht zu vernachlässigbaren schnellen Besetzungsabbau von E_2 durch einen strahlungslosen Übergang gäbe, wäre E_2 eher schlecht als oberes Laserniveau geeignet, weil diese strahlungslosen Übergänge die Besetzungsinversion zwischen E_2 und E_1 beinträchtigen. Um eine Inversion herzustellen ist ein schneller Besetzungsabbau durch einen Konkurrenzprozess zur stimulierten Emission ungünstig. Im Gegensatz dazu ist ein schneller Besetzungsabbau des unteren Laserniveaus E_1 jedoch vorteilhaft für die Herstellung der Inversion und den Laserprozess. Dazu äquivalent ist, dass bei laseraktiven Übergängen die Lebensdauer des oberen Niveaus immer deutlich grösser ist als die des unteren Niveaus. Wir betrachten jetzt nur den Zustand, bei dem sich ein Gleichgewicht der Besetzungsstärke der 3 Energieniveaus eingestellt, also nicht den anfänglichen Besetzungsverlauf unmittelbar nach Einsetzen des Pumpvorgangs. Schon nach sehr kurzer Zeit nach ‚Anschalten' der Pumpquelle stellt sich ein Gleichgewichtszustand ein, d. h. die Besetzungsstärken der einzelnen Energieniveaus ändern sich nicht mehr. Das entspricht einer konstanten Laseremission bei gegebener Pumpenergie, was ja auch der normale Betriebszustand eines Lasers ist.

Für diesen sogenannten ‚stationären' Zustand gilt also:

$$\frac{dN_0}{dt} = 0; \ \frac{dN_1}{dt} = 0; \ \frac{dN_2}{dt} = 0 \tag{3.38}$$

Für die obigen Gl. 3.35, 3.36 und 3.37 gilt also:

$$0 = -g \cdot N_2 \cdot ph + g \cdot N_1 \cdot ph + p \cdot N_0 - se_{21} \cdot N_2 \tag{3.39}$$

$$0 = g \cdot N_2 \cdot ph - g \cdot N_1 \cdot ph + se_{21} \cdot N_2 - we_{10} \cdot N_1 \tag{3.40}$$

$$0 = -p \cdot N_0 + we_{10} \cdot N_1 \tag{3.41}$$

Wenn man Gl. 3.40 nach N_1 auflöst und dann in Gl. 3.39 einsetzt, erhält man folgendas Ergebnis (die Rechnung dazu wird im Anhang noch kurz dargestellt):

$$ph(p) = \frac{p \cdot N_0 - N_2 \cdot se_{21}}{N_2 - \frac{p \cdot N_0}{we_{10}}} \cdot \frac{1}{g} \tag{3.42}$$

Gl. 3.42 beschreibt die Laserstrahlung ph im Laserresonator in Abhängigkeit von p, also letztlich von der Pumpleistung. Rein formal ergibt diese Gleichung für $p = 0$ einen negativen Wert für ph. Da es keine negative Laserstrahlung im Resonator gibt, kann man das so interpretieren, dass es erst eine bestimmte Pumpleistung geben muss, damit überhaupt der Laserprozess einsetzt. Eine notwendige Voraussetzung dafür ist, dass der Zähler von Gl. 3.42 positiv wird, also $p \cdot N_0 - N_2 \cdot se_{12} > 0$ gilt. Das bedeutet, dass die Besetzung von E_2 durch den Pumpvorgang größer sein muss als der Besetzungsabbau durch spontane Emission. Für geringe, aber weiter ansteigende Pumpleistung ergibt sich dann in etwa ein linearer Anstieg der Laserstrahlung, vorausgesetzt der Abbau der Besetzung von E_1 durch den strahlungslosen Übergang nach E_0 ist sehr effektiv, sodass also gilt $p \cdot N_0 \ll we_{10}$. In diesem Fall bewirkt der zweite Term im Nenner noch keinen großen Beitrag zu einer Abweichung von einem linearen Verlauf. Bei weiter steigender Pumpleistung kann der 2. Term im Nenner vielleicht nicht mehr vernachlässigt werden und es gibt eine kleine Abweichung zum rein linearen Zusammenhang. Da der Wert des Nenners dann abnimmt, würde der Anstieg mit steigender Pumpleitung steiler verlaufen. Allerdings bedeutet eine steigende Pumpleistung auch einen Anstieg von N_2, was diesen steileren Verlauf wieder begrenzen würde. Grundsätzlich soll Gl. 3.42 nur eine prinzipielle Vorstellung davon geben wie sich die Strahlung ph im Resonator und damit auch die ausgekoppelte Laseremission in Abhängigkeit von der Pumpleistung verhält. Für eine konkrete Berechnung ist Gl. 3.42 nicht geeignet. Dazu ist das Modell zu einfach und es werden zu viele Parameter vernachlässigt, die den Laserprozess zusätzlich beeinflussen. In der Abb. 3.11 ist die Intensität der Laserstrahlung in Abhängigkeit von der Pumpleistung aufgetragen, und zwar im ersten Bild so, wie es sich mit den obigen Annahmen aus der Gl. 3.42 in etwa ergibt. Im zweiten Bild ist die Kurve dann nach oben verschoben worden und der negative Bereich aus (1) wird als der Bereich interpretiert, wo die Pumpleistung noch zu gering ist, um nennenswerte Laserstrahlung im Resonator zu erzielen. Die Pumpleistung, ab der Laseremission einsetzt, wird auch oft als ‚Laser-

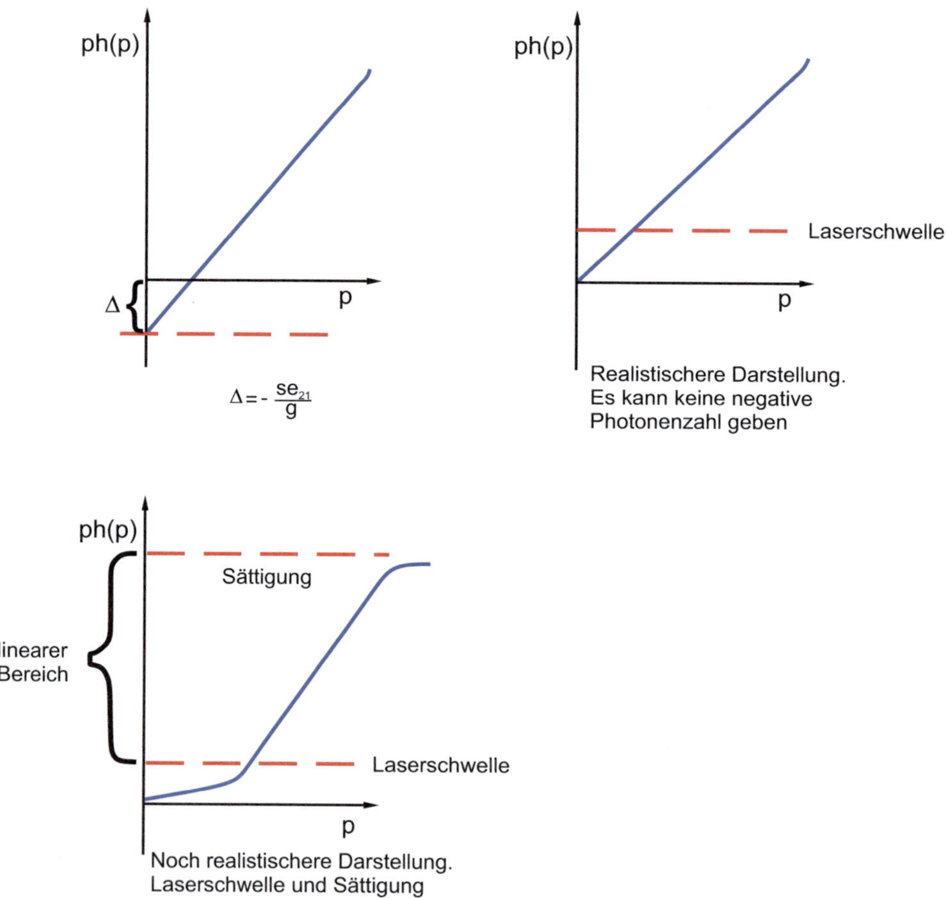

Abb. 3.11 Abhängigkeit von *ph* (und damit auch der Laseremisssion) im Resonator von *p*. Unter der Annahme, dass *p* – als Übergangswahrscheinlichkeit von E_0 nach E_2 – proportional zur Pumpleistung ist, wird damit auch die Abhängigkeit von *ph* von der Pumpleistung beschrieben. Die ‚Laserschwelle' bezeichnet hier den Wert der Pumpleistung, von dem an in etwa die stimulierte Emission die Verluste im Resonator (u.a. durch spontane Emission) ausgleichen kann und die Laseremission dann näherungsweise linear mit der Pumpleistung anwächst.

schwelle' bezeichnet. Unterhalb dieser Laserschwelle gibt es allerdings auch schon Lichtemission, und zwar durch Photonen, die durch die spontane Emission entstehen. Man kann das als Untergrundrauschen bezeichnen. Auch Laserstrahlung entsteht bereits und sie steigt zwar mit zunehmender Pumpleistung an, wird aber durch die Photonen aus der spontanen Emission überlagert. In diesem Bereich dominiert also das ‚Rauschen' und erst oberhalb der Laserschwelle dominiert die Laserstrahlung. Die obige Darstellung dient dazu, wichtige Prinzipien und Zusammenhänge beim Laserprozess aufzuzeigen, sie ist aber wegen der vereinfachenden Annahmen und der Nichtberücksichtigung von weiteren Rahmenbedingungen höchstens näherungsweise geeignet, den Zusammenhang zwischen Laserstrahlung und Pumpleistung quantitativ darzustellen. Nicht realistisch ist beispielsweise, dass nach Gl. 3.41 die Laserstrahlung im Resonator mit steigender Pumpleistung im Wesentlichen immer weiter ansteigen würde. In der Realität gibt es hier Sättigungseffekte und die Pumpenergie kann nicht beliebig erhöht werden, und zwar nicht nur, weil nur eine bestimmte Anzahl von Atomen im laseraktiven Medium vorhanden sind, sondern auch wegen der zunehmenden Wärmeentwicklung im Laser-medium durch die strahlungslosen Übergänge. Falls mit einer spektral breitbandigen Lichtquelle gepumpt wird, würde außerdem ein großer Teil der Pumpenergie nicht absorbiert werden und zu einer weiteren Erwärmung des Gesamtsystems beitragen. Eine übermäßige Wärmentwicklung im Lasermaterial selbst kann zu dessen Degeneration führen. Eine zunehmende Pumpleistung erhöht außerdem auch die Wahrscheinlich-keit, dass nach der Besetzung von E_2 ein weiteres ‚Pumpphoton' von diesem Zustand aus absorbiert wird und dadurch das Atom über die Ionisationsgrenze hin angeregt wird, sodass das Atom das Elektron verliert. Diese Ionisation durch eine ‚Zwei-Photonen-Absorption' wäre dann ein weiterer unerwünschter Konkurrenzeffekt zur induzierten Emission. Das so entstandene Ion hat in der Regel etwas verschobene Energieniveaus, sodass die Pumpwellenlänge nicht mehr ‚passt', weil jetzt die Energiedifferenz der beiden laseraktiven Niveaus geändert ist. Es ist damit für den Laserprozess verloren. Das Lasermedium degeneriert also auch in diesem Fall umso schneller, je höher die Pumpenergie ist. In der Abb. 3.11 ist mit (3) auch noch der realistische Fall skizziert, dass es nach dem linearen Bereich zu einem Übergang in eine Sättigung kommen würde. Außerdem ist eine näherungsweise Linearität von Laserstrahlung und Pump-leistung erst wirklich vorhanden, wenn die Pumpleistung die Laserschwelle erreicht hat. Weiterführende Darstellungen zu den Themenbereichen der Wechselwirkung der EMS mit Energieniveaus von laseraktiven Materialien sowie die daraus abgeleiteten Bilanz-gleichungen finden sich in [3, 5, 6].

Moden im Resonator – longitudinale Moden

Bisher haben wir den Laserprozess im ‚Photonenbild' beschrieben. Im ‚Wellenbild' des Lichts erhält man anstelle der zwischen den Resonatorspiegeln hin- und herfliegenden Photonen eine stehende Welle. Sie kann sich zwischen den beiden Resonatorspiegeln nur ausbreiten, wenn die Resonatorlänge L ein ganzzahliges Vielfaches der halben Wellen-länge λ ist.

Abb. 3.12 Eine stehende
Welle im Laserresonator

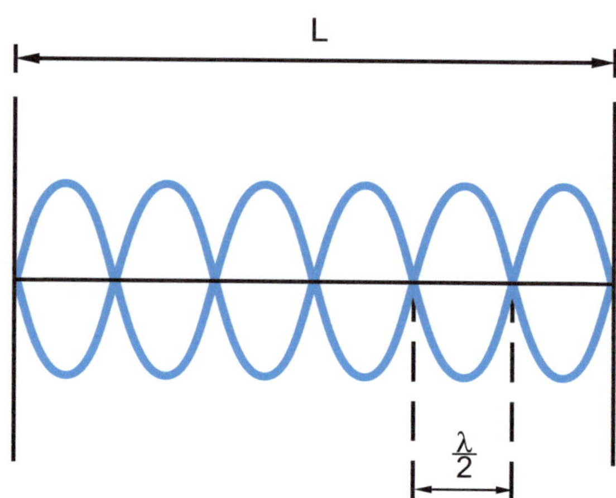

Es muss also gelten:

$$n \cdot \frac{\lambda}{2} = L \qquad (3.43)$$

n ist eine sehr große Zahl, da L viel größer als die Laserwellenlänge λ ist. Diese stehende Welle, bestehend aus einer hin- und zurücklaufenden Welle, ist schematisch in der Abb. 3.12 dargestellt. Weil die Ausbreitungsrichtung der Welle in Richtung des Resonators erfolgt, wird sie auch als ‚longitudinale Mode' oder ‚axiale Mode' bezeichnet. Mit der Beziehung $c = \lambda \cdot f$ erhält man aus Gl. 3.43 für die Frequenz f bzw. Wellenlänge λ dieser stehenden Welle:

$$f = \frac{n \cdot c}{2 \cdot L}; \lambda = \frac{2 \cdot L}{n} \qquad (3.44)$$

Bei einer Wellenlänge im nahen Infrarotbereich von beispielsweise $\lambda = 1\,\mu m$ und einer Resonatorlänge $L = 50\,cm = 5 \cdot 10^5\,\mu m$ ergibt sich $n = 10^6$. Es werden sich jedoch nur diejenigen Wellenlängen bzw. Laserfrequenzen im Resonator ausbilden können, die nahe bei der Energiedifferenz und der damit verbunden Frequenz bzw. Wellenlänge des Laserübergangs liegen. Die Energiedifferenz $(E_2 - E_1)$ zwischen den Laserniveaus weist immer eine gewisse Bandbreite, auch ‚Unschärfe' genannt, auf. Diese Bandbreite des Laserübergangs werden wir dE nennen. Wie in Abschn. 3.4 beschrieben, hat eine angeregtes Energieniveau eine bestimmte Lebensdauer dt – vgl. Gl. 3.19, die auch als ‚natürliche Linienbreite' bezeichnet wird. Dieser Zeitbereich dt ist mit der Energieunschärfe $dE = h \cdot df$ durch die folgende Beziehung verbunden:[10]

---

[10] Diese Beziehung zwischen dE und dt wird als ‚Energie-Zeit Unschärferelation' bezeichnet. Eine analoge Beziehung besteht zwischen dem Ort x und dem Impuls p eines Teilchens: $dx \cdot dp \cong h / (2 \cdot \pi)$. Das ist die sogenannte ‚Heisenbergsche Unschärferelation', aus der man Gl. 3.45 auch herleiten kann.

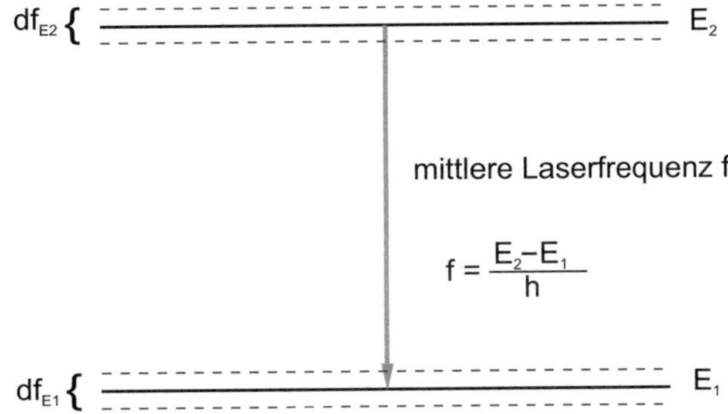

Abb. 3.13 Verbreiterung der laseraktiven Niveaus durch die Energieunschärfe

$$dE \cdot dt \cong \frac{h}{2 \cdot \pi} \tag{3.45}$$

Entsprechend gilt für df und dt:

$$df \cdot dt \cong \frac{1}{2 \cdot \pi} \tag{3.46}$$

Wegen Gl. 3.45 bzw. Gl. 3.46 können also besonders diejenigen Moden zur Laseremission beitragen, die mit ihren Frequenzen innerhalb dieses Bereichs df um das laseraktive Energieniveau liegen. Das ist schematisch in der Abb. 3.13 dargestellt.

Insgesamt ergibt sich damit eine Frequenzunschärfe df des Laserübergangs von

$$df = df_{E_2} + df_{E_1} \cong \frac{1}{2 \cdot \pi} \left(\frac{1}{dt_1} + \frac{1}{dt_2} \right) \tag{3.47}$$

Dabei sind dt_1 und dt_2 die natürlichen Lebensdauern der beiden laseraktiven Niveaus. Tatsächlich ist die Bandbreite, innerhalb der Laserübergänge möglich sind, in der Regel noch deutlich größer als die ‚natürlichen Linienbreiten', und zwar bei Kristallen durch die Wechselwirkungen der für den Laserprozess verantwortlichen Atome (oder Ionen) mit der restlichen Umgebung im Lasermedium. Bei Gasen als Lasermedium führt der ‚Dopplereffekt' zu einer Verbreiterung der Bandbreite, weil sich die Gasmoleküle statistisch in alle Richtungen sehr schnell bewegen und deshalb in Richtung der Resonatorachse bzw. der Laseremission verschiedene Geschwindigkeitskomponenten aufweisen, was zu Frequenzänderungen führt (Abb. 3.14).[11] Die dadurch entstehende Frequenzverbreiterung ist umso grösser, je höher die Temperatur T und damit die Geschwindigkeit der Gasmoleküle ist.

---

[11] Ein analoges Beispiel aus dem Alltag ist der Unterschied des Motorgeräusches bei einem schnellen Fahrzeug, das einem entgegenkommt und sich dann wieder entfernt.

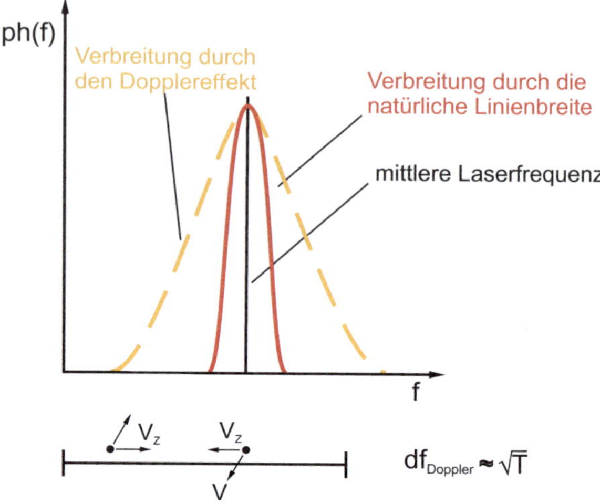

Abb. 3.14 Verbreiterung der Laserfrequenz durch den Dopplereffekt bei Gaslasern (Bild oben) und zwei Gasmoleküle mit negativen bzw. positiven Geschwindigkeitskomponenten in Richtung der Resonatorachse (Bild unten)

Zurück zu den longitudinalen Lasermoden. Der Frequenzabstand zwischen zwei benachbarten Moden ergibt sich aus Gl. 3.44:

$$f_{n+1} - f_n = \frac{c}{2 \cdot L} \tag{3.48}$$

Wenn beispielsweise wieder $l = 0{,}5$ m als Resonatorlänge angenommen wird, erhält man damit für den Frequenzabstand zweier Moden $f_{n+1} - f_n \cong 3 \cdot 10^8$ 1/s. Dieser Abstand ist in der Regel deutlich geringer als die Bandbreite des Laserübergangs, der ja außerdem durch den Dopplereffekt (bei Lasergas als Medium) oder Wechselwirkungen im Kristall viel größer als die natürliche Linienbreite ist. Dadurch können mehrere bzw. sogar sehr viele Moden innerhalb der Bandbreite des Laserübergangs liegen. Das wird in Abb. 3.15 dargestellt, wobei diese Abbildung rein schematisch zu verstehen ist und die Größenordnungen der Linienbreiten zueinander nicht realistisch wiedergibt. Allerdings werden nur diejenigen Moden ‚anschwingen‘, also eine stehende Welle im Resonator bilden und zur Laserstrahlung beitragen, für die die Pumpleistung hoch genug ist, um über die Laserschwelle zu kommen. Die durch Wechselwirkungen im Lasermedium (Dopplereffekt oder andere Wechselwirkungen) bewirkten Linienverbreiterungen sind im Vergleich zur natürlichen Lebensdauer des Laserübergangs viel größer als in der Abb. 3.15 dargestellt. Die Bandbreite einer Mode ist schmaler und die Bandbreite der Laseremission, die auf einer Mode beruht, ist so schmal, dass sie auch durch einen Strich noch viel zu groß dargestellt ist.

Innerhalb der natürlichen Linienbreite und erst recht innerhalb der - beispielsweise durch den Dopplereffekt - gegebenen Bandbreite des Laserübergangs liegen normalerweise viel mehr longitudinale Moden, als in der Abbildung dargestellt. Der Begriff ‚Laserschwelle‘ in der Abb. 3.15 ist etwas anders zu verstehen, als in der Abb. 3.11. Die ‚Laserschwelle‘ in der Abb. 3.15 hängt von der Pumpleistung ab und bezeichnet einen

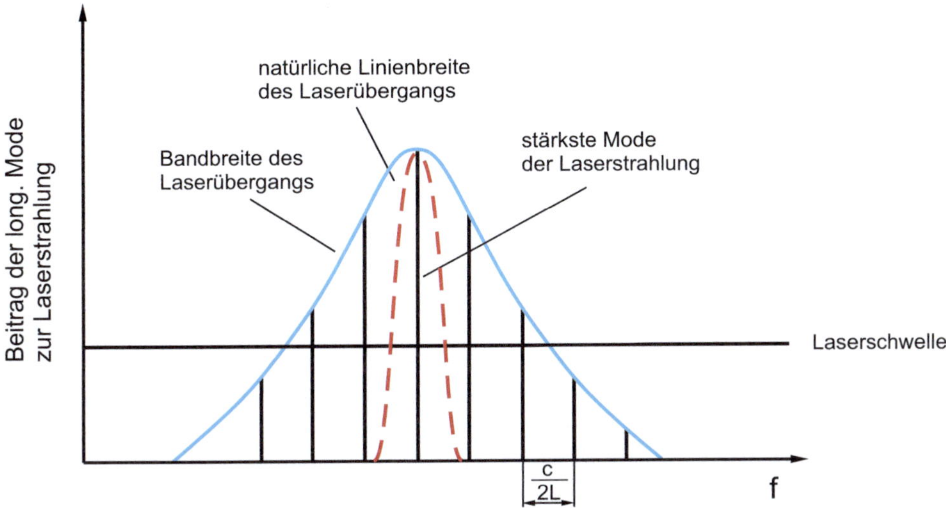

Abb. 3.15 Schematische Darstellung der longitudinalen Moden und der natürlichen Linienbreite innerhalb der Bandbreite der Laseremission. Innerhalb der natürlichen Linienbreite und erst recht innerhalb der – beispielsweise durch den Dopplereffekt – gegebenen Bandbreite des Laserübergangs liegen normalerweise viel mehr longitudinale Moden, als in der Abbildung dargestellt. Der Begriff ‚Laserschwelle' ist hier etwas anders zu verstehen, als in der Abb. 3.11. Die ‚Laserschwelle' in der Abb. 3.15 hängt von der Pumpleistung ab und ist als ein Level zu verstehen, der festlegt, wie viele Moden anschwingen können. Nach der Abb. 15 reicht die Pumpenergie aus, um 5 Moden über die Laserschwelle zu heben, so dass sie im Resonator anschwingen und damit zur Laseremission beitragen können. Mit abnehmender Pumpleistung würde die Laserschwelle nach oben wandern und es würden dann immer weniger Moden zur Laseremission beitragen. Wenn die Pumpenergie so weit verringert wird, dass nur noch eine Mode anschwingen kann, wäre das die, die in der Mitte des Laserübergangs liegt. Die dieser minimalen Pumpenergie entsprechende Laserschwelle entspricht in etwa der Laserschwelle, die in der in der Abb. 3.11 dargestellt ist.

Level, der festlegt, wie viele Moden anschwingen können. Nach der Abb. 15 reicht die Pumpenergie aus, um 5 Moden über die Laserschwelle zu heben, so dass sie im Resonator anschwingen und damit zur Laseremission beitragen können. Mit abnehmender Pumpleistung würde die Laserschwelle in der Abb. 3.15 nach oben wandern und es würden dann immer weniger Moden zur Laseremission beitragen. Wenn die Pumpenergie so weit verringert wird, dass nur noch eine Mode anschwingen kann, wäre das die, die in der Mitte des Laserübergangs liegt. Dazu findet man oft den Begriff ‚single longitudinal mode' – Betrieb. Diese Betriebsart wird allerdings nicht durch die Verringerung der Pumpleistung realisiert, sondern durch frequenzselektive Elemente im Laserresonator[10]. Natürlich sind auch die longitudinalen Moden nicht unendlich schmal, sondern weisen eine Linienbreite auf. Sie ist aber wesentlich geringer als die Bandbreite des Laserübergangs. In der obigen Abbildung beträgt die Linienbreite einer Mode nur einige Prozent der Bandbreite des Laserübergangs. Allerdings ist die Linienbreite der Laseremission eines ‚single longitudinal mode' Lasers sogar noch kleiner als die Linienbreite der longitudinalen Mode. Die Ursache dafür ist die induzierte Emission. Ein Photon, das durch induzierte Emission erzeugt wird, übernimmt exakt die Phasenlage der stehenden Welle des anregenden Photons. Dadurch schwingen die stehenden Wellen der durch induzierte Emission erzeugten Photonen alle ‚im Takt', was dann auch für das ausgekoppelte Laserlicht gilt. Das führt auf einen weiteren Begriff, der sehr oft in Zusammenhang mit Laserstrahlung auftritt, nämlich ‚Kohärenz'. Dadurch, dass die Photonen bzw. die entsprechenden EM-Wellen mit gleicher Phasenlage den Laserresonator verlassen und dieselbe Frequenz bzw. Wellenlänge aufweisen, bleiben sie auch ‚im Takt', wenn sich der Laserstrahl weiter ausbreitet. Da allerdings auch die Linienbreite von Laserstrahlung im ‚single mode – Betrieb' nicht unendlich schmalbandig ist, verändert sich die Phasenlage der Wellenzüge zueinander, je weiter sich die Laserstrahlung ausbreitet.

Die Linienbreite der Laseremission selbst beschreiben wir im folgenden mit df. Sie ist nicht zu verwechseln mit der Frequenzunschärfe aus Gl. 3.47, wo mit df eine Frequenzunschärfe aufgrund der natürlichen Lebensdauern der beiden Laserniveaus beschrieben wird. Für die Kohärenzzeit $t_{Kohärenz}$ erhält man damit:

$$t_{Kohärenz} \cong \frac{1}{df} \tag{3.49}$$

Mathematisch bedeutet Gl. 3.49, dass $t_{Kohärenz}$ genau die Zeitdauer ist, die eine EM-Welle mit der Frequenz f und der Linienbreite df braucht, um die Phase um π zu ändern. Aus $c \cdot t_{Kohärenz} = l_{Kohärenz}$ erhält man für die ‚Kohärenzlänge' $l_{Kohärenz}$:

$$l_{Kohärenz} \cong \frac{c}{df} \tag{3.50}$$

Gl. 3.50 beschreibt den Weg, den zwei Wellen, die einen Frequenzunterschied df aufweisen, zurücklegt haben, bis ihr Phasenunterschied π beträgt. Um eine bessere Vorstellung von den Größenordnungen der Kohärenzzeit bzw. Kohärenzlänge eines Lasers zu erhalten, bei dem beispielsweise durch ein ‚frequenzselektives Element' nur eine oder wenige Moden zur Laseremission beitragen, machen wir noch die folgende Abschätzung. [12] Im obigen Beispiel beträgt der Modenabstand $c/(2 \cdot L) \cong 3 \cdot 10^8$ 1/s. Da die Linienbreite einer Mode bzw. die der Laseremission deutlich kleiner ist, nehmen wir zum Beispiel für die Linienbreite der Laseremission einen Wert von $df \cong 10^7$ 1/s. Mit Gl. 3.49 bzw. Gl. 3.50 erhält man damit eine Kohärenzzeit von $t_{Kohärenz} \cong 10^{-7}$ s bzw. eine Kohärenzlänge von $l_{Kohärenz} \cong 30$ m. Anschaulich kann man sich das so vorstellen, dass zwei Wellen, die einen Frequenzunterschied von $df \cong 10^7$ 1/s aufweisen, nach einer Zeitdauer von ca. $t_{Kohärenz} \cong 0,1$ µs bzw. nach einer Weglänge von $l_{Kohärenz} \cong 30$ m eine Phasendifferenz von π zueinander aufweisen. Die obige Abschätzung ist nur als Rechenbeispiel zu verstehen. 'Single-longitudinal-mode' Laser können sogar noch weit höhere Kohärenzlängen bzw. deutlich kleinere Linienbreiten der Laseremission erreichen. Zur Veranschaulichung sind in der Abb. 3.16 zwei Wellen dargestellt, die einen Frequenz-

---

[12] Ein ‚frequenzselektives Element' wäre z. B. ein ‚optisches Gitter' oder ein ‚Etalon'.

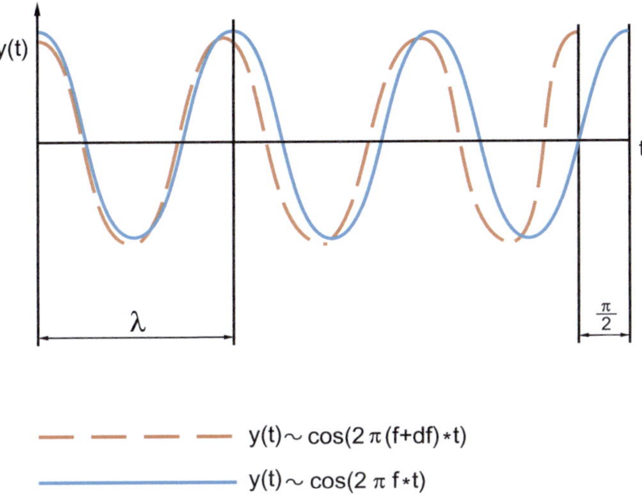

Abb. 3.16 Die gestrichelt dargestellte Welle hat eine um df größere Frequenz (bzw. kleinere Wellenlänge); nach nur ca. 3 Wellenlängen beträgt die Phasendifferenz zwischen den beiden Wellen 90° bzw. $\pi/2$. Die Kohärenzlänge $l_{\text{Kohärenz}}$ beträgt also ca. 6 Wellenlängen

unterschied aufweisen. In diesem Fall ist der Frequenzunterschied (bzw. Unterschied der Wellenlängen) so groß, dass sie schon nach einigen Wellenzügen den Phasenunterschied π (das entspricht einer halben Wellenlänge) aufweisen und daher nur eine extrem kurz Kohärenzzeit bzw. Kohärenzlänge haben. Im Anhang wird anhand zweier Wellen auch rechnerisch gezeigt, dass die in Gl. 3.49 definierte Kohärenzzcit einer Phasenverschiebung von π (bzw. 180°) von 2 Wellen entspricht.

Räumliche und zeitliche Kohärenz ist eine charakteristische Eigenschaft von Laserlicht. Im Gegensatz dazu weisen andere Lichtquellen wie beispielsweise Glüh-, Halogenlampen oder Gasentladungslampen keine Kohärenz auf. Diese Lichtquellen emittieren einen Mix aus vielen Wellenlängen oder weisen sogar ein kontinuierliches Spektrum an Wellenlängen auf. Das Licht entsteht durch spontane Emission und es besteht deshalb weder eine zeitliche noch räumliche Korrelation zwischen den Lichtemissionen.

Eine Kohärenzlänge von 30 m aus dem obigen Rechenbeispiel wird allerdings von Lasern, die für die Materialbearbeitung eingesetzt werden, nicht erreicht. Hohe Kohärenzlängen spielen eher bei Anwendungen wie der Lasermesstechnik oder im Bereich der optischen Spektroskopie eine Rolle. Für diese Anwendungen ist eine hohe Ausgangsleistung meistens weniger wichtig. Für die hier vorgestellten Laser für die Materialbearbeitung ist die Ausgangsleistung dagegen ein sehr wichtiger Parameter, während die Kohärenzlänge und die Linienbreite der Laseremission von eher untergeordneter Bedeutung sind.

Moden im Resonator – Transversale Moden

Die stehende Welle im Resonator weist in transversaler Richtung, also quer zur Resonatorachse, eine charakteristische Intensitätsverteilung auf. Sie wird auch oft als ‚transversale Modenstruktur' bezeichnet oder abgekürzt als *TEM* (Transversale elektromagnetische Mode). Dabei sind verschiedene Intensitätsverteilungen möglich, wobei die wichtigste die sogenannte TEM_{00} ist, die eine zur Resonatorachse rotationssymmetrische Intensitätsverteilung aufweist und mathematisch durch eine ‚Gaußsche Glockenkurve' beschrieben werden kann. Als weitere Beispiele für transversale Moden mit rotationssymmetrischer Intensitätsverteilung sind in der Abb. 3.17 die TEM_{10} und die TEM_{20} dargestellt. Im Gegensatz zur TEM_{00} haben sie jedoch mehrere Intensitätsmaxima und entsprechend Intensitätsminima dazwischen.

Bei rotationssymmetrischen Modenstrukturen (Abb. 3.17) bedeuten die Indizes p,l bei TEM_{pl} die Anzahl der Intensitätsminima, und zwar:

 p: Anzahl in radialer Richtung r ($r > 0$)

 l: Anzahl in Richtung des Azitumalwinkels φ

In kartesischen Koordinaten wird jeder Punkt der Ebene durch einen Wert für x bzw. y beschrieben. Bei einer Darstellung in den sogenannten ‚Polarkoordinaten' geschieht das durch den Wert von r und dem Azitumalwinkel φ (Abb. 3.18). TEM_{pl} mit $l > 0$ sind nur in einer 3D-Darstellung anschaulich darzustellen. Dazu finden sich Beispiele in [7]. Die in der Abb. 3.17 dargestellten TEM_{pl} mit $p > 0$ und den typischen Intensitätsmaxima bzw. -minima in radialer Richtung können sich nur ausbilden, wenn im Resonator runde Spiegel verwendet werden. Die Modenstruktur entspricht also der geometrischen Grundform der Resonatorspiegel. Wenn dagegen eckige Resonatorspiegel verwendet werden, ergibt sich eine Modenstruktur, die Nullstellen in Richtung der x- und y-Achse des kartesischen Koordinatensystems aufweist. In diesem Fall werden die Moden als TEM_{mn} bezeichnet, wobei m die Anzahl der Intensitätsminima Richtung der x-Achse bedeutet und n in Richtung der y-Achse. Die Intensitätsverteilungen der TEM_{pl} und der TEM_{mn} sehen auch bei gleichen Werten für die Indizes ($m = p$; $n = l$) verschieden aus. Eine Ausnahme bildet der oben vorgestellte TEM_{00}, dessen Intensitätsverteilung sowohl bei Verwendung von rechteckigen als auch runden Resonatorspiegeln gleich ist.

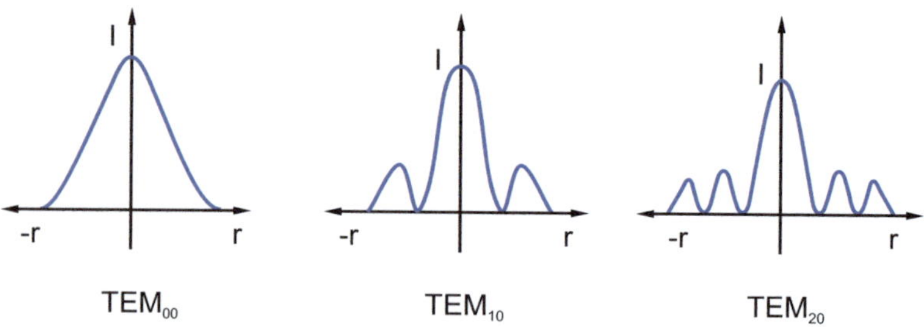

Abb. 3.17 Beispiele für rotationssymmetrische transversale Moden; *I* ist die Intensität in Richtung der Resonatorachse. *r* ist der Abstand von der Resonatorachse

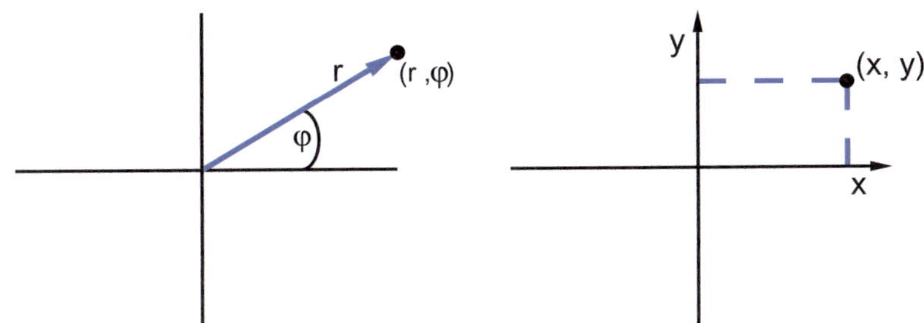

Abb. 3.18 Koordinaten eines Punktes in der Ebene, links in Polarkoordinaten bzw. rechts in kartesischen Koordinaten

Ein Multimode-Betrieb (d. h. das Anschwingen mehrerer transversaler Moden im Resonator) ist sinnvoll, wenn sehr hohe Ausgangsleistungen erforderlich sind und die Intensitätsverteilung und die damit verbundene Strahlqualität von eher untergeordneter Bedeutung sind. In den meisten Anwendungen ist die Strahlqualität jedoch sehr wichtig und es ist daher am besten, den Laser im TEM_{00} zu betreiben. Das kann durch Auswahl und Justierung der Resonatorspiegel erreicht werden, indem entsprechend optimiert wird, sodass das Anschwingen des TEM_{00} bevorzugt wird. Eine weitere Möglichkeit ist das Einbringen einer ‚Modenblende' (‚Irisblende') in den Resonator. Durch die Veränderung des Lochdurchmessers dieser Blende können Moden mit höheren Indizes reduziert werden und damit deren Anschwingen bzw. Verstärkung im Resonator unterdrückt werden, sodass im Idealfall nur noch der TEM_{00} anschwingen kann. Dieser Mode weist die besten optischen Eigenschaften auf, also auch die beste Fokussierbarkeit. Die in diesem Buch vorgestellten Laser arbeiten alle im TEM_{00}, dessen Eigenschaften hinsichtlich der Lasermaterialbearbeitung in den folgenden Abschnitten beschrieben werden.

3.6 Strahlverlauf, Fokussierung und Strahlqualität von Laserstrahlung

Den folgenden quantitativen Zusammenhängen wird also die Gaußsche Intensitätsverteilung des TEM_{00} zugrunde gelegt. Ein Laserstrahl, egal ob im TEM_{00} oder in einer anderen Mode bzw. ‚Multimode', breitet sich nie parallel aus, sondern weist immer eine gewisse Divergenz auf. Das bedeutet, dass sich der Strahldurchmesser ausgehend von einem Ort minimaler Ausdehnung r_{min} in Richtung des Strahlverlaufs vergrößert. Die Abb. 3.19 zeigt den TEM_{00} eines Laserstrahls im Resonator bzw. die Ausbreitung hinter dem Auskoppelspiegel. In der Mitte des Resonators ist der Strahldurchmesser minimal. Von da an verbreitet sich der Radius in Richtung des Strahlverlaufs, im Koordinatensystem der Abb. 3.19 also in Richtung der z-Achse. Die Intensitätsverteilung des TEM_{00} ist kreisförmig, sodass wir diesem Kreis auch einen Radius r_0 zuordnen können. $r_0\,(z)$ beschreibt also den Radius der Intensitätsverteilung am Ort z.

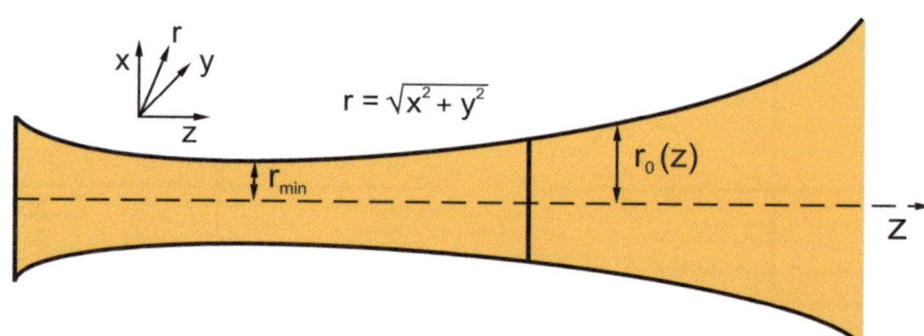

Abb. 3.19 TEM_{00} im Resonator und der weitere Strahlverlauf hinter dem Auskoppelspiegel

Die Amplitude des Vektors der elektrischen Feldstärke E wird an einem beliebigen Ort z durch die Gaußsche Intensitätsverteilung beschrieben:

$$E(r,z) \sim e^{-\frac{r^2(z)}{r_0^2(z)}} \tag{3.51}$$

Aus Gl. 3.10 erhält man damit für den Intensitätsverlauf der Laserstrahlung am Ort z (Abb. 3.20):

$$I \sim E^2 \Rightarrow I = I_{max} \cdot e^{-\frac{2r^2(z)}{r_0^2(z)}} \tag{3.52}$$

Für den Bereich des Radius, also $r(z) = r_0(z)$, folgt aus Gl. 3.52 für die Intensität:

$$I = I_{max} \cdot e^{-2}; \frac{1}{e^2} \cong 0{,}135 \tag{3.53}$$

Der Radius der Intensitätsverteilung ist also so definiert, dass in diesem Bereich die Intensität nur noch ca. 13,5 % der maximalen Intensität beträgt. Diese sogenannte $1/e^2$ – Definition des Radius eines TEM_{00} – Laserstrahls ist in der Praxis wichtig, weil dadurch der Strahldurchmesser und auch der Fokusdurchmesser definiert wird. Dadurch kann wiederum die Leistungsdichte LD eines Laserstrahls durch die Leistung P und die Fläche des Laserstrahls definiert werden:

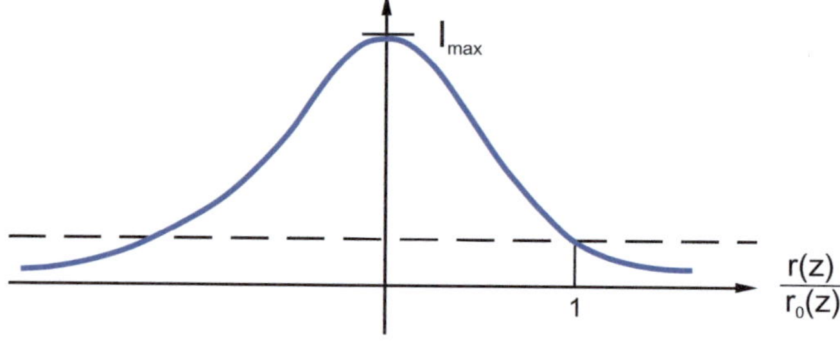

Abb. 3.20 Der Intensitätsverlauf eines Lasers mit TEM_{00} nach Gl. 3.52

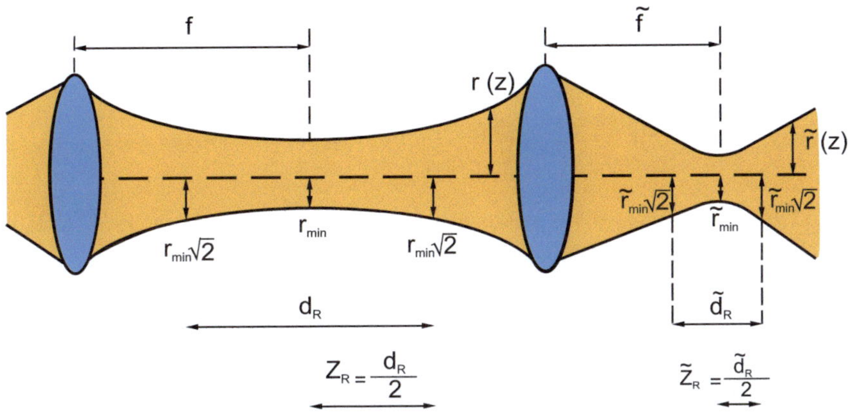

Abb. 3.21 Durchgang eines Laserstrahls mit TEM_{00} – Strahlprofil durch zwei Sammellinsen mit unterschiedlichen Brennweiten

$$LD = \frac{P}{\pi \cdot r_0^2} \tag{3.54}$$

Eine weitere wichtige Definition im Zusammenhang mit einem TEM_{00} – Strahlprofil ist der ‚Rayleigh-Bereich'. Er bezeichnet einen bestimmten Bereich in Strahlrichtung, wobei der Ort mit dem minimalen Strahldurchmesser der Mittelpunkt dieses Bereichs ist. Immer wenn also Minima des Strahldurchmessers auftreten, z. B. durch die Fokussierung durch eine Linse oder auch im Laserresonator selbst, kann man diesem Ort einen ‚Rayleigh-Bereich' zuordnen. In der Abb. 3.21 sind schematisch zwei ‚Rayleigh-Bereiche' dargestellt, und zwar einmal einer für das Minimum des Strahldurchmessers nach der Fokussierung mit einer Sammellinse von großer Brennweite f und danach ein zweiter nach Fokussierung durch eine Sammellinse kleinerer Brennweite $\tilde{f}$.[13]

Die jeweiligen Rayleigh-Bereiche sind folgendermaßen definiert:

$$d_{\mathrm{R}} = 2 \cdot r_{\min} \cdot \sqrt{2} \ \text{ bzw. } \ \tilde{d}_{\mathrm{R}} = 2 \cdot \tilde{r}_{\min} \cdot \sqrt{2} \tag{3.55}$$

Für den halben Rayleigh-Bereich z_R gilt außerdem:[14]

$$z_{\mathrm{R}} = \frac{\pi \cdot r_{\min}^2}{\lambda} \ \text{ bzw. } \ \tilde{z}_{\mathrm{R}} = \frac{\pi \cdot \tilde{r}_{\min}^2}{\lambda} \tag{3.56}$$

---

[13] Im Zusammenhang mit der Fokussierung durch Linsen ist mit f immer die Brennweite gemeint. Dagegen ist im Zusammenhang mit elektromagnetischer Strahlung f immer die Frequenz dieser Strahlung.

[14] Gl. 3.56 lässt sich verifizieren, wenn man die rechts stehende Gleichung von (3.57) für $r_{\min}$ bzw. $\tilde{r}_{\min}$ in die Gleichung (3.56) einsetzt.

Hinter dem Fokuspunkt nimmt der Strahldurchmesser bzw. der Radius des Laserstrahls wieder zu, und zwar in folgender Form:

$$\tilde{r}(z) = \tilde{r}_{\min} \cdot \sqrt{1 + \frac{\tilde{z}^2}{\tilde{z}_R^2}} \quad \text{mit } \tilde{r}_{\min} = \sqrt{\frac{\tilde{z}_R \cdot \lambda}{\pi}} \tag{3.57}$$

In Gl. 3.57 muss man $\tilde{z} = 0$ im Fokuspunkt setzen und der weitere Strahlverlauf wird dann durch $\tilde{r}\,(z)$ mit $\tilde{z} > 0$ beschrieben. So wie in der Abb. 3.21 angedeutet, wird der Fokusdurchmesser umso kleiner, je kleiner die Brennweite der Linse ist. Allerdings wird damit auch der Rayleigh-Bereich kleiner. In diesem Zusammenhang findet man auch oft den Begriff ‚Tiefenschärfe' einer Laserfokussierung. Die Tiefenschärfe ist umso geringer, je größer die Divergenz des Laserstrahls hinter dem Fokuspunkt ist. Optiken mit einer kleinen Brennweite und damit verbundenen kleinen Fokusdurchmessern weisen also eine geringe Tiefenschärfe auf. Oder umgekehrt: je größer der Rayleigh-Bereich bei einer Fokussierung ist, desto größer ist die Brennweite der fokussierenden Optik und die Tiefenschärfe. Der aus dem Laserresonator austretende Laserstrahl hat typischerweise einen Durchmesser von einigen Millimetern. Er muss daher auf einen deutlich kleineren Durchmesser fokussiert werden, um die für die Materialbearbeitung nötige Leistungsdichte im Fokus zu erreichen (Abb. 3.22). Typische Fokusdurchmesser für die in diesem Buch vorgestellten Anwendungen liegen im Bereich von 5 µm … 500 µm.

Für den Zusammenhang zwischen dem Radius im Fokuspunkt $\tilde{r}_{\min}$ und der Brennweite f der Linse sowie dem Radius $r_{\min}$ des Laserstrahls vor der Linse gilt die folgende Beziehung:

$$\tilde{r}_{\min} = \frac{\lambda \cdot f}{\pi \cdot r_{\min}} \tag{3.58}$$

Wenn Gl. 3.56 nach $r_{\min}$ aufgelöst wird und das in Gl. 3.58 eingesetzt wird, erhält man die folgende Beziehung zwischen dem Rayleigh-Bereich des Laserstrahls vor der Linse und dem Radius im Fokuspunkt:

$$\tilde{r}_{\min} = f \cdot \sqrt{\frac{\lambda}{\pi \cdot z_R}} \tag{3.59}$$

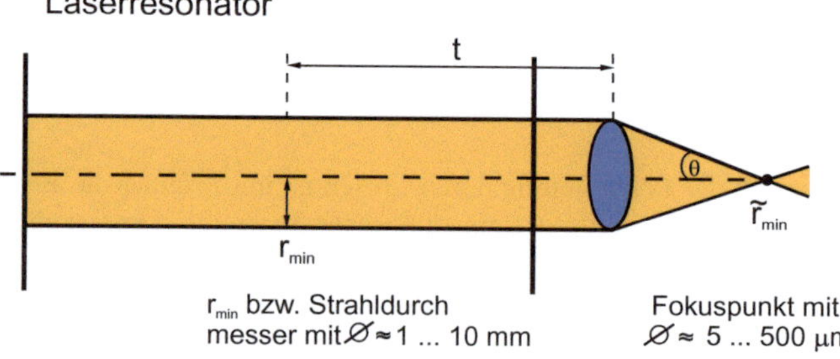

Abb. 3.22 Fokussierung eines Laserstrahls

z_R ist dabei der halbe Rayleigh-Bereich des Laserstrahls vor der Linse. Aus Gl. 3.58 und Gl. 3.59 folgt, dass die Fokusgröße umso geringer wird, je kleiner die Brennweite der Linse ist und je größer der Radius des Laserstrahls ist. Wenn beispielsweise durch eine Strahlaufweitung des Laserstrahls der Rayleigh-Bereich vor der Fokussierlinse vergrößert wird bzw. die Divergenz verkleinert, erhält man dadurch bei einer nachfolgenden Fokussierung einen kleinerer Fokuspunkt (mehr dazu in Abschn. 3.7). Außerdem zeigt Gl. 3.58, dass der Fokusdurchmesser umso kleiner wird, je kleiner die Wellenlänge der Laserstrahlung ist. Beide Formeln sind allerdings strenggenommen nur dann gültig, wenn der Abstand t (also der Abstand zwischen r_min und dem Ort der Linse; vgl. Abb. 3.22) viel kleiner als z_R ist: $t \ll z_\mathrm{R}$. Die Formeln gelten also nur für die Fokussierung eines Laserstrahls, der eine geringe Divergenz aufweist und bei dem die fokussierende Linse nicht zu weit von der Strahltaille (Position von r_min) platziert ist. Bei der in der Abb. 3.22 skizzierten Situation, also einer Fokussierung kurz hinter dem Resonator ist diese Bedingung in der Regel gut erfüllt. Je weiter allerdings die fokussierende Linse vom Laserresonator entfernt ist und je größer die Divergenz eines Laserstrahls ist, desto weniger gut ist diese Bedingung erfüllt und der erreichbare Fokusdurchmesser wird durch die beiden obigen Formeln nicht mehr richtig beschrieben, sondern wird grösser sein.

Gl. 3.58 zeigt außerdem, dass der Radius im Fokuspunkt umso kleiner wird, je größer der Radius des Laserstrahls vor der Linse ist. Natürlich kann der Laserstrahl nicht größer sein als der Radius der Linse, d. h. $r_\mathrm{min} \leq R_\mathrm{Linse}$. Daraus folgt, dass bei gegebenem Radius einer Sammellinse für den minimal erreichbaren Radius des Fokuspunktes gilt:

$$\tilde{r}_\mathrm{min} \geq \frac{\lambda \cdot f}{\pi \cdot R_\mathrm{Linse}} \tag{3.60}$$

Der Ausdruck $\lambda/(\pi \cdot \tilde{r}_\mathrm{min})$ hat auch eine anschauliche geometrische Bedeutung. Es ist der halbe Öffnungswinkel, der durch die beiden Linien gebildet werden, die vom Fokuspunkt ausgehen und in größerer Entfernung als Asymptoten an den Begrenzungen des Laserstrahls anliegen. Das ist in der Abb. 3.23 dargestellt.

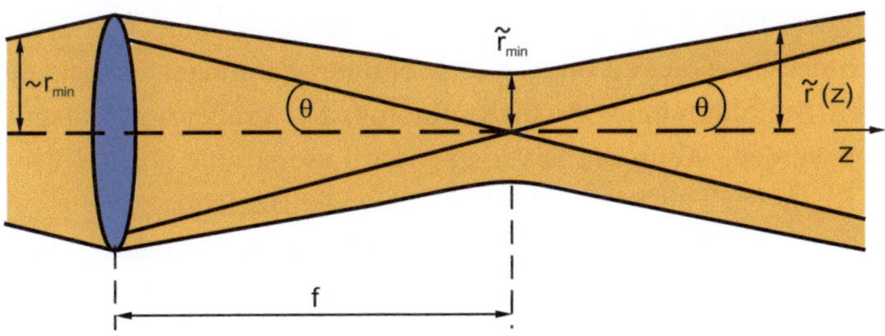

Abb. 3.23 Fokussierung eines Laserstrahls und die asymptotische Annäherung zweier Geraden an die Begrenzung des Laserstrahls

Für große Abstände vom Fokuspunkt nähern sich die Asymptoten den Abmessungen des Laserstrahls an und man kann eine Asymptote und die Ausbreitungsrichtung des Laserstrahls als Seiten eines Dreiecks auffassen. Dann gilt:

$$\tan(\theta) = \lim_{\substack{z \to \infty \\ z \gg z_R}} \frac{\tilde{r}(z)}{z} = \frac{\tilde{r}_{\min}\sqrt{1 + \frac{z^2}{z_R^2}}}{z} \Rightarrow$$

$$\tan(\theta) \cong \frac{\tilde{r}_{\min}}{\tilde{z}_R} = \frac{\tilde{r}_{\min} \cdot \lambda}{\pi \cdot \tilde{r}_{\min}^2} = \frac{\lambda}{\pi \cdot \tilde{r}_{\min}} \tag{3.61}$$

Für kleine Winkel gilt näherungsweise $\tan(\theta) \cong \theta$, sodass man schließlich erhält:

$$\theta = \frac{\lambda}{(\pi \cdot \tilde{r}_{\min})} \text{ bzw. } \tilde{r}_{\min} \cdot \theta = \frac{\lambda}{\pi} \tag{3.62}$$

Das bedeutet, dass für eine gegebene Laserwellenlänge $\tilde{r}_{\min} \cdot \theta$ eine Konstante ist. Dieser Ausdruck wird auch als ‚Strahlparameterprodukt' bezeichnet. Es gilt in der Form Gl. 3.62 allerdings wieder nur für ein ideales Strahlprofil. Je näher das Strahlparameterprodukt am möglichen Minimalwert λ/π liegt, desto besser ist die sogenannte ‚Strahlqualität' eines Laserstrahls. Bei Abweichungen vom idealen TEM_{00} wird sowohl die Divergenz des Laserstrahls als auch der Strahldurchmesser $r(z)$ größer. Diese Abweichung wird durch einen Korrekturfaktor M beschrieben. Es gilt dann für den korrigierten Divergenzwinkel $\theta_{\text{korr.}}$ bzw. Strahlradius $\tilde{r}(z)_{\text{korr.}}$:

$$\theta_{\text{korr.}} = M \cdot \theta \quad \text{bzw.} \quad \tilde{r}(z)_{\text{korr.}} = M \cdot \tilde{r}(z) \; bzw. \; \tilde{r}_{\substack{\min \\ \text{korr}}} = M \cdot \tilde{r}_{\min} \tag{3.63}$$

Für das Strahlparameterprodukt eines ‚realen Laserstrahls' folgt daraus:

$$\tilde{r}_{\substack{\min \\ \text{korr.}}} \cdot \theta_{\text{korr.}} = M^2 \cdot \frac{\lambda}{\pi} \tag{3.64}$$

Der sogenannte M^2- Wert ist also ein Maß für die Abweichung der Strahlqualität von der eines idealen Gaußprofils. Er ist eine wichtige Kenngröße von Lasern und normalerweise immer in den Datenblättern zu finden. Bei der Materialbearbeitung ist außerdem der Fokusdurchmesser $\tilde{d}_{\min} = 2 \cdot \tilde{r}_{\min}$ ein wichtiger Parameter. $\tilde{r}_{\min}$ kann näherungsweise durch den Strahldurchmesser (bzw. Radius) bei größerem Abstand vom Fokuspunkt bestimmt werden. Wenn die Divergenz des Laserstrahls vor der Linse nicht groß ist (was in der Regel der Fall ist) kann θ auch über die Beziehung $\theta \cong r_{\min}/f$ abgeschätzt werden. $r_{\min}$ entspricht in diesem Fall in etwa dem ausgeleuchteten Radius der Linse (vgl. Abb. 3.23). Aus Gl. 3.62 könnte man so bei einer Fokussierung des Laserstrahls den Radius (bzw. Durchmesser) des Fokuspunktes abschätzen: wenn beispielsweise die Wellenlänge λ eines Lasers mit TEM_{00} – Mode $\lambda = 1{,}064$ µm beträgt und der Laserstrahl mit 10 mm Strahldurchmesser durch eine Linse mit $f = 200$ mm fokussiert wird, erhält man für θ und $\tilde{r}_{min}$ näherungsweise:

$$\theta \cong \frac{r_{min}}{f} = \frac{5\,\text{mm}}{200\,\text{mm}} = 0{,}025 \Rightarrow \tilde{r}_{min} \cong \frac{\lambda}{\pi \cdot 0{,}025} \cong 13{,}5\,\mu m$$

Der Fokusdurchmesser wäre in diesem Fall also $\tilde{d}_{min} = 2 \cdot \tilde{r}_{min} \cong 27$ μm. Dieser Wert muss nun allerdings noch mit dem M^2-Wert aus dem Datenblatt multipliziert werden, um eine realistischere Abschätzung des Fokusdurchmessers zu erhalten. Bei den Lasern, die in diesem Buch beschreiben werden, liegt der M^2-Wert im Bereich von $M^2 \cong 1{,}1 \ldots 2{,}0$. Diese Abweichung vom idealen $M^2 = 1$ bzw. einem perfekten TEM_{00}-Strahlprofil kann durch das zusätzliche Anschwingen von höheren transversalen Moden verursacht werden. Sie verschlechtern die Strahlqualität, auch wenn sie nur in geringem Maße zur Gesamtemission beitragen. Aber auch zusätzliche optische Elemente wie Umlenkspiegel oder Linsen führen zu einer geringfügigen Beeinträchtigung der Strahlqualität. Diese zusätzliche Verschlechterung ist allerdings nicht im M^2-Wert enthalten. Bei der Fokussierung durch Linsen kann es beispielsweise zu kleinen Unterschieden bei der Abbildung von Laserstrahlung im Randbereich der Linse im Vergleich zur Mitte der Linse kommen. Das führt zu einer etwas anderen Fokuslage der Randstrahlen im Vergleich zu denen, die die Linse in der Mitte passieren. Dadurch erhöhen sich sowohl der Fokusdurchmesser als auch die Divergenz des Laserstrahls. Wenn man beispielsweise einen für die im folgenden Abschnitt beschriebenen Faserlaser typischen M^2-Wert von 1,2 nimmt, so erhält man für das obige Beispiel einen Fokusdurchmesser von $\tilde{d}_{min} \cong 32$ μm. Erfahrungsgemäß sollte man diesen Wert nochmal mit dem Faktor 1,1–1,2 multiplizieren, der die Beeinträchtigung der Strahlqualität durch Abbildungsfehler der Optiken beschreibt. Ein kleiner Fokusdurchmesser ist wichtig, da nach Gl. 3.54 die Leistungsdichte auf dem Werkstück quadratisch vom Fokusdurchmesser abhängt. Weiterführende Darstellungen zu den Themenbereichen Strahlausbreitung, Intensitätsverlauf und Fokussierung von Laserstrahlung finden sich in [8, 9].

3.7 Optische Elemente zur Strahlführung und Fokussierung

In diesem Abschnitt soll ein erster, praxisnaher Überblick über Laseroptiken, optische Baugruppen (wie z. B. ‚Galvoscanner', s. u.) und ihre Kenngrößen gegeben werden.

Linse und Teleskop

Sammellinsen (Konvexlinsen) zur Fokussierung der Laserstrahlung wurden bereits im vorigen Abschnitt vorgestellt und spielen bei der folgenden Beschreibung des Teleskops wieder eine Rolle.

Teleskop: es besteht aus einer Kombination von Linsen und dient dazu, den Laserstrahl um einen bestimmten Faktor aufzuweiten. Im einfachsten Fall besteht ein Teleskop aus zwei Konvexlinsen mit unterschiedlichen Brennweiten. Dies ist in der Abb. 3.24

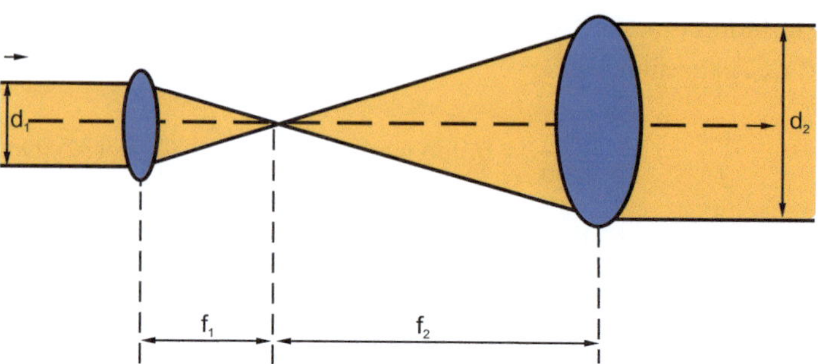

Abb. 3.24 Strahlaufweitung durch zwei Konvexlinsen

dargestellt, wobei im Folgenden der Laserstrahl vereinfachend als paralleles Lichtbündel durch zwei Linien dargestellt wird (Darstellung der ‚geometrischen Optik').

Wenn die Brennweiten f_1 und f_2 der beiden Linsen in einem Punkt liegen, gilt für den Strahldurchmesser d_2 hinter der 2. Linse:

$$d_2 = \frac{f_2}{f_1} \qquad (3.65)$$

Der Strahldurchmesser wird also entsprechend dem Quotienten f_2/f_1 der beiden Brennweiten aufgeweitet. Für den Divergenzwinkel θ des Laserstrahls ist es umgekehrt:

$$\theta_2 = \theta_1 \cdot \frac{f_1}{f_2} \qquad (3.66)$$

Der Divergenzwinkel wird also bei der Aufweitung um den Faktor f_1/f_2 verkleinert. Die beiden obigen Formeln folgen auch aus der Definition des Strahlparameterprodukts Gl. 3.62 und der Tatsache, dass dieses beim Durchgang durch eine Linse unverändert bleibt. Im vorigen Abschnitt wurde gezeigt, dass der Fokuspunkt umso kleiner wird, je größer der Durchmesser des Laserstrahls vor der Fokussierlinse ist, vgl. Gl. 3.58. Wenn also bei einer Fokussierung ohne Aufweitung ein Fokusdurchmesser von d erreicht wird, so würde dieser bei einer Aufweitung um den Faktor a auf einen Durchmesser von d/a verkleinert werden. Für das obige Beispiel, das aus nur zwei Linsen besteht, würde der Fokusdurchmesser um den Faktor f_1/f_2 verkleinert werden. Eine weitere Möglichkeit zur Strahlaufweitung besteht in der Kombination einer Zerstreuungslinse (Konkavlinse) und einer Sammellinse (Konvexlinse). Durch die Konkavlinse wird die Divergenz des Laserstrahls hinter der Linse erhöht. Die Konvexlinse bündelt das Laserlicht danach wieder zu einem näherungsweise parallelen Strahl (Abb. 3.25).

Die obigen Beziehungen für d_2 und θ_2 nach der Strahlaufweitung gelten auch in diesem Fall, vorausgesetzt ist allerdings wieder, dass die negative Brennweite der Konkavlinse und die der Konvexlinse in einem Punkt liegen. Der Vorteil dieser Anordnung ist, dass es im Teleskop keinen Bereich gibt, wo eine hohe Leistungsdichte auftritt. Bei einer

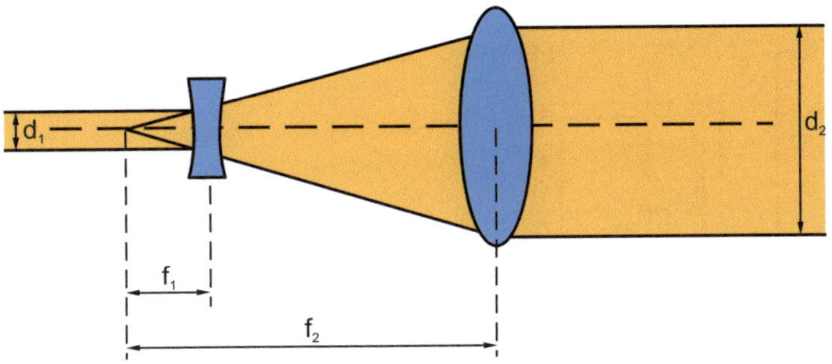

Abb. 3.25 Strahlaufweitung durch Konkav- und Konvexlinsen

sehr hohen Leistungsdichte könnte es dadurch zu einer Ionisierung von Luftmolekülen kommen und der damit verbundenen Ausbildung eines Plasmas [8].

Eine wichtige Eigenschaft einer Linse ist ihre Lichtdurchlässigkeit bei einer gegebenen Wellenlänge λ. Dem entsprechend werden unterschiedliche optische Materialien verwendet. Im sichtbaren Spektralbereich und im nahen Infrarotbereich sind dabei Quarzglas oder BK7-Glas (BK7) die am häufigsten verwendeten optischen Materialien. BK7 weist eine gute Lichtdurchlässigkeit (Transmission) im Bereich von $\lambda = 400\ldots2000$ nm auf. Die Lichtdurchlässigkeit von Quarzglas ist darüber hinaus auch im nahen UV-Bereich bis ca. $\lambda = 200$ nm recht gut. Im nahen Infrarotbereich kann Quarzglas bis ca. $\lambda = 3500$ nm verwendet werden. Außerdem ist die Lichtdurchlässigkeit von Quarzglas auch im sichtbaren und nahen Infrarotbereich etwas höher als die von BK7. Besonders bei hohen Laserleistungen sollte man deshalb auch in diesem Spektralbereich bevorzugt Linsen aus Quarzglas einsetzen. Ein Nachteil ist jedoch deren höherer Preis im Vergleich zu denen aus BK7.

Im mittleren Infrarotbereich werden meistens Linsen aus Zinkselenid (ZnSe) verwendet. Sie sind im Bereich von ca. $\lambda = 500\ldots22.000$ nm (bzw. $\lambda = 0{,}5\ldots22$ μm) lichtdurchlässig und kommen beispielsweise beim CO_2-Laser (vgl. Abschn. 3.8) zum Einsatz, dessen Emissionswellenlänge bei ca. $\lambda = 10{,}6$ μm liegt. Linsen aus ZnSe sind im Gegensatz zu Linsen aus BK7 oder Quarzglas nicht komplett durchsichtig im sichtbaren Spektralbereich. Sie sehen deshalb gelblich aus, weil sie das kurzwellige Licht jenseits der 500 nm (also den Spektralbereich ‚grün‘, ‚blau‘ und ‚violett‘) absorbieren. Die folgenden Abb. 3.26 zeigt schematisch die Wellenlängenbereiche und Lichtdurchlässigkeit der oben beschriebenen Materialien. Für den mittleren Infrarotbereich gibt es weitere geeignete optische Materialien, allerdings hat ZnSe den Vorteil, dass es auch im sichtbaren Spektralbereich noch teilweise durchlässig ist, sodass man Linsen aus ZnSe auch verwenden kann, wenn über sie ein roter Vorschau- oder Positionierlaser in den Strahlgang eingekoppelt werden soll. (vgl. Abschn. 3.8).

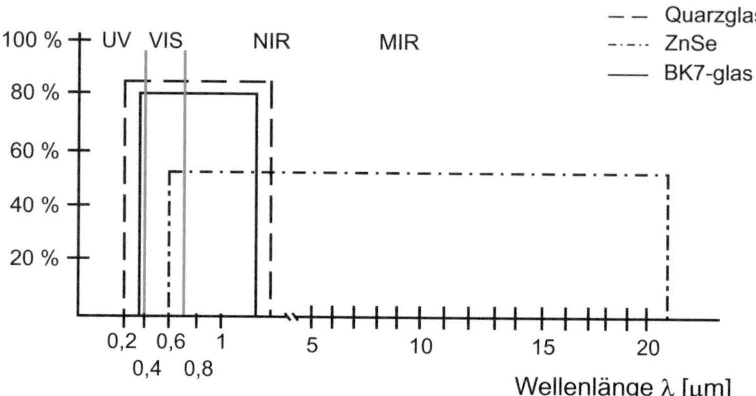

Abb. 3.26 Lichtdurchlässigkeit der oben beschriebenen Materialien; grobe, rein schematische Darstellung; kein gemessenes Transmissionsprofil

Spiegel

Spiegel sind uns bereits im Abschn. 3.4 als Endspiegel des Laserresonators begegnet, und zwar als Planspiegel oder Hohlspiegel („sphärischer Spiegel"). Außerhalb des Laserresonators werden hauptsächlich Planspiegel zur Strahlumleitung eingesetzt. Die Oberfläche der Spiegel besteht aus einer Beschichtung, die die hohe Reflektivität bei der gegebenen Laserwellenlänge ermöglicht. Je nach der Art der Beschichtung wird dabei (im ‚Laborjargon') oft zwischen ‚echten Laserspiegeln', ‚breitbandigen Laserspiegeln' und ‚Metallspiegeln' unterschieden. ‚Echte Laserspiegel' weisen eine spezielle dielektrische Beschichtung auf, durch die man eine Reflektivität von > 99,9 % erreichen kann, allerdings nur in einem kleinen Wellenlängenbereich mit der jeweiligen Laserwellenlänge als Zentralwellenlänge. Bei ‚breitbandigen Laserspiegeln' ist die dielektrische Beschichtung so, dass die Spiegel in einem größeren Wellenlängenbereich eingesetzt werden können, allerdings ist deren Reflektivität geringer. Typischerweise wird nur noch eine Reflektivität von >98 % erreicht. Oft werden solche Spiegel mit Beschichtungen für den ‚sichtbaren Spektralbereich', also für ca. $\lambda = 400\ldots700$ nm angeboten oder für den ‚nahen Infrarotbereich' mit z. B. $\lambda = 700\ldots1100$ nm. Innerhalb dieser Bereiche gilt dann die spezifizierte Reflektivität. Zu den Spiegel sind seitens der Hersteller immer Diagramme erhältlich, wo die Reflektivität über die Wellenlänge aufgetragen ist. Die Reflektivität von Laserspiegeln ist außerdem auch von der Polarisation der Laserstrahlung abhängig. Je nach Polarisationsrichtung kann sich die Reflektivität ändern. In den Diagrammen sind deshalb in der Regel mehrere Reflektionskurven dargestellt, wobei in der Regel zwischen ‚s-polarisierter', ‚p-polarisierter' und ‚unpolarisierter' Laserstrahlung unterschieden wird. Bei der s-Polarisation ist der Polarisationsvektor senkrecht zur Einfallsebene des Laserlichts, bei der p-Polarisation liegt er in der Einfallsebene. Die folgende Abb. 3.27 zeigt, was mit ‚Einfallsebene' gemeint ist und wie die ‚s-Polarisation' bzw. ‚p-Polarisation' zur Einfallsebene orientiert sind.

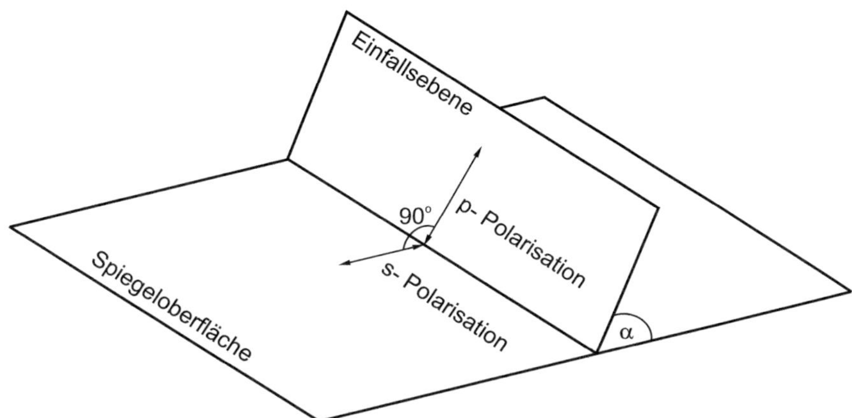

Abb. 3.27 Orientierung von s-Polarisation und p-Polarisation zur Einfallsebene bzw. Spiegeloberfläche

Aus der obigen Abbildung folgt außerdem, dass die Reflektivität bei polarisierter Laserstrahlung auch vom Einfallswinkel α des Laserstrahls abhängt. Deshalb beziehen sich die Reflektivitätskurven auch immer auf einen bestimmten Einfallswinkel der Laserstrahlung auf den Spiegel, was in der Regel $\alpha = 45°$ ist. Bei größeren Abweichungen von diesem Winkel ändert sich auch die Reflektivität.

Spiegel mit dielektrischer Beschichtung werden hauptsächlich im nahen UV-, sichtbaren- und NIR-Spektralbereich (Nahinfrarot) eingesetzt, wobei bei hoher Leistungsdichte der Laserstrahlung bzw. hohen Puls-Spitzenleistungen nur noch dielcktrische Beschichtungen mit > 99,8 % Reflektivität eingesetzt werden.

‚Metallspiegel‘ sind mit Metallsubstraten beschichtet und werden beispielsweise für die $\lambda = 10{,}6\ \mu m$ Wellenlänge des CO_2-Lasers eingesetzt. In diesem Spektralbereich werden häufig Gold- oder Silberbeschichtungen verwendet. Beide Spiegelarten sind besonders für den Infrarotbereich von ca. 700 nm – 14000 nm geeignet und weisen dort durchgehend eine Reflektivität von > 95 % auf. Die Reflektivität von silberbeschichteten Spiegel ist darüber hinaus auch im sichtbaren Spektralbereich noch recht gut, während Spiegel mit einer Goldbeschichtung im sichtbaren Bereich nur noch rotes Licht reflektieren. Eine weitere gängige Metallbeschichtung besteht aus Aluminium, das im NIR- und MIR-Spektralbereich (mittleres Infrarot) eine Reflektivität von typischerweise > 90 % aufweist. Aluminiumbeschichtungen für den UV- und sichtbaren Spektralbereich bestehen aus einem modifizierten Aluminiumsubstrat, das oft als ‚enhanced Aluminium‘ oder ‚UV enhanced Aluminium‘ bezeichnet wird. Mit einer ‚enhanced Aluminium‘ Beschichtung wird die Reflektivität im Bereich $\lambda = 400{...}650\ nm$ erhöht, während mit einer ‚UV-enhanced Aluminium‘ Beschichtung diese im Bereich $\lambda = 250{...}400\ nm$ erhöht wird. Auf diese Weise wird im nahen UV- und sichtbaren Spektralbereich eine Reflektivität von typischerweise 85…90 % erreicht. Ein Vorteil der ‚Metallspiegel‘

ist, dass sie über einen großen Wellenlängenbereich verwendet werden können. Eine Reflektivität von bis zu > 99,8 % wie bei Spiegeln mit ‚dielektrischer' Beschichtung wird jedoch nicht erreicht. Deshalb ist es besonders bei Metallspiegeln wichtig, dass bei hohen Laserleistungen eine gute Wärmeleitfähigkeit vorhanden ist. Oft wird dazu Kupfer oder eine Kupfer-Nickel Verbindung verwendet, die sich unter der reflektierenden Metallschicht befindet und oft auch recht dick ist. Bei sehr hohen Laserleistungen ist es auch sinnvoll, wenn eine optionale Wasserkühlung der Spiegel möglich ist.

Eine weitere wichtige Kenngröße von Spiegeln ist die sogenannte ‚Zerstörschwelle'. Sie wird für sogenannte ‚cw-Laser' entweder als maximale Leistungsdichte in Watt/cm^2 oder für sogenannte ‚Pulslaser' als maximale Energiedichte in Joule/cm^2 angegeben. Der Unterschied zwischen ‚cw-Lasern' und ‚Pulslasern' wird im folgende Abschn. 3.8. erklärt. Bei Leistungs- bzw. Energiedichten oberhalb dieser Schwelle wird der Spiegel beschädigt. Dabei spielen bei ‚cw-Lasern' hauptsächlich thermische Effekte eine Rolle, im Extremfall zum Beispiel das Schmelzen der Spiegelbeschichtung. Bei den ‚Pulslasern' sind es neben thermischen Effekten u. a. auch Zerstörungen an der Molekülstruktur der Beschichtung, die durch die hohe Puls-Spitzenleistung und der damit verbundenen hohen lokalen Feldstärke verursacht wird. Bei sehr hohen Puls-Spitzenleistungen ist auch eine lokale Ionisation der Beschichtung möglich, sodass sich an dieser Stelle die Molekülstruktur ändert und sich dadurch die Reflektivität der Beschichtung verschlechtert. Die Angabe einer Zerstörschwelle bezieht sich immer auf eine bestimmte Laserwellenlänge und bei Pulslasern auch auf die Pulslänge. Sie ist außerdem nicht nur für Spiegel ein wichtiger Parameter, sondern gilt auch für andere Optiken wie zum Beispiel Linsen und Teleskope. Abschließend ein Beispiel: typische Werte für die Zerstörschwelle liegen bei Metallspiegeln im Bereich 0,1…1 J/cm^2 beispielsweise bezogen auf einen Laser mit $\lambda = 1064$ nm Wellenlänge und ca. 10 ns Pulsdauer. Bei Metallspiegeln weisen für diese Wellenlänge in der Regel Spiegel mit Goldbeschichtung die besten Werte (d. h. die höchste Zerstörschwelle) auf, gefolgt von Silber-beschichteten und Aluminiumbeschichteten Spiegeln. Bei Spiegeln mit einer dielektrischen Beschichtung speziell für diese Wellenlänge und einer dadurch gegebenen Reflektivität > 99,8 % würde die Zerstörschwelle bei diesen Laserparameter sogar im Bereich 5…10 J/cm^2 liegen. Selbstverständlich sollte man bei der Auswahl der optischen Komponenten bzw. Planung der Strahlführung immer deutlich unterhalb dieser Werte bleiben. In der Praxis oft wichtiger ist allerdings das Reinigen der Optiken. So kann beispielsweise der Laserstrahl durch ein Staubteilchen an dieser Stelle zum Teil absorbiert werden, sodass hier eine große lokale Wärmeeinwirkung erfolgt und die Optik an dieser Stelle lokal beschädigt wird. Diese beschädigte Stelle der Optik ist dann wiederum eine ‚Keimzelle' für eine weitere Absorption der Laserstrahlung, sodass diese defekte Stelle sich weiter vergrößert. Man spricht oft von ‚Einbrenneffekten' an Optiken. Neben regelmäßiger Kontrolle und Reinigen der Optiken kann man auch durch das Spülen mit sauberer Druckluft die Staubbildung auf der Optik verhindern. Aufwendig aber wirkungsvoll wäre es auch, wenn sich der optische Aufbau in einem möglichst abgeschlossenen Raum befindet, in dem eventuell sogar ein leichter Überdruck erzeugt wird, sodass von außen kein Staub eindringen kann.

Galvoscanner = bewegte Spiegelsysteme

Ein sogenannter ‚Scan-Kopf' (meistens auch einfach ‚Scanner' genannt) enthält zwei Spiegel, die durch Galvanometerscanner (auch ‚Galvoscanner' genannt) bewegt werden. Dabei wird der Laserstrahl durch den 1. Spiegel in X-Richtung abgelenkt bzw. durch den 2. Spiegel in Y-Richtung. Auf diese Weise kann der Laserstrahl auf jeden beliebigen Punkt eines Bereichs, den sogenannten ‚Arbeitsbereich' gelenkt werden. Durch eine fokussierende Optik hinter dem 2. Spiegel wird der Laserstrahl dann auf den Arbeitsbereich fokussiert. Die folgende Abb. 3.28 zeigt das Funktionsprinzip.

Die obige Zusammensetzung des Scanners (ohne die gestrichelt gezeichnete Linse) wird wegen des 2-dimensionalen Arbeitsbereichs auch oft als ‚2D-Scan-Kopf' bzw. ‚2D-Scanner' bezeichnet. Diese Anordnung ist für viele Anwendungen ausreichend. Allerdings ist auch eine dreidimensionale Bewegung des Laserfokus möglich, wenn sich beispielsweise eine Linse (in der Abb. 3.28 gestrichelt dargestellt) mit großer Brennweite im Strahlengang befindet, die in Richtung des Laserstrahls bewegt werden kann. Dadurch wird der Fokuspunkt ebenfalls in dieser Richtung verschoben. Durch eine softwaregesteuerte Synchronisierung dieser Linse mit den beiden Spiegeln ist so eine 3-dimensionale Lasermaterialbearbeitung möglich. Aber auch für eine 2D-Lasermaterialbearbeitung wird in speziellen Scannern eine in Richtung des Laserstrahls bewegliche Linse eingesetzt, und zwar um die Abweichungen der Fokuslagen zum Arbeitsbereich zu kompensieren. Diese Abweichungen kommen besonders zum Tragen, wenn das fokussierende Element (Abb. 3.28 und 3.29) nur aus einer einzelnen Linse besteht und sie sind im Randbereich des Arbeitsbereichs am größten. Eine Korrektur

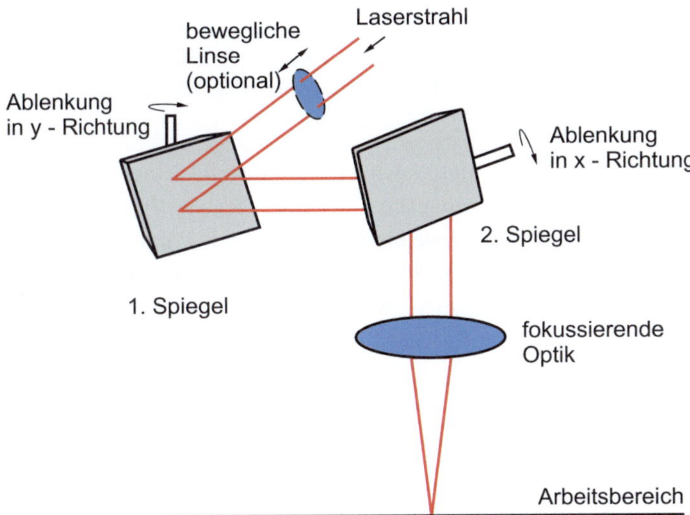

Abb. 3.28 Komponenten eines ‚Galvoscanners', bestehend aus 2 Spiegeln für die X- und Y-Richtung und der fokussierenden Optik

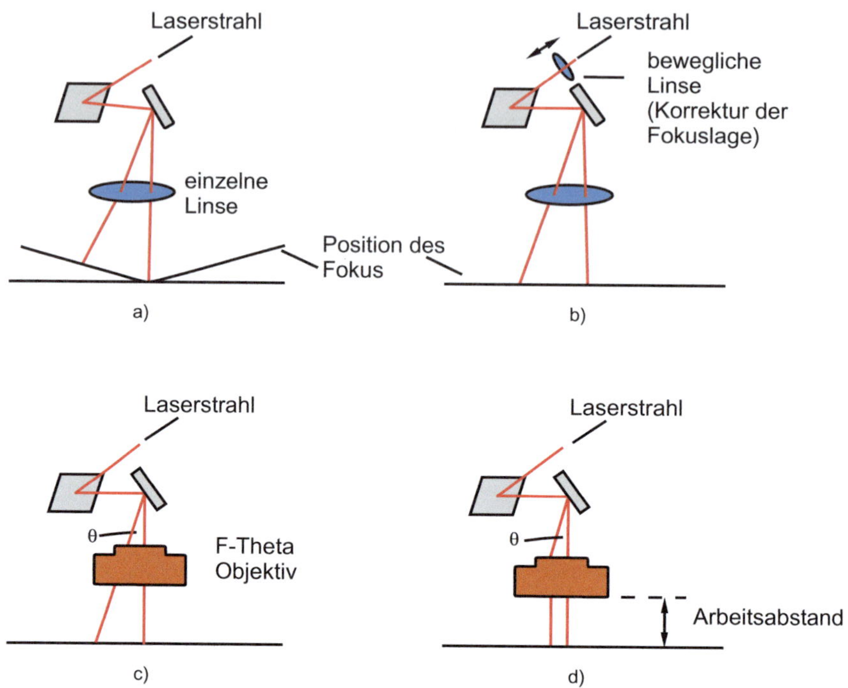

Abb. 3.29 Strahlführung und Fokussierung des Laserstrahls durch ein ‚Scannersystem' mit fokussierender Optik, **a** Fokussierung durch eine einzelne Linse; der Abstand zwischen dem Fokuspunkt und dem Arbeitsbereich wird umso größer, je weiter die Materialbearbeitung am Rand des Arbeitsbereichs stattfindet, **b** durch eine zusätzliche, in Richtung des Laserstrahls bewegliche Linse, die mit der Spiegelbewegung synchronisiert ist, kann der Fokuspunkt über den gesamten Arbeitsbereich mit diesem zur Deckung gebracht werden, **c** Korrektur des Fokuspunkts durch eine F-Theta-Optik, die aus mehreren Linsen besteht, **d** Korrektur des Fokuspunkts durch eine ‚telezentrische F-Theta Optik'. Der Laserstrahl steht dabei immer senkrecht zum Arbeitsbereich

dieser Abweichungen erreicht man auch, wenn anstelle einer fokussierenden Linse sogenannte ‚F-Theta-Objektive' eingesetzt werden. Sie bestehen aus mehreren Linsen, die so angeordnet sind, dass die Abweichungen zwischen Fokuslage und Arbeitsbereich kompensiert werden. Bei sehr hohen Ansprüchen an Genauigkeit und Fokusqualität über den gesamten Arbeitsbereich werden auch ‚telezentrische F-Theta Objektive' verwendet. Sie sind so konzipiert, dass der Laserstrahl immer senkrecht auf den Arbeitsbereich trifft. Dadurch wird die Qualität und Positionsgenauigkeit des Fokus besonders im Randbereich des Arbeitsfeldes weiter verbessert. Die ‚F-Theta-Objektive' sind die Standardoptiken zur Fokussierung vom UV- bis in den IR-Spektralbereich. Für den MIR-Bereich (z. B. für CO_2-Laser) werden u. a. aus Kostengründen allerdings meistens nur einzelne Linsen zur Fokussierung eingesetzt. Die oben beschriebenen Anordnungsmöglichkeiten sind schematisch in der Abb. 3.29 dargestellt.

Bei der Auswahl eines Scanners einschließlich eines F-Theta Objektivs sind die folgenden Kenngrößen wichtig.

Brennweite und Arbeitsabstand

Die Angabe einer Brennweite bezieht sich normalerweise auf eine Einzellinse. Deshalb ist es schwierig diesen Begriff auf ein System von mehreren Linsen zu übertragen. Daher ist die Brennweite in diesem Fall eine Abstandsangabe, die der Position einer einzelnen hypothetischen Linse entsprechen würde, deren Brennweite der des F-Theta Objektivs entspricht. Der Abstand dieser hypothetischen Einzellinse (quasi als Stellvertreter für die Linsen des Objektivs) zur Fokusebene ist dann die Brennweite des F-Theta Objektivs. In den Datenblättern wird diese Brennweite daher auch meistens als ‚effektive Brennweite' bezeichnet. In der Praxis allerdings wichtiger ist der sogenannte ‚Arbeitsabstand'. Damit ist in der Regel der Abstand von der Unterkante des Objektivs bis zur Fokusebene gemeint. Der Arbeitsabstand ist immer etwas größer als die effektive Brennweite. So hat beispielsweise ein F-Theta Objektiv für $\lambda = 1064$ nm und einer effektiven Brennweite von 254 mm einen Arbeitsabstand von typischerweise ca. 285 mm. Was genau mit Arbeitsabstand gemeint ist wird von den Herstellern anhand einer Zeichnung verdeutlicht.

Apertur des Scanners und der F-Theta Optik

Damit ist die runde Öffnung des Scannergehäuses gemeint, durch die der Laserstrahl eintritt und dann über die beiden Spiegel umgelenkt wird. Meistens entspricht dieser Wert auch in etwa der Spiegelgröße. Wenn wir beispielsweise eine Eintrittsöffnung von 10 mm Durchmesser und eine Spiegelgröße von ebenfalls ca. 10 mm annehmen, dann ist es offensichtlich, dass der Strahldurchmesser deutlich kleiner sein muss, weil er sonst bei schräg stehenden Spiegeln (entsprechend einem Fokuspunkt im Randbereich des Arbeitsfeldes) zum Teil über die Spiegelfläche hinausgeht, also zum Teil ‚abgeschnitten' wird. Eine Faustregel ist, dass der Strahldurchmesser des Laserstrahls etwa 2/3 des Spiegeldurchmessers beträgt. Wie in Abschn. 3.6 beschrieben bezieht sich diese Angabe auf die $1/e^2$ – Definition des Durchmessers eines Gaußschen Strahlprofils, d. h. der Randbereich des Strahls mit einer Intensität < 13.5 % im Vergleich zum Maximum liegt außerhalb dieses ‚2/3 – Bereichs'. Da das Gaußsche Strahlprofil sich an den Rändern zwar asymptotisch der 0 nähert, aber diese nie ganz erreicht, ist es unvermeidlich, dass ein kleiner Teil der Laserstrahlung nicht mehr auf die Spiegel fällt oder auch jenseits des Durchmessers der Eintrittsöffnung liegt. Mehr oder weniger kleine Intensitätsverluste an den Rändern des Arbeitsbereichs im Vergleich zu dessen Mitte sind deshalb nicht ganz zu vermeiden. Ebenso treten an den Begrenzungen der Spiegel und der Apertur Beugungseffekte auf, die die Strahlqualität beinträchtigen. Beides ließe sich minimieren, wenn ein kleinerer Durchmesser des Laserstrahls eingestellt wird, allerdings wird dadurch auch der Fokusdurchmesser größer – vgl. Gl. 3.58. Die ‚2/3 – Ausleuchtung' der Apertur ist also als ein Kompromiss zu verstehen, der als Vorteil einen möglichst kleinen Fokusdurchmesser ermöglicht. Dem gegenüber stehen die kleinen Verluste an Leistung im Randbereich und besonders in den Ecken des Arbeitsfeldes sowie die leichte Beeinträchtigung der Strahlqualität durch Beugungseffekte. Selbstverständlich muss auch darauf geachtet werden, dass der Durchmesser des F-Theta Objektivs nicht zu klein gewählt wird, sodass auch hier keine Verluste durch ein ‚Abschneiden' eines Teils des Laserstrahls am Rand der Linsen auftreten. Deshalb werden in den Datenblättern auch ‚Aperturen' für die F-Theta Optik angegeben, die man nicht überschreiten sollte. In diesem Zusammenhang ist auch die Entfernung der Optik zu den Scannerspiegeln wichtig. Je weiter diese Entfernung ist, desto mehr muss eventuell die Größe des Arbeitsbereichs eingeschränkt werden. Wichtig ist ausserdem, dass der geringe Anteil des Laserlichts, der von den Linsen reflektiert wird, keinen Fokuspunkt auf einem der Scannerspiegel hat. Die Linsen sind zwar für die jeweilige Laserwellenlänge entspiegelt, trotzdem kann besonders bei hohen Laserleistungen auch ein sehr geringer (und unvermeidlicher) Anteil an zurückreflektiertem Laserlicht zu Einbrenneffekten auf den Spiegeln führen, wenn dort die Fokuslage ist. In der Regel werden von den Herstellern der ‚Scanner' deshalb entweder selbst geeignete F-Theta Optiken mit passenden Linsenringen[15] mit angeboten oder entsprechend geeignete Komponenten von anderen Anbietern empfohlen.

Fokusgröße

Wenn wir beim Beispiel eines Scanners mit einer Apertur von 10 mm bleiben, wäre es also sinnvoll, den Laserstrahl auf ca. $d = 6$ mm Durchmesser aufzuweiten. Wenn jetzt eine F-Theta Optik mit 254 mm effektiver Brennweite gewählt wird, sollte dessen Eingangsapertur also größer als 6 mm sein, was kein Problem ist, denn typische Aperturen für diese Optiken liegen im Bereich von 10…30 mm Durchmesser. Den Fokusdurchmesser $\tilde{d}$ kann man mithilfe von Gl. 3.58 abschätzen, wobei eine Strahlqualität entsprechend einem $M^2 = 1{,}1$ angenommen wird und die Abbildungsfehler an den optischen Komponenten mit einem Korrekturfaktor $corr = 1{,}1$ berücksichtigt werden.

$$\tilde{d} = 2 \cdot \tilde{r} = \frac{2 \cdot \lambda \cdot f \cdot M^2 \cdot corr}{\pi \cdot r} \tag{3.67}$$

$$\Rightarrow \tilde{d} \cong 70 \,\mu m.$$

Durch den Korrekturfaktor $corr$ werden Abbildungsfehler an den optischen Komponenten mit eingerechnet, die zu einer Vergrößerung des Fokusdurchmessers führen. Wie oben beschrieben werden dadurch auch Abbildungsfehler und Verluste an den Rändern der Linsen berücksichtigt. Er hängt damit u. a. auch vom Durchmesser des

---

[15] Typischerweise Ringe aus eloxiertem Aluminium mit Innen- und Außengewinde, die über das Außengewinde in das Scannergehäuse geschraubt bzw. über deren Innengewinde die F-Theta Optik eingeschraubt wird.

Laserstrahls im Verhältnis zur Größe der Linsen der F-Theta Optik ab. In der Regel steigt der Wert von *corr* für eine gegebene F-Theta Optik mit steigendem Strahldurchmesser des Lasers. Speziell auf eine F-Theta Optik bezogen wird ein Korrekturfaktor auch als ‚Aposidationsfaktor' bezeichnet. Manchmal findet man in den Datenblättern auch Kennlinien zum Aposidationsfaktor in Abhängigkeit zum Durchmesser des Laserstrahls aufgetragen. Der Aposidationsfaktor bezieht sich nur auf die F-Theta Optik, während der Korrekturfaktor *corr* aus der obigen Gleichung auch Abbildungsfehler der optischen Komponenten vor der F-Theta Optik miteinschließt. Nach unserer Erfahrung führt ein genereller Korrekturfehler von $corr = 1{,}1 \ldots 1{,}2$ in Gl. 3.67 zu realistischen Werten für den erreichbaren Fokusdurchmesser. Bei der Festlegung des Strahldurchmessers und der optischen Komponenten sollte man also auch beachten, dass der Fokusdurchmesser durch eine Strahlaufweitung nicht beliebig verkleinert werden kann, weil mit einem größeren Strahldurchmesser auch die Abbildungsfehler bzw. Beugungseffekte zunehmen, die dem entgegenwirken.

Arbeitsbereich

Das ist die Größe des Bereichs, den der Fokuspunkt durch die Spiegelbewegungen erreichen kann. Die Größe des Arbeitsbereichs verläuft linear mit der Größe des Arbeitsabstands der F-Theta Optik. Der Arbeitsabstand hängt aber auch vom Strahldurchmesser und dem Abstand des F-Theta Objektivs von den Scannerspiegeln ab. Bei großem Strahldurchmesser verringert sich die Größe des Arbeitsbereichs, weil der Laserstrahl dann schon eher bei einem geringem Auslenkungswinkel θ (vgl. Abb. 3.29 c und d) in den Randbereich der Linsen gerät. Außerdem bezieht sich die Angabe eines Arbeitsbereichs auch auf einen gewissen Abstand der F-Theta Optik von den Scannerspiegeln. Ein typischer Arbeitsbereich einer F-Theta Optik mit 254 mm effektiver Brennweite wäre ca. 175 mm × 175 mm. In der Praxis ist dieser Wert aber eher als theoretischer Maximalwert aufzufassen. Im Randbereich und besonders in den Ecken des Arbeitsbereichs lässt die Strahlqualität etwas nach und es können auch kleine Verzerrungen auftreten. Das könnte bedeuten, dass ein Objekt, das in der Mitte des Arbeitsfeldes wie gewünscht kreisförmig graviert wird, in einer Ecke des Arbeitsbereichs aber beispielsweise bei der Vermessung mit einem Mikroskop eine leicht elliptische Form aufweist. Das lässt sich auch durch eine Software-gesteuerte Korrektur der Optik (vgl. Abschn. 10.3) oft nicht ausgleichen. Für viele Anwendungen sind diese kleinen Abweichungen nicht relevant, bei höheren Ansprüchen ist es aber ratsam, den Arbeitsbereich auf z. B. 90 % des maximal spezifizierten Bereichs zu begrenzen, was in der Regel über eine Einstellung in der Lasersoftware möglich ist (vgl. Abschn. 10.3). Bei obigem Beispiel wäre dann ein Arbeitsbereich von ca. 160 mm × 160 mm sinnvoll. Wenn der Arbeitsbereich darüber hinausgehen soll, ist es besser, eine F-Theta Optik mit größerer Brennweite und entsprechend größerem Arbeitsbereich einzusetzen.

Material der Linsen

Das Material muss zur Wellenlänge des Laserlichts passen. Manchmal gibt es aber mehr als eine Auswahlmöglichkeit. In diesem Fall sind die Lichtdurchlässigkeit des Linsenmaterials und die Leistungsdichte des Laserstrahls die wichtigsten Kriterien. Für das Beispiel der 1064 nm Wellenlänge wäre sowohl ‚BK7' als auch ‚Quarz' als Linsenmaterial möglich. ‚BK7' ist deutlich kostengünstiger als ‚Quarz', allerdings ist die Lichtdurchlässigkeit von Quarz noch etwas höher im Vergleich zu ‚BK7' (vgl. Abb. 3.26). Bei höheren Laserleistungen und/oder hohen Puls-Spitzenleistungen ist daher ‚Quarz' als Linsenmaterial zu empfehlen, um eine zu starke Erwärmung oder sonstige Beeinträchtigung der Optik bzw. des gesamten Systems zu vermeiden. Bezogen auf das obige Beispiel wäre für eine Gravieranwendung mit einem gepulsten Laser mit 6 mm Strahldurchmesser (Pulslänge im Bereich von 10 … 200 ns; siehe Abschn. 3.7) und einer Durchschnittsleistung von ≤ 100 W @ 1064 nm BK7 als Linsenmaterial allerdings noch gut geeignet. Bei höheren Leistungen sollte man dann für dieses Beispiel allerdings F-Theta Optiken aus Quarzglas verwenden.

Schneid- und Schweißköpfe

Scansysteme ermöglichen ein sehr schnelles Verfahren des Laserfokus über den Arbeitsbereich, haben aber den Nachteil, dass der Arbeitsbereich vergleichsweise klein ist bzw. ein großer Arbeitsbereich eine F-Theta Optik oder Fokussierlinse mit großer Brennweite erfordert, was wiederum zu einem großen Fokusdurchmesser führt. Für viele Anwendungen ist es daher besser, den Laserstrahl durch eine Kombination von nicht beweglichen Spiegeln und einer Linse zu fokussieren und dann wie bei einem Plotter über das Werkstück zu verfahren oder alternativ das Werkstück unter dem Fokuspunkt zu verfahren. Typische Anwendungen wären das Laserschweißen oder Laserschneiden. Für beides sind meistens auch nicht die Bearbeitungsgeschwindigkeiten möglich, mit der viele Laserbeschriftungen erfolgen können. Durch die optischen Komponenten in sogenannten ‚Schweißköpfen' oder ‚Schneidköpfen' wird der Laserstrahl auf das Werkstück fokussiert und durch Linearachsen über dem Werkstück verfahren oder alternativ das Werkstück unter dem Schneidkopf verfahren. Es gibt aber auch Laserbeschriftungssysteme, die so funktionieren. Die Vorteile eines solchen ‚Laserbeschrifter-Plottersystems' sind der kleine Fokusdurchmesser, der möglich ist und die durchgehende Beschriftung eines großen Arbeitsbereichs. Abb. 3.30 zeigt schematisch Strahlführungen in einem Schneidkopf bzw. Schweißkopf, die auch für die Anwendung ‚Laserbeschriftung' gelten.

Strahlteiler

Durch Strahlteiler wird der Laserstrahl aufgespalten, und zwar in einen Teilstrahl, der reflektiert wird bzw. einen Teilstrahl, der transmittiert wird. Meistens ist dabei das Intensitätsverhältnis der beiden Teilstrahlen 50:50, es sind aber auch Strahlteiler für Intensitätsverhältnisse von 30:70 oder 40:60 üblich. Das Intensitätsverhältnis wird durch eine spezielle Art der dielektrischen oder metallischen Beschichtung eingestellt.

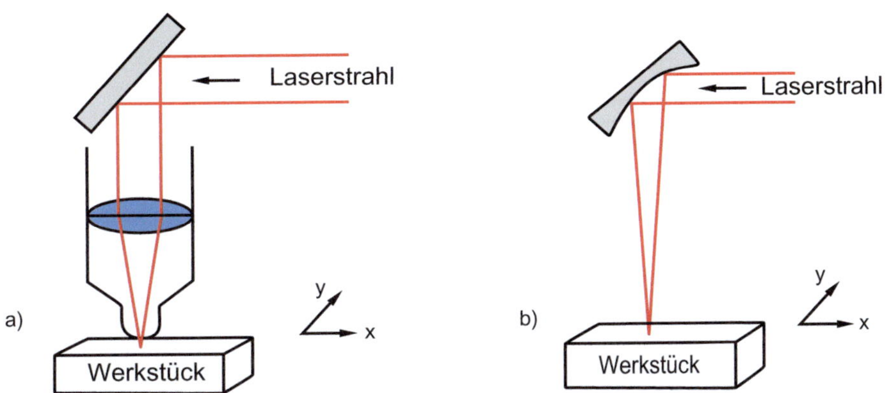

Abb. 3.30 Beispiele für eine Fokussierung durch **a** Linse bzw. **b** Hohlspiegel; das Werkstück wird unter dem Laserstrahl verfahren; Anwendungen: u. a. Schneiden, Schweißen, Beschriften

Es ist außerdem nur für einen bestimmten Einfallswinkel spezifiziert, der meistens 45° beträgt. Als Bauformen werden Strahlteiler als ‚Platten' und ‚Würfel' angeboten. Strahlteilerplatten sind wenige mm dicke Glasplatten, während die Strahlteilerwürfel sich aus zwei rechtwinkligen Prismen zusammensetzen. Wie bei den oben beschriebenen Komponenten ist auch bei Strahlteilern darauf zu achten deutlich unterhalb der Zerstörschwelle zu bleiben. Außerdem spielt auch der Polarisationsgrad des Laserlichts eine Rolle für das spezifizierte Intensitätsverhältnis der Teilstrahlen, was umgekehrt bedeutet, dass der Strahlteiler sich auch auf den Polarisationsgrad auswirken kann. In der Regel ist es am besten, wenn man ‚nicht polarisierende Strahlteiler' verwendet. Bei ihnen bleibt der ursprüngliche Polarisationsgrad des Laserlichts für beide Teilstrahlen erhalten. Damit ist auch gewährleistet, dass es durch Polarisationseffekte keine Abweichungen vom spezifizierten Teilungsverhältnis geben kann. Durch die Strahlaufteilung könnten mehrere Werkstücke gleichzeitig bearbeitet werden, wie das in der Abb. 3.31 dargestellt wird.

Strahlkombinierer

Sie sind eine interessante Strahlteiler-Variante, die es ermöglichen, zwei Laserwellenlängen zu kombinieren, sodass man einen Laserstrahl mit zwei Wellenlängen erhält. Die Beschichtung ist so gestaltet, dass der Strahlteiler für eine Wellenlänge transparent ist und die andere Laserwellenlänge wie ein Spiegel reflektiert. Auf diese Weise können beide Wellenlängen hinter dem Strahlteiler zur Deckung gebracht werden. Eine Anwendung wäre zum Beispiel das ‚Einkoppeln' des roten Laserstrahls eines kleinen Laserdiodenmoduls in den Laserstrahl eines Infrarotlasers zur Materialbearbeitung. Eine geeignete Wellenlänge des Laserdiodenmoduls wäre $\lambda = 650$ nm (rotes Licht) bei einer Ausgangsleistung von < 1 mW. Da ja die Wellenlängen im IR-Bereich (bzw. MIR-Bereich) für das Auge nicht sichtbar sind, hätte man so einen ‚Pilotlaser', der bei geeigneter Justierung deckungsgleich mit

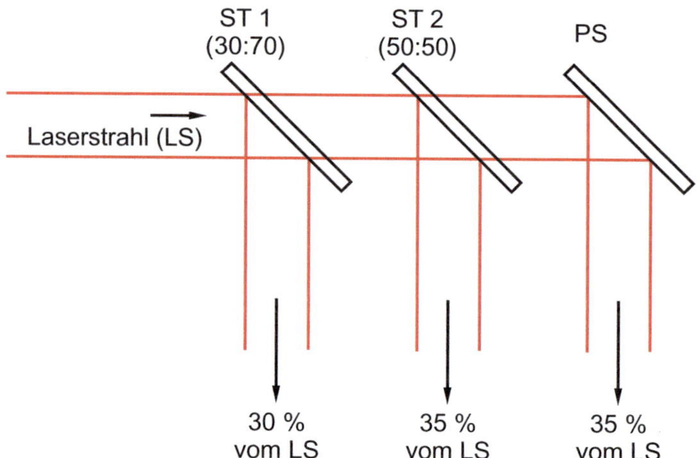

Abb. 3.31 Aufteilung eines Laserstrahls in 3 Teilstrahlen; ST: Strahlteiler; PS: Planspiegel

dem Fokuspunkt des Infrarotlasers auf dem Werkstück verläuft. Indem man die ‚Kontur' – also den Bahnverlauf bei der Laserbeschriftung – mit dem Pilotlaser abfährt, erhält hat man eine visuelle Positionierungshilfe und kann das Werkstück entsprechend positionieren, ohne dass im Einrichtbetrieb schon eine Laserbearbeitung des Werkstücks stattfinden muss. Die Positionierung des Infrarotlasers mithilfe des Pilotlasers kann auch durch die Steuersoftware geschehen. Dabei wird mithilfe des Pilotlasers die Positionierung der Lasergravur o. ä. auf dem Werkstück durch die entsprechende Positionierung der Kontur in der Steuersoftware eingerichtet (vgl. auch Abschn. 10.3; Abb. 3.32).

Man findet übrigens auf den Internet-Seiten oder in den Katalogen der Hersteller oft schon Anwendungshinweise und kurze technische Beschreibungen zur Funktion und Eigenschaften der optischen Komponenten. In der Regel lohnt sich auch immer ein Anruf beim technischen Vertrieb, um zusätzliche Informationen zu den Produkten und ihren Eigenschaften zu bekommen. Wer sich ausführlicher mit dem Themenbereich dieses Abschnitts beschäftigen will, findet weiterführende Darstellungen beispielsweise in [8, 9].

3.8 Laserstahlquellen – einige grundlegende Eigenschaften und Spezifikationen

Wir beschränken uns in diesem Abschnitt auf drei der am häufigsten für die Laser-Materialbearbeitung eingesetzten Strahlquellen:

1) Gepulste Nd-YAG-Festkörperlaser
2) Faserlaser
3) CO_2-Laser

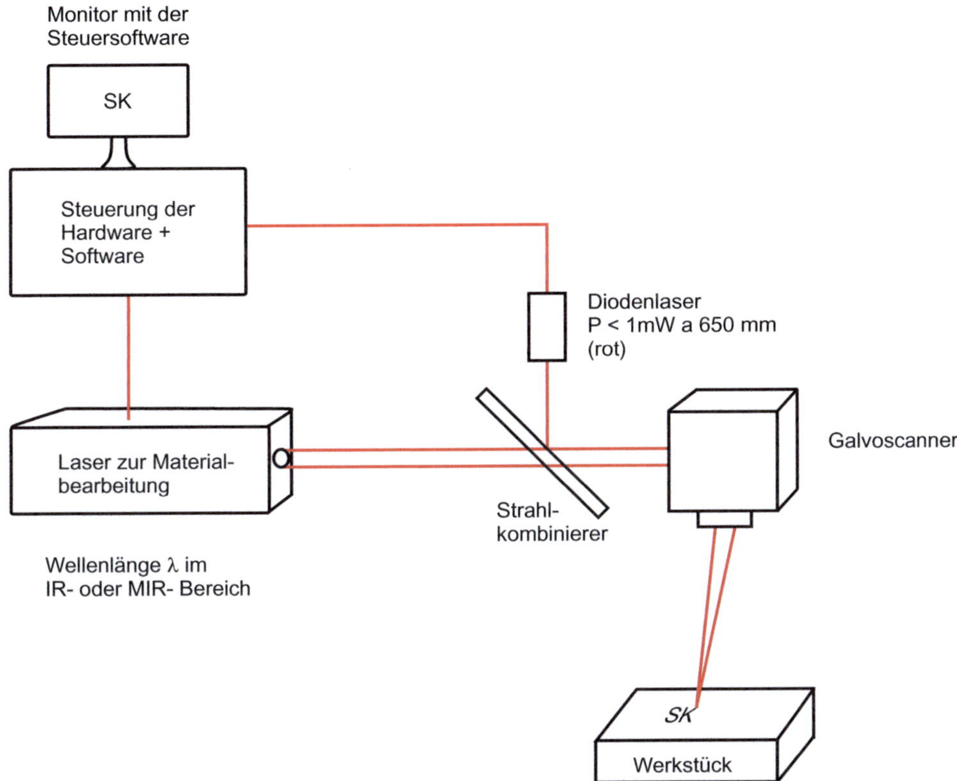

Abb. 3.32 Schematische Darstellung der Einkopplung des roten Laserstrahls eines ‚Pilotlasers‘ in den Strahlengang eines Materialbearbeitungslasers

Entsprechend dem Aggregatzustand des laseraktiven Materials werden 1) und 2) als ‚Festkörperlaser‘ klassifiziert und 3) als ‚Gaslaser‘. Die Laseremission kann gepulst oder kontinuierlich erfolgen, wobei letzteres meistens als ‚cw‘ (continuous wave)-Betrieb bezeichnet wird. Im cw-Betrieb erfolgt die Laseremission ohne zeitliche Unterbrechung. Dagegen besteht die Laseremission im Pulsbetrieb aus Pulsen mit charakteristischer Pulsdauer und mit einer vorgegebenen Taktfrequenz, d. h. Anzahl von Pulsen pro Zeiteinheit (Abb. 3.33).

Bei Pulslasern ist die Energie pro Puls ein wichtiger Parameter. Ganz allgemein gilt für den Zusammenhang zwischen Leistung und Energie:

$$Leistung = \frac{Energie}{Zeit} \tag{3.68}$$

Bezogen auf Laserstrahlquellen ist ‚Energie‘ dann die ‚Energie des Laserlichts‘. Die ‚Leistung‘ kann man genauer als ‚Lichtleistung‘ P_{Licht} bezeichnen. Sie ist dann die Anzahl

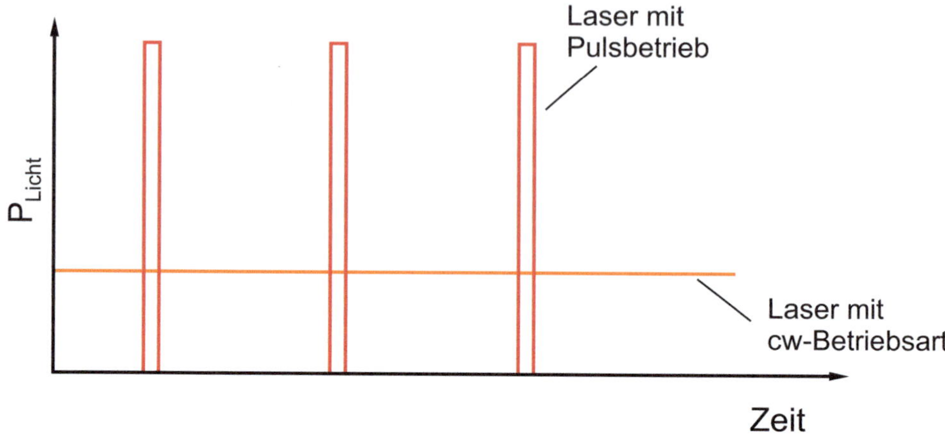

Abb. 3.33 Zeitabhängigkeit der Leistung von Pulslasern und cw-Lasern (schematische Darstellung)

n der Photonen mit der Energie $E = h \cdot f$ $(f = Frequenz)$, die in einem bestimmten Zeitintervall Δt den Laserresonator als Laseremission verlassen:

$$P_{\text{Licht}} = \frac{n \cdot h \cdot f}{\Delta t} \tag{3.69}$$

Pulslaser geben das Licht in Form von kurzen Pulsen ab, deren Zeitdauer im Bereich von Nanosekunden ($1\,\text{ns} = 10^{-9}\,\text{s}$) bis zu Femtosekunden ($1\,\text{fs} = 10^{-15}\,\text{s}$) liegt. Die Energie E_{Puls} eines Pulses wird in den Datenblättern oft als ‚Pulsenergie' bezeichnet. Die durchschnittliche Leistung P_{Licht} des Pulslasers ist dann die Summe dieser Pulsenergien bezogen auf einen Zeitabschnitt Δt.

$$P_{\text{Licht}} = \frac{\sum_{E_o}^{E_n} E_{\text{Puls}}}{\Delta t} \tag{3.70}$$

mit E_0: erster Puls @ $t = 0$, E_n: letzter Puls @ Δt.

Die Anzahl der Pulse pro Zeiteinheit wird als ‚Taktfrequenz' (hier mit ‚tf' bezeichnet) oder ‚Pulsfrequenz' bezeichnet und die Einheit ‚Hertz' – abgekürzt Hz – angegeben. Bei der Einheit Hz ist die Anzahl der Pulse immer auf eine Zeitdauer von einer Sekunde bezogen. Damit erhält man für P_{Licht}:

$$P_{\text{Licht}} = E_{\text{Puls}} \cdot tf \tag{3.71}$$

Bei einer Taktfrequenz von beispielsweise $tf = 2 \cdot 10^4$ Hz und einer Energie pro Puls von $E_{\text{Puls}} = 1$ mJ erhält man für die Leistung dieses Lasers:

$$P_{\text{Licht}} = 1 \cdot 10^{-3} \cdot 2 \cdot 10^4 \frac{\text{J}}{\text{s}} = 20 \frac{\text{J}}{\text{s}} = 20\ \text{Watt} \tag{3.72}$$

Bei Pulslasern wird in den Datenblättern auch oft die ‚Puls-Spitzenleistung' angegeben – hier als P_{max} bezeichnet. Im Gegensatz zur Gl. 3.70 und 3.71, welche die durchschnittliche Leistung des Laserlichts beschreiben, wird mit P_{max} die Leistung definiert, die sich aus der Energie eines Pulses bezogen auf die Zeitdauer dt dieses Pulses ergibt. Es gilt also:

$$P_{max} = \frac{E_{Puls}}{dt} \tag{3.73}$$

Angenommen die Pulsdauer des Lasers aus dem obigen Beispiel beträgt $dt = 100 \text{ ns} = 10^{-7} \text{ s}$, erhält man damit für P_{max}:

$$P_{max} = \frac{1 \cdot 10^{-3} \text{ J}}{10^{-7} \text{ s}} = 10^4 \frac{\text{J}}{\text{s}} = 10^4 \text{ Watt} \tag{3.74}$$

Die Puls-Spitzenleistung liegt in diesem Fall also um 3 Größenordnungen über der Durchschnittsleistung. $dt = 100$ ns ist für Pulslaser eine eher lange Pulsdauer. Bei kürzeren Pulsen erhöht sich die Puls-Spitzenleistung entsprechend.

Für cw-Lasern findet man statt ‚Durchschnittsleistung' auch oft den Begriff ‚Dauerstrichleistung', weil bei diesen Lasern eine kontinuierliche Laseremission vorliegt, die sich also nicht aus kurzen Pulsen zusammensetzt. In den Datenblättern ist außerdem auch oft der Leistungsbereich in Prozent angegeben, innerhalb der die Laserleistung einstellbar ist. Als untere Grenze wird dabei in der Regel der Prozentwert angegeben, ab dem der Laser stabil, d. h. ohne größere Leistungsschwankungen, funktioniert. Dies ist bei den hier besprochenen Lasern in der Regel bei 3–10 % der Gesamtleistung der Fall. Der Wert für die maximale Leistung ist dagegen vom Hersteller immer so eingestellt, dass es auch im Dauerbetrieb nicht zu Leistungsschwankungen oder Leistungseinbrüchen beispielsweise aufgrund thermischer Probleme kommen kann. Vorausgesetzt wird allerdings, dass dafür gesorgt wird, die Umgebungsparameter (u. a. Temperatur, Wärmeabfuhr) innerhalb der spezifizierten Grenzwerte zu halten.

Ein weiterer wichtiger Laserparameter ist die zeitliche Stabilität der Laserleistung. Dafür wird in den Datenblätter und Prüfprotokollen in der Regel eine prozentuale Abweichung um einen Mittelwert angegeben, und zwar oft auch mit der Angabe eines bestimmten Zeitbereichs. Eine typische Spezifikation der Leistungsstabilität wäre beispielsweise eine Angabe wie „± 3 % Abweichung von der mittleren Leistung, gemessen über einen Zeitraum von 2 h". Diese Angaben beziehen sich auch bei Pulslasern immer auf die durchschnittliche Ausgangsleistung. Meistens wird dabei auch eine ‚Aufwärmzeit' vorausgesetzt bzw. mit angegeben, d. h. die Zeitdauer, die zwischen dem Bereitschalten des Lasersystems und dem Start der Laseremission abgewartet werden sollte, bis der Laser die Betriebstemperatur erreicht hat.

Bei Pulslasern wird außer der Leistungsstabilität oft auch eine „Puls zu Puls Stabilität" der Laserpulse angegeben. Diese Angabe beschreibt die mittlere Abweichung zwischen zeitlich benachbarten Pulsen innerhalb eines Zeitraums. Wenn innerhalb dieses Zeitraums n Pulse mit den jeweiligen Energie $E(j)$ vom Laser emittiert werden, ist die „Puls zu Puls Stabilität" PzP folgendermaßen definiert:

$$PzP = \sqrt{\frac{1}{n}\sum_{j-1}^{n-1}\left[E(j+1) - E(j)\right]} \tag{3.75}$$

Diese Definition der ist sehr ähnlich zur Definition der Standardabweichung einer Messreihe. Wenn man in Gl. 3.75 $E(j+1) - E(j)$ durch $E(j) - E$ ersetzt (mit E als dem Mittelwert der Messreihe), erhält man die Formel für die Standardabweichung.

Ein weiterer wichtiger Begriff im Zusammenhang mit der Ausgangsleistung eines Lasers ist die sogenannte ‚Pulsweitenmodulation' (PWM). Sie hat allerdings nichts mit den eben beschriebenen Laserpulsen zu tun, sondern ist eine Methode der Leistungseinstellung bei cw-Lasern. PWM bedeutet, dass durch das Anlegen einer DC Kleinspannung (z. B. 5 $V_{DC}=$ ‚high' bzw. ‚Puls') die Laseremission ‚eingeschaltet' wird bzw. durch das Anlegen von beispielsweise 0 V_{DC} (‚low' bzw. ‚Pause') wieder ausgeschaltet wird. Diese Spannungspegel gehen an die Steuerelektronik, die entsprechend die Laseremission an- und ausschaltet. ‚high-' und ‚low-Spannungspegel' können sehr schnell aufeinanderfolgen, und zwar bei den weiter unten beschriebenen CO_2-Lasern mit einer Taktfrequenz von über 100 kHz. Der eigentliche Sinn der PWM ist das Einstellen der Laserleistung. Die Laserleistung P_{Licht} ist durch das Verhältnis der Zeitdauern des ‚high-Spannungspegels' Δt_{Puls} bzw. des ‚low Spannungspegels' Δt_{Pause} gegeben, und zwar in der folgenden Form, der auch oft als ‚duty cycle' bezeichnet wird:

$$dutycycle\% = \frac{\Delta t_{Puls}}{\Delta t_{Puls} + \Delta t_{Pause}} \cdot 100\% \tag{3.76}$$

Für die Laserleistung P_{Licht} gilt also in diesem Fall:

$$P_{Licht} = \frac{\Delta t_{Puls}}{\Delta t_{Puls} + \Delta t_{Pause}} \cdot P_{max} \tag{3.77}$$

P_{max} bezeichnet hier die maximale cw-Ausgangsleistung des Lasers. Beispiel: ein CO_2-Laser wird über das PWM-Signal mit 20 kHz angesteuert und die Leistung soll 50 % der maximalen Leistung betragen. Bei 20 kHz beträgt die Periodendauer eines ‚high-low-Zyklus' 1/20kHz $= 50\,\mu s$, entsprechend gilt dann also $\Delta t_{Puls}=25\,\mu s$ bzw. $\Delta t_{Pause}=25\,\mu s$. Sollte die Leistung beispielsweise nur 10 % betragen erhält man $\Delta t_{Puls}=5\,\mu s$ bzw. $\Delta t_{Pause}=45\,\mu s$. Beide Fälle sind in der Abb. 3.34 skizziert.

Auch eine Leistung von 100 % ist für CO_2-Laser möglich. Das würde bedeuten, dass der 5 V Pegel permanent anliegt.

Allerdings ist die Steuerelektronik nicht bei allen durch PWM-gesteuerten Lasern so eingestellt, dass der ‚duty cycle' auch der Laserleistung entspricht, also Gl. 3.76 gilt. Manchmal entspricht ein kleinerer Wert des ‚duty cycle' schon einer maximalen Leistung. Wenn also im Datenblatt oder Manual zum Laser beispielsweise angegeben ist, dass der maximale ‚duty cycle' bei der PWM 60 % beträgt, dann bedeutet das in diesem Fall nicht 60 % der maximalen Leistung, sondern 60 % duty cycle bedeutet dann maximale (100 %) Laserleistung.

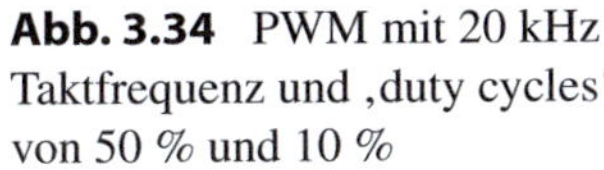

Abb. 3.34 PWM mit 20 kHz Taktfrequenz und ‚duty cycles‘ von 50 % und 10 %

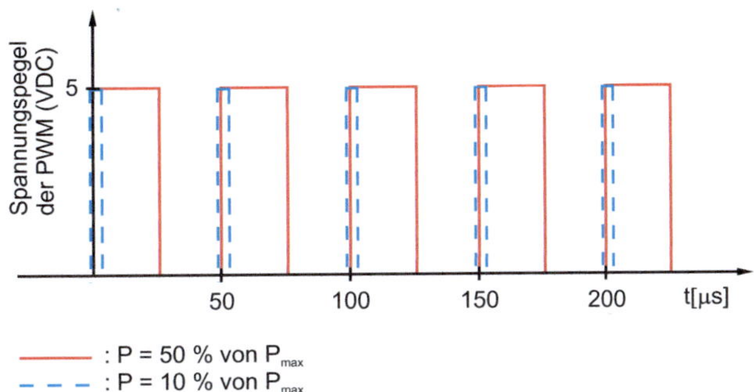

Ein PWM mit 5 V Pegeln bezogen auf 0 V ist weit verbreitet, jedoch sind auch andere Pegel möglich. Oft wird die PWM auch mit sogenannten differentiellen Signalen gemacht. In diesem Fall müssen die 5 V, 0 V Pegel aus einer ‚Steuerkarte‘ (vgl. auch Abschn. 10.3 – Software) in differentielle Signale umgewandelt werden. Bei diesen verlaufen der ‚high‘ bzw. ‚low‘ Pegel voneinander getrennt auf zwei Signalleitungen und gegenphasig zueinander, beispielsweise mit +3 V, 0 V bzw. 0 V, –3 V Pegeln. Es wird immer die Spannungsdifferenz zwischen den zwei Leitungen detektiert. Eventuelle Störsignale wirken sich auf beide Leitungen identisch aus, so dass trotz des Störsignals die Spannungsdifferenz zwischen beiden Leitungen erhalten bleibt. Diese Art der Signalübertragung ist sehr unempfindlich gegenüber Störeinstrahlungen und deshalb beispielsweise bei langen Übertragungswegen oder einer Umgebung mit hoher Störeinstrahlung vorteilhaft.

Im restlichen Teil dieses Abschnitts werden nun noch drei weitverbreitete Laserstrahlquellen für die Materialbearbeitung beschrieben, und zwar Nd-YAG-Laser und Faserlaser als ‚Vertreter‘ von Festkörperlasern und weiterhin CO_2-Laser, die zu den Gaslasern gehören. Bei der Beschreibung steht das Funktionsprinzip im Vordergrund und es werden dabei auch weitere Begriffe der Lasertechnik beschrieben, die oft im Zusammenhang mit den Begriffen ‚Laser‘ und ‚Lasermaterialbearbeitung‘ auftreten, wie u. a. die ‚Erzeugung von Laserpulsen‘ oder ‚Frequenzverdopplung‘. Als weitere wichtige Strahlquellen seien hier auch noch die Hochleistungs-Diodenlaser erwähnt, die zu den Halbleiterlasern gehören und deren Wellenlängen im NIR-Bereich von ca. 780 … 1030 nm liegen und außerdem Excimerlaser, die zu den Gaslasern gehören und deren Wellenlängen im UV-Bereich von ca. 150 … 350 nm liegen.

Nd-YAG Festkörperlaser

Dieser Lasertyp ist immer noch eine wichtige und etablierte Strahlquelle für die Lasermaterialbearbeitung, allerdings wurde sie in den letzten Jahren in vielen Anwendungsbereichen durch die effizienteren Faserlaser ersetzt. Sie wird hier trotzdem relativ ausführlich beschrieben, weil dadurch viele allgemeine Eigenschaften von Laserstrahlquellen erläutert werden können. Das laseraktive Medium ist ein Kristall, der aus Yttrium–Aluminium Granat ($Y_3Al_5O_{12}$) besteht, bei dem ein kleiner Anteil von ca. 1 % der Y-Ionen durch Nd-Ionen (Nd^{3+}) ersetzt worden sind. Diese sind für die Lasere-

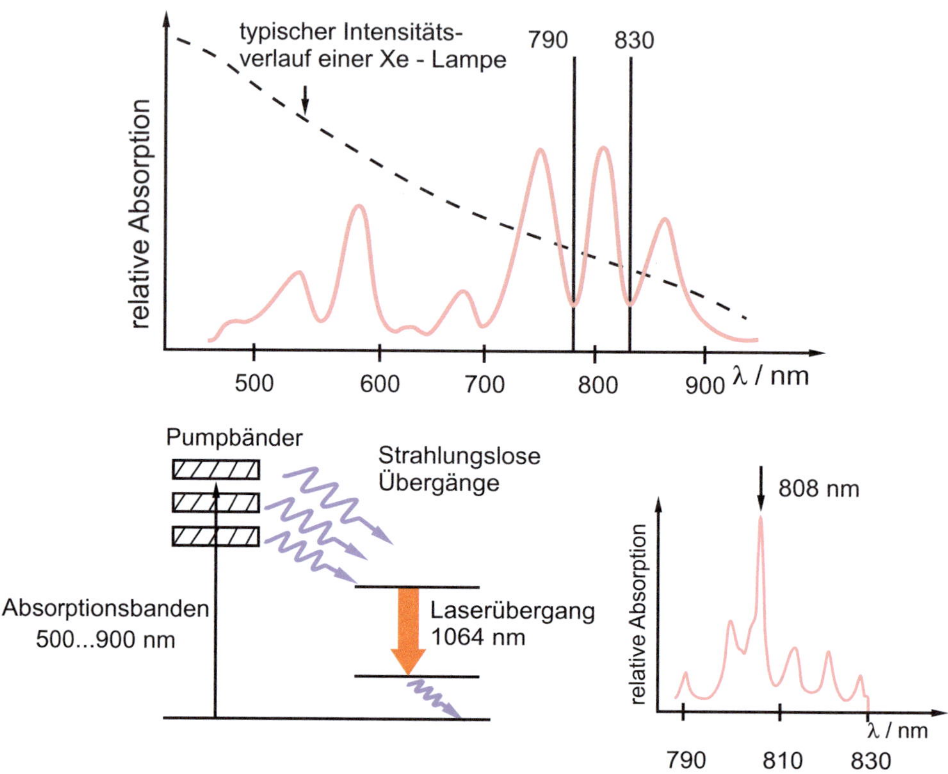

Abb. 3.35 Absorptionsspektrum eines Nd-YAG Kristalls, einschließlich des typischen Intensitätsverlaufs einer Xe-Lampe (oben) sowie das Absorptionsspektrum mit höherer Auflösung im Bereich 810 nm und ein stark vereinfachtes Termschema des Nd-YAG Kristalls

mission verantwortlich. Nd-YAG-Laser sind 4 Niveau-Laser und die Emissionswellenlänge liegt bei $\lambda = 1064$ nm.[16] Die Inversion wird durch optisches Pumpen erreicht. Der Nd-YAG Kristall weist im Bereich von ca. $\lambda = 500 \ldots 900$ nm einige relativ breitbandige Absorptionsniveaus auf. Dies ist in der Abb. 3.35 dargestellt. Dadurch ist auch eine Anregung durch eine breitbandige Strahlquelle wie z. B. eine Xe-Lampe möglich, für die ein Teil eines typischen Emissionsspektrums ebenfalls dort skizziert ist. Außerdem wird in der Abb. 3.35 auch ein stark vereinfachtes Energieschema mit dem Laserübergang dargestellt.

Der Vorteil bei der Anregung mit einer breitbandigen Strahlquelle ist, dass alle Absorptionsbanden des Kristalls angeregt werden können. Ein Nachteil ist allerdings,

---

[16] Es gibt weitere Laserübergänge, die im Bereich von $\lambda = 940\ldots1800$ nm liegen; sie sind jedoch schwächer als die Hauptemission bei 1064 nm und können nur durch entsprechende ‚passende‘ Spiegelbeschichtungen und mithilfe von Wellenlängenselektion durch optische Komponenten und gegebenenfalls auch durch Kühlung des Kristalls zur Laseremission gebracht werden.

dass dieses mit einer eher schlechten Effizienz erfolgt, weil der größte Teil der Lichtemission der Lampe in einem Spektralbereich liegt, wo der Kristall keine Absorptionsbanden aufweist. Andererseits ist die Intensität der Xe-Lampe im NIR-Bereich vergleichsweise schwach, wo aber gerade die stärksten Absorptionsbanden des Kristalls liegen. Die ‚Pumpeffizienz‘, also das Verhältnis der tatsächlich absorbierten Photonen zur Anzahl der gesamten emittierten Photonen, ist also sehr klein. Ein großer Teil des absorbierten Pumplichts wird in Wärme umgewandelt, und zwar durch strahlungslose Übergänge (also keine Emission von Photonen) auf das obere Laserniveau (erwünscht) oder durch Übergänge auf andere Energieniveaus des Kristalls (nicht erwünscht), von wo aus eine Rekombination in den Grundzustand erfolgt. Deshalb ist bei lampengepumpten Nd-YAG-Lasern immer eine Wasserkühlung des Kristalls nötig. Eine effektivere optische Anregung wird durch den Einsatz von Hochleistungs-Diodenlasern als Pumpquelle erreicht. Das untere Spektrum in der der Abb. 3.35 zeigt die Absorptionsbanden im Bereich $\lambda = 810 \pm 15$ nm mit höherer Auflösung. Die stärkste Absorptionsbande liegt bei ca. $\lambda = 808$ nm. Dies ist eine der gängigsten Emissionswellenlängen von Diodenlasern, sodass man also durch das Pumpen mit Hochleistungs-Diodenlasern dieser Wellenlänge eine weit bessere Pumpeffizienz erreichen kann. Durch die schmalbandige Anregung von nur einer Absorptionsbande ist der Anteil der Pumpenergie, die in Wärme umgewandelt wird, deutlich geringer als bei der breitbandigen Anregung mit einer Lampe.

Für Anwendungen, die keine hohen Ausgangsleistungen erfordern, (z. B. ‚Lasergravur‘ mit typischerweise ≤ 20 W Ausgangsleistung) kann man deshalb auch diodengepumpte Strahlquellen mit Luftkühlung einsetzen. Diodenlaser haben Lampen als Anregungsquelle inzwischen weitgehend ersetzt. Für die in diesem Buch beschriebenen Anwendungen werden ausschließlich diodengepumpte Nd-YAG-Laser eingesetzt. Diodenlaser weisen typischerweise elektrisch/optische Wirkungsgrade[17] im Bereich von 30…45 % auf. Diodengepumpte Nd-YAG Laser typischerweise Wirkungsgrade von ca. 10 %.

Resonatoraufbauten – endgepumpt und seitengepumpt
Beim Resonatoraufbau kann man zwei Basiskonzepte unterscheiden, und zwar ‚seitengepumpt‘ und ‚endgepumpt‘. Der prinzipielle Aufbau eines endgepumpten Resonators ist in der Abb. 3.36 gezeigt. Das Pumplicht des Diodenlasers wird durch eine Linse so fokussiert, dass es möglichst parallel in den Laserresonator gelangt und einen Strahldurchmesser aufweist, der dem Durchmesser des zylindrischen Nd-YAG-Kristalls

---

[17] Damit ist hier das Verhältnis der Leistung der Laseremission zur gesamten elektrischen Eingangsleistung der Laserstrahlquelle gemeint. Also ein ‚elektrisch-optischer Wirkungsgrad‘, der oft auch als ‚Steckdosenwirkungsgrad‘ bezeichnet wird. Bei durch Licht gepumpten Lasern spricht man dagegen auch oft vom ‚optisch-optischen Wirkungsgrad‘. Ein ‚optisch-optischer Wirkungsgrad‘ beschreibt beispielsweise wieviel Prozent von der Laserleistung der Pumpdiode in Laseremission des Nd-YAG-Lasers umgewandelt wird. Vgl. auch das Beispiel zur Berechnung des Wirkungsgrades eines Faserlasers im Unterpunkt „Faserlaser“ dieses Buchabschnittes.

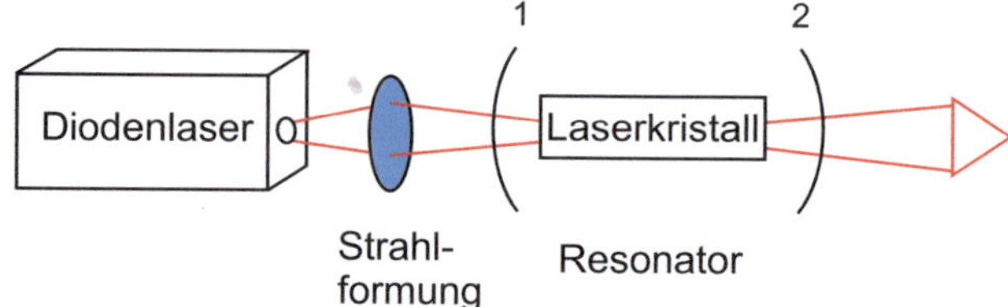

Abb. 3.36 Prinzipieller Aufbau eines endgepumpten Nd-YAG-Lasers. 1: dichroitischer Resonatorspiegel, 2: Auskoppelspiegel

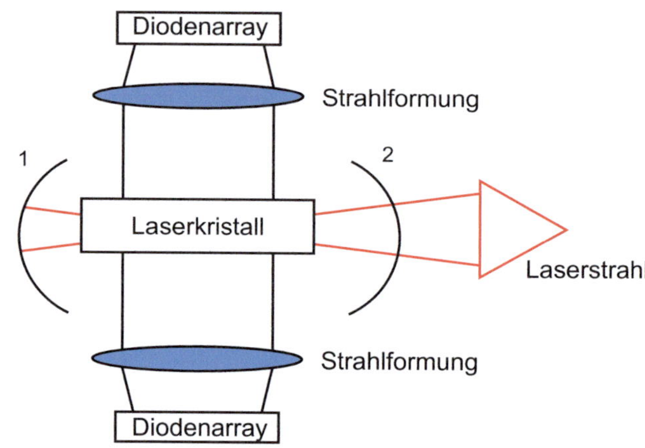

Abb. 3.37 Prinzipieller Aufbau eines seitengepumpten Nd-YAG Lasers. 1,2: Resonatorspiegel; die Diodenarrays können zylindrisch um den Resonator herum angeordnet werden

entspricht. Der erste Resonatorspiegel ist für die Pumpwellenlänge $\lambda = 808$ nm durchlässig, reflektiert die Laserwellenlänge von $\lambda = 1064$ nm aber praktisch vollständig.[18] Über den zweiten Resonatorspiegel wird dann ein Teil der Laserstrahlung aus dem Resonator ausgekoppelt. Mit der endgepumpten Anordnung sind nur vergleichsweise geringe Ausgangsleistungen möglich, die aber für viele Anwendungen (Lasergravur, Laserbeschriftung) vollkommen ausreichend sind. Außerdem ist es ein Vorteil der endgepumpten Anordnung, dass damit eine gute Strahlqualität erreicht werden kann, mit typischen Werten von $M2 \leq 1{,}2$.

In der Praxis wird allerdings eher mit einem sogenannten ‚Diodenarray' gepumpt. Dabei sind mehrere einzelne Dioden nebeneinander angeordnet.[19] Statt mit einer einzelnen Linse zu fokussieren ist in diesem Fall eine komplexe Strahlformungsoptik nötig, um das Strahlprofil auf die Frontfläche des Nd-YAG-Kristalls abzubilden.

Die Abb. 3.37 zeigt die prinzipielle Anordnung des seitengepumpten Resonators. Die Pumpquelle, also die Diodenarrays, sind jetzt parallel zum Laserstrahl angeordnet.

---

[18] Diese Komponenten werden als ‚dichroitisch (beschichtete) Spiegel' oder auch oft als ‚dichroitisch (beschichtete) Filter' bezeichnet; entsprechend der Art ihrer Beschichtung ist für sie ein ‚Reflexionsbereich' in nm bzw. ein ‚Transmissionsbereich' in nm spezifiziert.

[19] Sie werden oft auch als ‚Diodenbarren' oder ‚Diodenstack' bezeichnet.

Dadurch ist es einfacher das Strahlprofil des Pumplichts auf den Kristall abzubilden. Außerdem könnten auch mehrere Diodenarrays kreisförmig um den Kristall angeordnet werden. Auf diese Weise können Laserausgangsleistungen im kW-Bereich erzielt werden.

Die Erzeugung von Laserpulsen

Manche Lasertypen können nur gepulst betrieben werden, wie beispielsweise der Excimerlaser (Gaslaser) oder auch der ‚Rubinlaser‘ (Festkörperlaser), der historisch bedeutend ist, weil er der erste Laser war, mit dem Laseremission nachgewiesen wurde – vgl. Kap. 2. Nd-YAG-Laser dagegen können sowohl im cw-Betrieb als auch gepulst betrieben werden. Im einfachsten Fall könnten die Pulse erzeugt werden, wenn die Pumpquelle ebenfalls eine gepulste Strahlquelle ist. Für den Nd-YAG-Laser ist das gegeben, wenn die Pumpquelle beispielsweise eine gepulste Xe-Lampe ist. Ein Nachteil dieser Pumpquelle ist aber die vergleichsweise schlechte Energieeffizienz, die mit einem hohen Wärmeeintrag verbunden ist (s. o.). Außerdem ist nur eine geringe Puls-Wiederholrate (Taktfrequenz) möglich (typisch: $< 1\,\text{kHz}$) und die Pulslängen sind mit Zeitdauern von $dt > 10\,\mu\text{s}$ eher lang.

Im Gegensatz zu diesen sogenannten ‚lampengepumpten Nd-YAG-Lasern‘ werden bei den ‚diodengepumpten Nd-YAG Lasern‘ Laserpulse im Zeitbereich von ca. $dt \cong 1...< 500\,\text{ns}$ erzeugt. Bei kürzeren Zeitdauern, also im Zeitbereich von Pikosekunden ($10^{-12}\,\text{s}$) spricht man meisten von ‚Kurzpulslasern‘ und bei noch geringerer Pulsdauer, also Pulsdauern im Zeitbereich von Femtosekunden ($10^{-15}\,\text{s}$) von ‚Ultra-Kurzpulslasern‘. Wenn wir als Beispiel für die obigen Resonatoraufbauten mit einer cw-Pumpquelle eine Zeitdauer des Laserprozesses von $\Delta t \cong 10\,\text{ns}$ annehmen, dann können die Photonen innerhalb dieser Zeitdauer einen Weg s von $s = c \cdot \Delta t \cong 3\,\text{m}$ zurücklegen. Sie könnten innerhalb dieser Zeit also nur einige mal zwischen den Resonatorspiegeln hin- und herfliegen und eventuell den Resonator als Laseremission verlassen. Auf diese Weise kann die Puls-Spitzenleistung – wie auf der Seite 63 beschrieben – nicht erreicht werden.

Das grundlegende Prinzip zur Erzeugung von kurzen Pulsen mit hoher Puls-Spitzenleistung bei cw-Anregung ist die Erzeugung einer sehr großen Besetzung des oberen Laserniveaus, ohne dass es zum Laserprozess kommen kann. Das bedeutet, dass die Pumpenergie quasi im Laserkristall gespeichert wird und das ‚Abräumen‘ dieser Besetzungsinversion der beiden Laserniveaus durch induzierte Emission zunächst verhindert wird. Wenn die maximale Besetzungsinversion erreicht wird, wird der Laserprozess wieder ermöglicht. Dadurch wird die Inversion durch die induzierte Emission in kurzer Zeit (entsprechend der Pulsdauer) abgebaut und wegen der großen Besetzungsinversion entstehen viele Laserphotonen innerhalb der Pulsdauer. Die im Kristall gespeicherte Energie – in Form der angeregten Nd-Ionen im oberen Laserniveau – wird also zum großen Teil in die Energie der Photonen des Laserpulses umgewandelt. Danach wird der Laserprozess wieder verhindert und es wird durch das Pumplicht wieder eine maximale Inversion aufgebaut. Im Gegensatz zum cw-Betrieb, wo durch kontinuierliches Pumpen zwar die Inversion zwischen den Laserniveaus erzeugt wird, diese aber auch kontinuierlich durch die induzierte Emission abgebaut und damit begrenzt wird, wird also beim Pulsbetrieb maximale Inversion aufgebaut, indem der Laserprozess verhindert wird und danach kurzzeitig (Pulsdauer) wieder zugelassen wird, sodass sich die im Kristall durch maximale Inversion gespeicherte Energie innerhalb kurzer Zeit (Dauer des Laserpulses) als Laserpuls im Resonator wiederfindet. Diese Betriebsart wird auch als ‚Q-switch Betrieb' bezeichnet, bzw. auf Deutsch ‚Güteschaltung'. Damit ist gemeint, dass die Güte (bzw. Qualität $=$ Q) des Resonators durch ein zusätzliches Element im Resonator so verschlechtert wird, dass der Laserprozess während des Aufbaus der Inversion nicht stattfinden kann.

Wie wird jetzt aber dieser ‚Q-switch Betrieb' realisiert? Ganz allgemein gesagt bewirkt dieses zusätzliche Element eine Umlenkung oder sogar Unterbrechung der Laseroszillation im Resonator. Als ein mechanisches Element im Resonator käme dabei z. B. ein senkrecht zur Resonatorachse rotierender Chopper infrage, der die Laseroszillation periodisch unterbricht. Den gleichen Effekt könnte man auch durch einen rotierenden Drehspiegel erzielen. Bewegliche Komponenten im Resonator sind wegen möglicher Schwingungen aber eher ungünstig und außerdem können damit keine kurzen Umschaltzeiten Δt_u zwischen den Resonatorzuständen erreicht werden.[20] Normalerweise werden zur Strahlablenkung aber keine beweglichen (z. B. rotierende) mechanischen Komponenten, sondern ‚akusto-optische-Modulatoren' (AOM) oder ‚elektro-optische-Modulatoren' (EOM) verwendet. Beim AOM durchläuft der Laserstahl ein für die Laserwellenlänge durchsichtiges Material, an das eine im Ultraschall-Frequenzbereich oszillierende Spannung angelegt wird. Diese Ultraschallwellen ändern den Brechungsindex des Materials und führen damit zu einer Ablenkung des Laserstrahls, sodass er nicht mehr auf der ursprünglichen Resonatorachse verläuft. Durch diese Ablenkung passt die Ausrichtung der Resonatorspiegel nicht mehr und diese Photonen sind für den Laserprozess verloren.

Die Güte des Resonators ist in diesem Fall also für den Laserprozess zu schlecht und die Inversion kann aufgebaut werden.[21] Mit AOM's und EOM's sind Taktfrequenzen

---

[20] Damit sind die Übergangszeiten zwischen den folgenden beiden Zuständen gemeint: 1. Der optische Weg ist wieder komplett frei (Chopper) bzw. wiederhergestellt (Drehspiegel) für die Laseroszillation; 2. Der optische Weg ist komplett gesperrt (Chopper) oder komplett umgelenkt (Drehspiegel). Der zeitliche Übergang zwischen diesen beiden Zuständen ist die ‚Umschaltzeit' Δt_u – vgl. auch Abb. 3.38.

[21] Bei Verwendung von EOM's wird ausgenutzt, dass durch Änderung des Brechungsindex die Polarisation des Laserlichts verändert wird. Der Brechungsindex wird durch eine DC-Spannung geändert und durch polarisationsabhängige Optik im Resonator (Polarisator) wird die Laseroszillation dann im Takt des Schaltens der DC-Spannung blockiert bzw. freigegeben – stark vereinfachende Beschreibung.

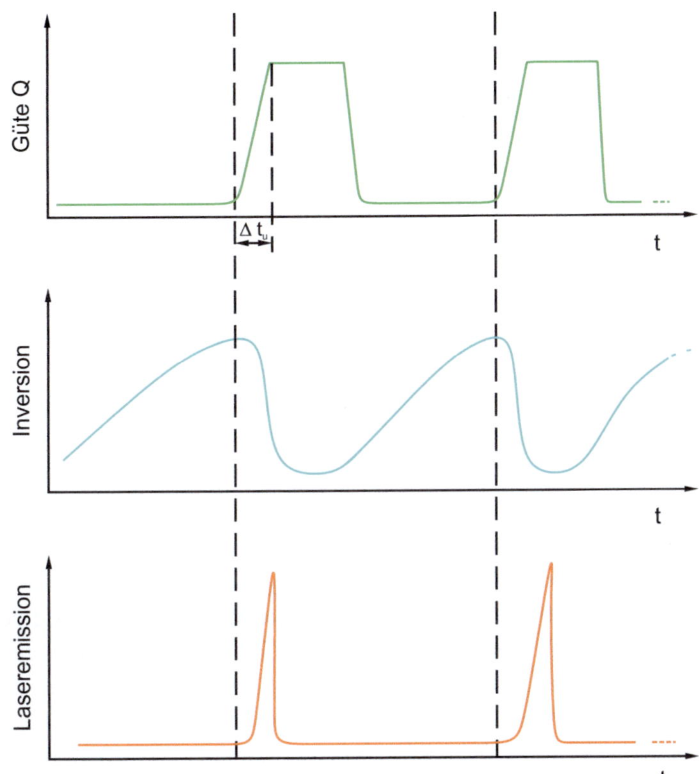

Abb. 3.38 Prinzipieller Zeitverlauf von Resonatorgüte, Inversion und gepulster Laseremission beim ‚Q-switch Betrieb'

von einigen Hz bis in den Bereich von MHz möglich. Bei diodengepumpten Nd-YAG-Lasern für die Materialbearbeitung liegen typische Taktfrequenzen im Bereich von 1 … 200 kHz. Die Umschaltzeiten von AOM's und EOM's sind mit $\Delta t_u < 100$ ns deutlich schneller als bei rotierenden mechanischen Komponenten, für die diese bestenfalls im Bereich von µs liegen. Das ist wichtig, weil eine möglichst hohe Puls-Spitzenleistungen bzw. kurze Pulsdauern nur mit kleinen Umschaltzeiten erreicht wird. Um kurze Pulsdauern zu erreichen, sind weiterhin die maximal erreichbare Besetzungsinversion (bzw. ‚Speicherkapazität') des oberen Laserniveaus, dessen Lebensdauer und die Resonatorgüte wichtig [9]. Die Abb. 3.38 zeigt den zeitlichen Verlauf der Resonatorgüte, den Inversionsaufbau und die Laseremission bei einer Güteschaltung, also ‚Q-switch Betrieb'. Zur Veranschaulichung des ‚Q-switch Betriebs' kann man diesen auch mit einer mechanischen Analogie vergleichen, und zwar dem Auffüllen eines Wasserbeckens durch eine Wasserpumpe und dem anschließenden Ablassen des Wassers über eine nach unten bewegliche Wand des Staubeckens. Das Füllen des Staubeckens durch eine Wasserpumpe entspricht dem Pumpvorgang zur Erzeugung der Inversion. Wenn das Staubecken gefüllt ist, wird die bewegliche Wand heruntergelassen und der folgende Wasserschwall entspricht dann dem Laserpuls. Je schneller die Wand heruntergelassen wird, desto grösser ist der Wasseraustritt pro Zeit, was der Größe des Laserpulses bzw. der Pulsspitzenleistung entspricht. Die Zeit für das Herunterlassen der Wand entspricht der Umschaltzeit Δt_u. Die Position der beweglichen Wand entspricht der Güte des Laser-resonators.

Bei Kurzpulslasern bzw. Ultra-Kurzpulslasern mit Pulsdauern im ps- bzw. fs- Zeit-bereich werden die Pulse nicht durch ‚Q-switch Betrieb‘, sondern durch die sogenannte ‚Modenkopplung‘ erzeugt. Diese wird in [8, 9] beschrieben. Diese Laser haben eben-falls große Bedeutung für die Materialbearbeitung, u. a. weil wegen der kurzen Pulse der Wärmeeintrag in das Material gering ist und damit unerwünschte thermische Effekte minimiert werden können, wie z. B. die Bildung von Schmelze oder Materialver-änderungen auf dem Werkstück.

Frequenzvervielfachung

Die Verdopplung der Frequenz f eines ND-YAG-Lasers ($\lambda = 1064\,\mathrm{nm}$) würde wegen $c = \lambda \cdot f$ eine Wellenlänge von $\lambda = 532\,\mathrm{nm}$ (grünes Licht) bedeuten und eine Verdrei-fachung von f entsprechend eine Wellenlänge von $\lambda = 355\,\mathrm{nm}$ (naher UV-Bereich). Diese kürzeren Wellenlängen sind für die Materialbearbeitung von Interesse, auch wenn die Ausgangsleistungen im Vergleich zur Grundwellenlänge $\lambda = 1064\,\mathrm{nm}$ geringer sind. Es kann aber ein kleinerer Fokusdurchmesser und eine entsprechend höhere Leistungsdichte erzielt werden, vgl. Gl. 3.57. Bei vielen Materialien (u. a. Metallen) steigt auch der Absorptionsgrad, je kürzer die Laserwellenlänge ist (vgl. Abschn. 5.1). Außerdem ist in diesem Fall auch der Wärmeeintrag in das Material geringer. Manchmal wird daher auch der Begriff ‚kalter Materialabtrag‘ verwendet, wenn entweder mit sehr kurzen Pulsen oder kurzen Laserwellenlängen gearbeitet wird. Es gibt übrigens auch frequenzverviel-fältigte Faserlaser-Strahlquellen, sodass auch für diesen Lasertyp Emissionswellenlängen im sichtbaren und nahen UV-Bereich vorliegen (meistens ebenfalls bei $\lambda = 532\,\mathrm{nm}$ bzw. $\lambda = 355\,\mathrm{nm}$).

Die Frequenzvervielfältigung wird durch sogenannte ‚nicht lineare optische Materialien‘ (NLOM) erreicht, die von der Laser-Grundwellenlänge durchlaufen werden. Nehmen wir als Beispiel die Verdopplung der Grundfrequenz. Dabei sind wegen der Energie-erhaltung zwei Photonen mit $\lambda = 1064\,\mathrm{nm}$ nötig um ein Photon mit $\lambda = 532\,\mathrm{nm}$ zu erzeugen. Es findet jedoch keine vollständige Umwandlung aller Photonen statt, sondern ein großer Teil verlässt das NLOM wieder mit der Grundwellenlänge. Der Wirkungs-grad der Umwandlung steigt quadratisch mit der Leistungsdichte [8] und deshalb wird die Laserstrahlung im Kristall fokussiert. Sie kann aber nicht beliebig erhöht werden, um nicht über die Zerstörschwelle des NLOM zu kommen. Bei einer Frequenzver-dopplung betragen typische Ausgangsleistungen ca. 30 % der ursprünglichen Leistung bei der Grundwellenlänge. Das ist als Richtwert aufzufassen, weitere und quantitative

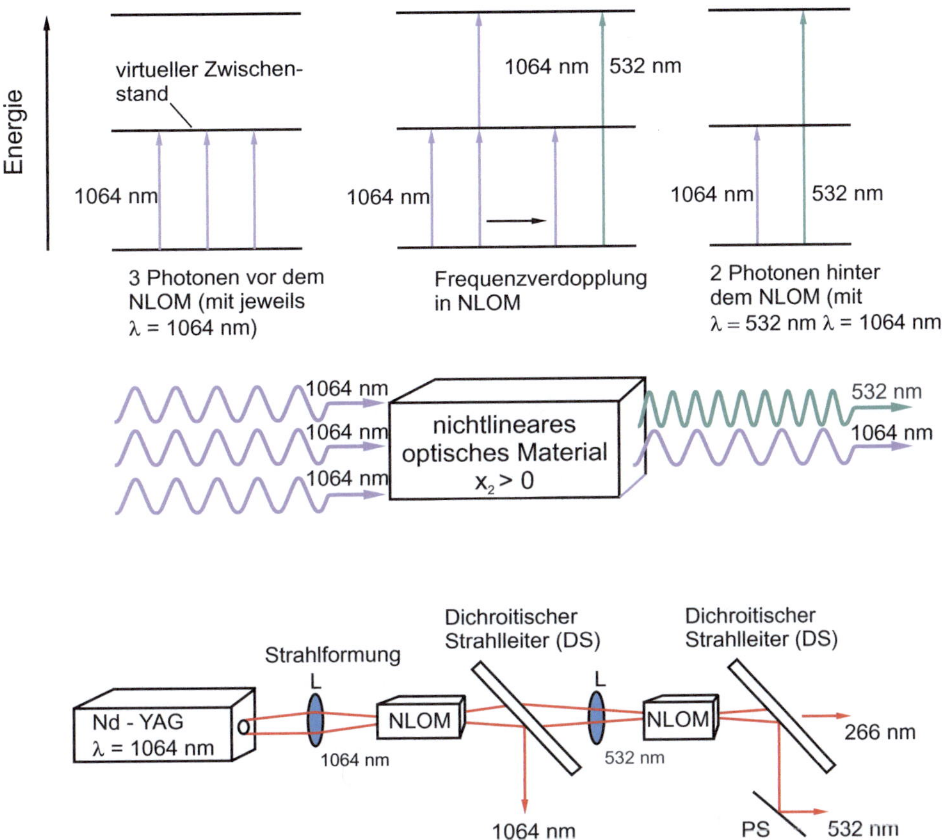

Abb. 3.39 Oben: im Photonenbild kann man sich die Frequenzverdopplung auch als eine ‚2-Photonenabsorption' über ein virtuelles Energieniveaus vorstellen; das ist allerdings nur eine Modellvorstellung zur Veranschaulichung des Vorgangs; unten: prinzipielle Darstellung einer Frequenzverdopplung von λ = 1064 nm → 532 nm bzw. 532 nm → 266 nm; L: Linse; DS: dichroitischer Strahlteiler; PC: Planspiegel

Angaben dazu finden sich in [8]. In der Abb. 3.39 ist die Frequenzverdopplung im NLMO schematisch dargestellt. Die verbleibenden Photonen mit λ = 1064 nm werden beispielsweise durch einen dichroitischen Strahlteiler abgelenkt und in einer ‚Strahlfalle' absorbiert. Das ist schematisch in der Abb. 3.39 skizziert, die auch eine weitere Frequenzverdopplung von λ = 532 nm auf λ = 266 nm darstellt.

Abschließend sei hier noch kurz angedeutet, wie es überhaupt zu der Frequenzvervielfältigung im NLMO kommt. Der elektrische Vektor $E(f,t)$ der EM-Welle des Laserlichts verursacht im NLMO an den Molekülen Ladungsverschiebungen, die im Takt der Anregungsfrequenz f schwingen. Im NLMO entstehen also kleine Dipole (schwingende Ladungen), so wie in Abschn. 3.1 beschrieben, jetzt allerdings in einer molekularen

Größenordnung. Es entstehen sogenannte Dipolmomente.[22] Die Polarisation P an dieser Stelle ist als Dipolmoment pro Volumen definiert und es gilt die folgende Proportionalität:

$$P \sim \chi \cdot E \tag{3.78}$$

Dabei ist χ die sogenannte elektrische Suszeptibilität. Sie ist eine Materialkonstante und man kann sie als ein Maß für die Polarisierbarkeit des Materials bei Anlegen eines elektrischen Feldes auffassen. Die obige Gleichung gilt für eine sogenannten ‚lineare Wechselwirkung' zwischen der Ursache (elektrisches Feld) und der Wirkung (schwingende Ladung, also Polarisation). Eine Analogie wäre die Auslenkung einer mechanischen Feder, wobei die rücktreibende Kraft F proportional zur Auslenkung x ist: $F = -D \cdot x$ ($D = $ ‚Federkonstante'). Dieser lineare Zusammenhang zwischen F und x führt dazu, dass die Auslenkung $x(t)$ der Feder mit einer harmonischen Sinusschwingung $x(t) \sim \sin(2 \cdot \pi \cdot f \cdot t)$ beschrieben werden kann. Bei sehr hoher Auslenkung allerdings ist die Rückstellkraft nicht mehr proportional zur Auslenkung. Das führt dazu, dass zur harmonischen Schwingung weitere Frequenzkomponenten dazukommen, die ein Vielfaches der Grundfrequenz sind. Das wird als ‚anharmonische Schwingung' bezeichnet. Mathematisch könnte man das berücksichtigen, indem man eine von der Auslenkung x abhängige Federkonstante D definiert und in einer Potenzreihe über x entwickelt. Für alle schwingungsfähigen Systeme ist der lineare Zusammenhang ohnehin nur eine Näherung, die bei kleinen Auslenkungen sehr gut zutrifft, aber umso ungenauer wird, je größer die Auslenkung ist. Zurück zum Laserlicht: bei einer sehr intensiven Einstrahlung (also hoher Leistungsdichte) sind auch die Dipolschwingungen nicht mehr rein linear zum anregenden elektrischen Feld. Sie führen also auch keine harmonische Schwingung mehr aus, sondern es treten ebenfalls weitere Frequenzkomponenten auf. Mathematisch kann man das berücksichtigen, indem man eine Suszeptibilität χ definiert, die von der Feldstärke E abhängt und in eine Potenzreihe über E entwickelt wird:

$$\chi(E) = \chi_1 + \chi_2 \cdot E + \chi_3 \cdot E^2 + \chi_4 \cdot E^3 + \dots \tag{3.79}$$

Damit erhält man für die Polarisation P:

$$P \sim \chi \cdot E = \chi_1 \cdot E + \chi_2 \cdot E^2 + \chi_3 \cdot E^3 + \chi_4 \cdot E^4 + \dots = P_1 + P_2 + \dots \tag{3.80}$$

Wenn für E eine harmonische Schwingung, also $E = E_0 \cdot \sin(2 \cdot \pi \cdot f \cdot t)$ angenommen wird dann beschribt der Term $P_1 = \chi_1 \cdot E_0 \cdot \sin(2 \cdot \pi \cdot f \cdot t)$ den linearen Anteil und für P_2 erhält man:

$$P_2 = \chi_2 \cdot E^2 = \chi_2 \cdot E_0^2 \cdot \sin^2(2 \cdot \pi \cdot f \cdot t) \tag{3.81}$$

---

[22] Das elektrische Dipolmoment ist ein Maß für die räumliche Ladungstrennung, also die Stärke des Dipolcharakters (z. B. eines Moleküls).

Mit der Beziehung $\sin^2(x) = \frac{1}{2} \cdot (1 - \cos(2 \cdot x))$ erhält man damit:

$$P_2 = \frac{1}{2} \cdot \chi_2 \cdot E_0^2 (1 - \cos(2 \cdot \pi \cdot 2 \cdot f \cdot t)) \tag{3.82}$$

$$\Rightarrow P_2 = \frac{1}{2} \cdot \chi_2 \cdot E_0^2 - \frac{1}{2} \chi_2 \cos(2 \cdot \pi \cdot 2 \cdot f \cdot t)$$

Der erste Term ist eine Konstante und beschreibt eine Verschiebung des Mittelpunkts der Schwingung und der 2. Term beschreibt eine ‚Oberwelle‘, die mit der doppelten Frequenz $2 \cdot f$ der Anregungsfrequenz f schwingt. Dieser Term beschreibt die Frequenzverdopplung. Aus dem 3. Term von Gl. 3.80 würde man eine Verdreifachung der Frequenz $3 \cdot f$ erhalten.

Weiterführende Darstellungen zu den Themenbereichen Nd-YAG-Laser/Erzeugung von Laserpulsen/Frequenzvervielfachung finden sich in [8, 9].

Faserlaser
Bei diesen Festkörperlasern ist das laseraktive Medium eine dotierte Quarzglasfaser.

Häufige Dotierungselemente für die Lasermaterialbearbeitung sind Ytterbium = Y ($\lambda = 1030$ nm) und Neodym = Nd ($\lambda = 1064$ nm). Die Faser wird zum Resonator durch eine Verspiegelung der Faserenden oder durch ein sogenanntes ‚Faser-Bragg-Gitter‘ an dieser Stelle.[23] Das Pumpen erfolgt durch fasergekoppelte Diodenlaser, indem über die Endfläche in den Mantel der Faser eingestrahlt wird – vgl. die folgende Abb. 3.40. Bei den mit Nd dotierten Fasern wird dabei wie beim Nd-YAG-Laser mit $\lambda = 808$ nm gepumpt. Im Prinzip könnte dabei das Pumplicht durch eine Optik auf die Faserendfläche fokussiert werden, aber auch ein ‚Spleißen‘ (Verbinden) der Pumpfaser und der Laserfaser ist möglich.[24] Nur der sogenannte ‚Faserkern‘ bildet in der Faser das laseraktive Medium. Bei ‚single mode‘ – Fasern beträgt der Kerndurchmesser nur wenige µm und die Laserstrahlung besteht nur aus dem Mode TEM_{00}, entsprechend gut ist die Strahlqualität. Der Faserkern ist vom deutlich größeren Fasermantel (oft auch als ‚Cladding‘ bezeichnet) umgeben, an den sich dann eine Schutzschicht anschließt. Das Pumplicht wird an der äußeren Begrenzung des Fasermantels totalreflektiert und erzeugt beim Passieren des Faserkerns die Inversion. Faserlaser sind sehr effizient, weil das

---

[23] Dabei wird mit einem UV-Laser (z. Bsp. Excimerlaser) eine periodische Mikrostruktur in das Faserende geschrieben. Dadurch entsteht ein entsprechend dieser Struktur periodisch veränderter Brechungsindex im Material. Je nach Periodenlänge der Mikrostruktur wird dann eine bestimme Lichtwellenlänge reflektiert. Eine formale Analogie besteht zur sogenannten ‚Bragg-Reflexion‘ von Röntgenstrahlung an der Gitterstruktur von Kristallen, wo die Reflexion auch nur auftritt, wenn die Periodizität der Gitterstruktur im Kristall zur Wellenlänge und zum Einfallswinkel der Röntgenstrahlung passt.

[24] Beim Spleißen werden die beiden Faserenden zueinander positioniert und dann durch einen Lichtbogen verschmolzen.

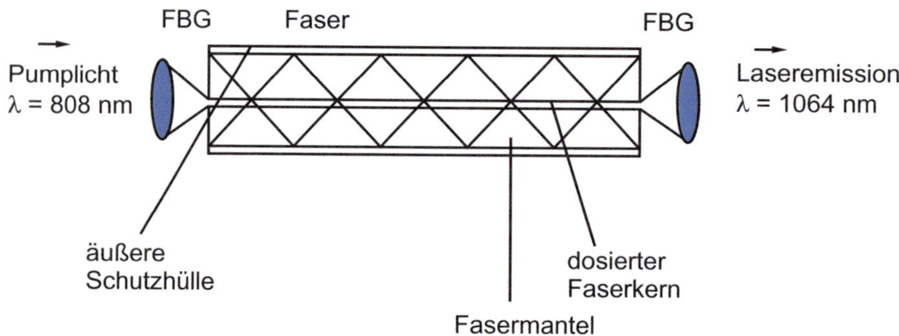

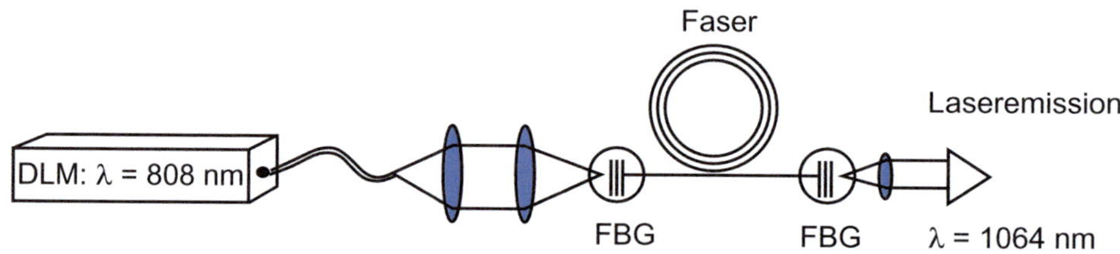

Abb. 3.40 Oben: Ausbreitung des Pumplichts in einer Faser; DLM: fasergekoppeltes Laser-diodenmodul mit $\lambda = 808$ nm Pumpwellenlänge; FBG: F̲aser-B̲ragg-G̲itter; unten: Schematische Grundanordnung eines Faserlasers nach [9]

Pumplicht fast verlustfrei in die Faser eingekoppelt werden kann und auch der größte Teil des Pumplichts in Laserstrahlung umgewandelt wird. Es wird also vergleichsweise wenig Energie in Wärme umgewandelt. In dieser Hinsicht ist es auch ein Vorteil, dass die Ummantelung der Faser sehr groß ist im Vergleich zum aktiven Medium, weil über sie die Verlustwärme abgeführt wird. Die Abb. 3.40 zeigt die prinzipielle Anordnung eines Faserlasers und den Aufbau und Pumpvorgang in einer dotierten Faser.

Durch das Pumpen mit nur einem fasergekoppelten Diodenlaser ist allerdings keine besonders hohe Ausgangsleistung des Faserlasers zu erzielen. Deshalb wird das Pump-licht mehrerer Pumpdioden über sogenannte ‚Pumpkoppler' zusammengeführt und dann in beide Faserenden eingekoppelt. Die typische Ausgangsleistung einer einzelnen Pumpdiode beträgt einige Watt und deren Fasern sind sogenannte ‚Multimodefasern'. Sie haben mit beispielsweise 50 … 200 μm deutlich größere Kerndurchmesser als die Singlemodefaser des Faserlasers. Durch die Verteilung des Pumplichts auf mehrere Laserdioden wird außerdem eine hohe Redundanz erreicht. Der Ausfall einer oder sogar mehrerer Laserdioden führt nicht zum Ausfall des Faserlasers. Meistens wird sogar bis zu einem gewissen Maß die Leistung der verbliebenen Pumpdioden automatisch erhöht, sodass trotz Degeneration oder Komplettausfall einer Pumpdiode die Pump-energie und damit die Ausgangsleistung des Faserlasers unverändert bleibt. Das Pumpen

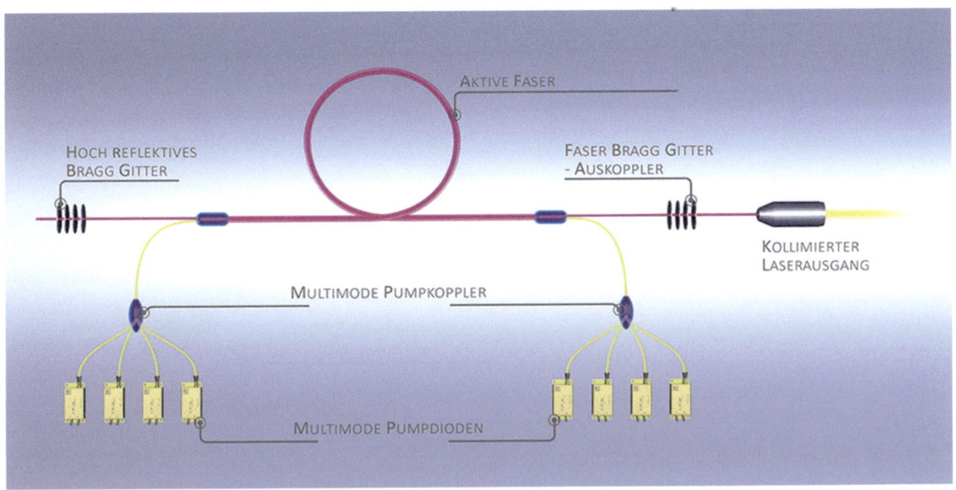

Abb. 3.41 Schematische Darstellung der Pumpanordnung mehrerer Laserdioden, sowie der Zusammenführung und Einkopplung des Pumplichts in die beiden Faserenden. (Quelle: Web-Seite der IPG Laser GmbH)

mit mehreren Laserdioden und die Kopplung des Pumplichts wird schematisch in der Abb. 3.41 gezeigt.

Die Einkopplung des Pumplichts erfolgt bei dieser Anordnung nicht direkt in den Mantel der Singlemodefaser sondern in den ‚Pumpkern‘ einer weiteren, größeren Faser, einer sogenannten ‚Verstärkungsfaser‘ oder ‚Pumpfaser‘. Dies ist eine Multimodefaser mit einem undotierte ‚Pumpkern‘ (ca. 100 … 400 μm) aus Quarzglas, der von einer Kunststoffschicht umgeben ist, an der das Pumplicht mehrfach reflektiert wird. Das ist in der Abb. 3.42 dargestellt.

Um noch höhere Ausgangsleistungen zu erzielen, kann die Laseremission einzelner Singlemode-Faserlaser durch Strahlkombinierer oder direkte Kopplung der Fasern zusammengefasst werden und dann in eine Multimodefaser eingekoppelt werden. Über diese können Laserleistungen im kW-Bereich geführt und ausgekoppelt werden, allerdings ist deren Strahlqualität schlechter im Vergleich zu Singlemode-Faserlasern. Bei diesen wird eine Strahlqualität von $M^2 < 1{,}1$ erreicht, bei ‚Doppelmantel-Faserlasern‘ von $M^2 < 1{,}2$. Bei Auskopplung der Laserstrahlung wird neben Kollimationsoptiken auch immer ein ‚optischer Isolator‘ eingesetzt.[25] Unerwünschte Rückreflektionen

---

[25] Dabei wird ausgenutzt, dass manche Materialien die Polarisation des Lichts drehen, wenn an sie ein Magnetfeld angelegt wird (‚Faraday-Effekt‘). Die Magnetfeldstärke wird so gewählt, dass eine Drehung der Polarisation um 45° erfolgt. Durch Polarisationsfilter, die sich vor und hinter dem Material befinden und deren Polarisationsrichtung um 45° zueinander verdreht ist wird zurückreflektiertes Licht vom vorderen Polarisationsfilter geblockt.

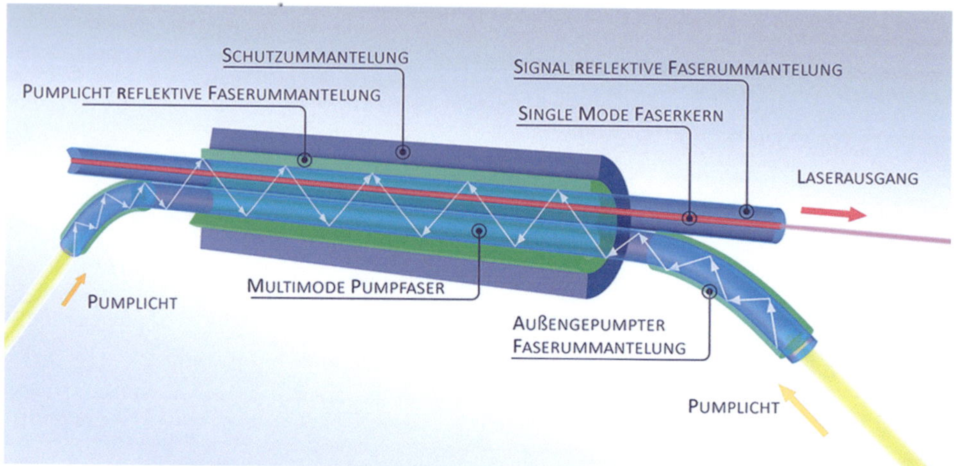

Abb. 3.42 Aufbau einer ‚Doppelmantelfaser'. Das Pumplicht wird in die große Multimode-Pumpfaser eingekoppelt, die wiederum die Singlemodefaser umschließt, in deren Kern die Laserstrahlung erzeugt wird. (Quelle: Web-Seite der IPG Laser GmbH)

vom Werkstück zurück in den Laserresonator werden so vermieden. Sie könnten zu Leistungsschwankungen führen oder im schlimmsten Fall sogar zur Beschädigung des Resonators.

Der elektro-optische Wirkungsgrad (‚Steckdosenwirkungsgrad' – vgl. auch die Fußnote 16) eines Faserlasers liegt typischerweise bei ca. 25 %. Es werden aber auch Wirkungsgrade von bis zu 40 % erzielt [9]. Ein Beispiel aus der Praxis: im Datenblatt eines gepulsten Faserlasermoduls mit $P_{\text{Licht}} = 20$ W Ausgangsleistung (typische Anwendung: Laserbeschriftung) mit drei eingebauten Ventilatoren zur aktiven Kühlung wird bei einer Versorgungsspannung von $U = 24$ V_{DC} eine maximale Stromaufnahme von $I = 3,5$ A angegeben. Die maximale Leistungsaufnahme P_{max} wäre damit $P_{\text{max}} = U \cdot I = 84$ W. Damit werden ca. 24 % von P_{max} in Laseremission P_{Licht} umgewandelt (elektro-optischer Steckdosenwirkungsrad). Die maximale Stromaufnahme der eingebauten Ventilatoren beträgt ca. 1 A bei 24 V_{DC}, was einer Leistungsaufnahme von 24 W entspricht. Die Leistungsaufnahme des Lasermoduls ohne die Kühlleistung wäre demnach nur (84–24) W $= 60$ W, sodass der elektro-optische Wirkungsgrad ohne Kühlleistung ca. 20/60, also ca. 33 % beträgt. Der optisch-optische Wirkungsgrad würde sogar im Bereich von 50 % liegen. Faserlaser kommen gegebenenfalls sogar bis in den Bereich einiger 100 W ohne eine Wasserkühlung aus, wobei dies natürlich auch immer von den Umgebungsbedingungen abhängt. Bei schlechter Luftzirkulation und/oder hoher Umgebungstemperatur empfiehlt sich eine Wasserkühlung natürlich trotzdem schon bei deutlich geringeren Leistungen. Ein weiterer Vorteil ist die hohe Lebensdauer, die man mit >20.000 Betriebsstunden ansetzen kann. Sie hängt im wesentlich von der Lebensdauer der Pumpdioden ab und es werden von den Herstellern hierzu oft noch größere Lebensdauern angegeben.

Gepulste Faserlaser – MOPA-Faserlaser

Bei den für die Lasermaterialbearbeitung erforderlichen Ausgangsleistungen werden bei Pulslasern im Q-switch Betrieb meistens zwei Laserresonatoren in Reihe geschaltet. Sie bestehen aus dem sogenannten ‚Master Oszillator' (MO) – oft auch ‚Seedlaser' genannt – und einem Verstärker, auch als ‚Power Amplifier (PA) bezeichnet'. Der MO erzeugt dabei eine Laseremission mit geringer Ausgangsleistung, die dann in den Resonator des PA eingekoppelt wird. Dessen Inversion wird von der Laserstrahlung des MO abgeräumt. Die Ausgangsleistung des MO liegt maximal im Bereich von nur einigen 100 mW. Sie wird so eingestellt, dass sich die damit erreichte Verstärkung im Resonator des PA bereits in der Sättigung befindet. Das bedeutet, dass Leistungsschwankungen der Laseremission des MO sich kaum noch auf die Ausgangsleistung hinter dem PA auswirken. Auf diese Weise werden bessere Puls zu Puls Stabilitäten und auch eine bessere Konstanz von Pulsdauer und Pulsenergie erreicht. Diese Pulslaser werden auch kurz als ‚MOPA-Pulslaser', also ‚Master Oszillator Power Amplifier-Pulslaser' bezeichnet. Bei ihnen können die Pulslängen außerdem in der Regel über eine vom Hersteller mitgelieferte Kontrollsoftware eingestellt werden. Sie liegen typischerweise im Bereich von ca. 1,5…500 ns, wobei beispielsweise Pulszeiten von 1,5; 2,5; 4; 8; 16; 30; 50; 120; 200; 350 und 500 ns eingestellt werden können. Über diese Software werden meistens auch Statusmeldungen des Lasermoduls angezeigt, wie u. a. Temperatur, Betriebsstatus oder Fehlermeldungen. Außerdem könnte hier auch die Taktfrequenz vorgegeben werden, die typischerweise im Bereich von 2 … 4000 kHz liegt. Sie wird im Lasermodul intern erzeugt. Allerdings besteht auch die Möglichkeit die Taktfrequenz über 5 V_{DC} – TTL-Pulse von extern an das Lasermodul zu geben. Die Pulsfrequenz wird meistens durch eine Steuerkarte (meistens eine PCI oder PCIe Karte) eines PC's vorgegeben, der wiederum die Laserbearbeitung über eine ‚Laser und Scannersoftware' steuert. Genaueres dazu und zur ‚Laser und Scannersoftware' findet man in Abschn. 10.3. Nehmen wir als Beispiel wieder einen 20 W MOPA-Pulslaser: angenommen die Lasermaterialbearbeitung soll mit einer Pulslänge von 1,5 ns erfolgen und dabei auch die maximale Durchschnittsleistung von $P_{Licht} = 20$ W erreicht werden. Im Datenblatt wird für diese Pulslänge eine Pulsenergie von $E_{puls} = 14$ µJ angegeben. Dann ergibt sich aus $P_{Licht} = E_{Puls} \cdot tf = 20$ W – vgl. Gl. 3.71 – eine erforderliche Taktfrequenz von $tf = 1{,}4$ MHz. Bei geringerer Taktfrequenz würde die Durchschnittsleistung entsprechend sinken, die Pulsenergie ändert sich jedoch nicht. Bei einer einfacheren Version von Puls-Faserlasern ist das allerdings nicht der Fall. Und zwar wenn die Pulsdauer unveränderlich ist. Bei diesen etwas preisgünstigeren Pulslasern kann nur die Taktfrequenz und die gewünschte Durchschnittsleistung gewählt werden und die Pulsenergie wird dann automatisch angepasst. Nehmen wir wieder einen Pulslaser mit einer maximalen Durchschnittsleistung von $P_{Licht} = 20$ W als Beispiel, bei dem die Pulslänge mit 120 ns fest eingestellt ist und im Datenblatt eine maximale Pulsenergie von $E_{Puls} = 1$ mJ angegeben wird. Wenn jetzt die volle Durchschnittsleistung von 20 W erreicht werden soll, folgt aus $P_{Licht} = E_{Puls} \cdot tf$, dass beispielsweise bei $tf = 20$ kHz die maximale Pulsenergie von 1 mJ erreicht wird. Wenn dieser Laser aber mit $tf = 100$ kHz Taktfrequenz und voller Ausgangsleistung betrieben werden soll, dann würde die Pulsenergie E_{Puls} nur noch 0,2 mJ betragen. Diese Pulslaser tragen oft nicht die Bezeichnung ‚MOPA' im Modellnamen, sie enthalten aber ebenfalls einen ‚MO' und ‚PA'. Weiterführende Darstellungen zu dem Themenbereich ‚Faserlaser' findet man in [8, 9].

CO_2-Laser

Bei diesem Laser bildet eine Mischung aus CO_2-, N_2- und He-Gas das Lasermedium. Das obere und untere Laserniveau sind Energieniveaus von CO_2 Molekülschwingungen, also keine ‚elektronischen Übergänge', d. h. keine Sprünge von Elektronen auf höhere Energieniveaus bzw. deren Rücksprung auf niedrigere Energieniveaus. Genau wie die ‚elektronischen Übergänge' weisen auch Molekülschwingungen diskrete (‚quantisierte') Energieniveaus auf. Die Energiedifferenz zwischen Schwingungsenergieniveaus ist jedoch ca. eine Größenordnung kleiner. Bei Molekülen schließen sich den elektronischen Energieniveaus die Schwingungsenergieniveaus an, d. h. oberhalb der elektronischen Energieniveaus befinden sich diskrete Schwingungszustände des Moleküls. Diese Schwingungsenergieniveaus sind wiederum von diskreten Rotationsenergieniveaus überlagert, deren Energiedifferenz zueinander viel kleiner als die der Schwingungs- niveaus ist. Diese Rotationsniveaus sind auch beim CO_2-Molekül vorhanden und führen zu einer weiteren ‚Feinaufspaltung' der Schwingungsniveaus. Dies wird im Folgenden aber nicht weiter berücksichtigt. Die ‚Quantisierung' der Energie im Mikrokosmos (vgl. Abschn. 3.3) gilt also auch für die Schwingungs- und Rotationsenergie von Molekülen. Schematisch ist das in der Abb. 3.43 dargestellt. Beim CO_2-Molekül können die folgenden drei Schwingungsarten auftreten, die dort ebenfalls dargestellt sind.

1) Biegeschwingung (*010*)
2) Symmetrische Streckschwingung (*100*)
3) Asymmetrische Streckschwingung (*001*)

Dem laseraktiven CO_2-Gas sind außerdem noch N_2-Gas sowie He-Gas beigemischt. Die N_2-Moleküle dienen dazu, die Energie aus angeregten Schwingungszuständen an das CO_2-Molekül zu übertragen und es damit energetisch auf das obere Laserniveau anzu- heben, während das He-Gas durch Stöße mit den CO_2-Molekülen die Besetzung des untersten Schwingungszustands schneller abbaut. Die Anordnung der Schwingungs- energieniveaus des CO_2-Moleküls zeigt die Abb. 3.44.

Es gibt zwei Laserübergänge, und zwar zwischen den Energieniveaus (*001*) und (*100*) sowie zwischen (*001*) und (*020*). Die Laseremission mit $\lambda = 10{,}6\,\mu\text{m}$ wird in der Lasermaterialbearbeitung am häufigsten verwendet. Die Laseremission mit $\lambda = 9{,}3\,\mu\text{m}$ ist schwächer, allerdings für manche Werkstoffe interessant, die bei dieser Wellenlänge eine höhere Absorption als bei $\lambda = 10{,}6\,\mu\text{m}$ aufweisen [9]. Durch die Gasentladung, die durch die an den Kupferelektroden anliegende Hochfrequenzspannung ausgelöst wird, kann das obere Laserniveau durch eine elektronische Stoßanregung besetzt werden, im Wesentlichen geschieht dies jedoch durch einen Energietransfer vom ersten angeregten

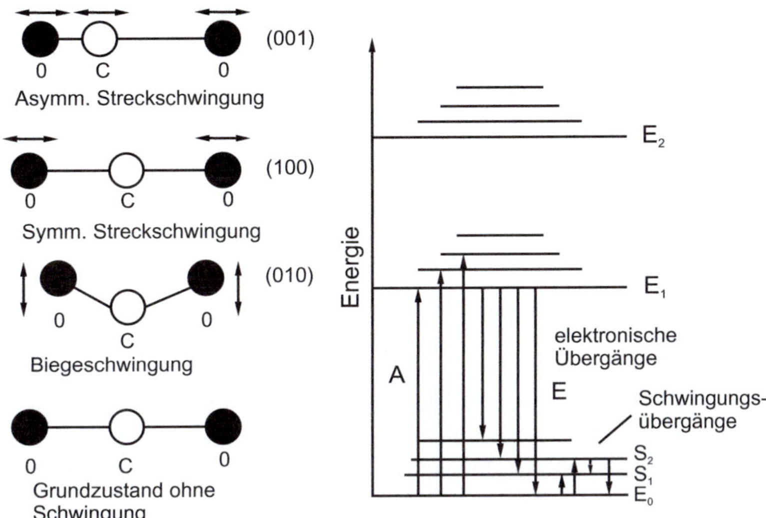

Abb. 3.43 Links: Schwingungsformen des CO_2-Moleküls; rechts: schematische und stark vereinfachte Darstellung der elektronischen- und der Schwingungsenergieniveaus eines Moleküls; die Schwingungsenergieniveaus schließen sich an die elektronischen Energieniveaus an, haben jedoch eine deutlich geringere Energiedifferenz zueinander; elektronische Übergänge durch Absorption (A) erfolgen in der Regel vom Grundzustand E_0 aus und können auch Schwingungsniveaus anregen. Emissionsübergänge (E) erfolgen in der Regel vom ersten angeregten elektronischen Zustand E_1 und können Schwingungsniveaus des Grundzustandes E_0 anregen; die Emission (E) wird auch als ‚Fluoreszenz' bezeichnet und sie ist u. a. wegen der Schwingungsniveaus langwelliger als die Absorptionsübergänge

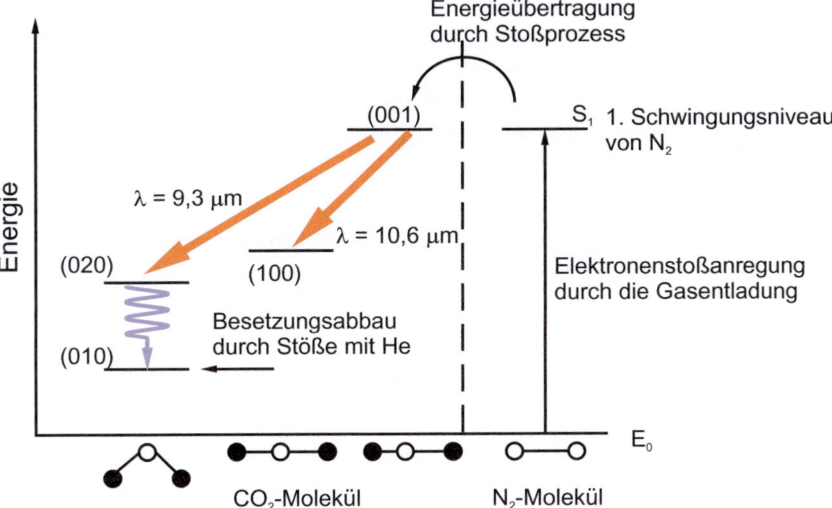

Abb. 3.44 Schematische Darstellung der niedrigsten Schwingungszustände des CO_2- und des N_2-Moleküls

Schwingungszustand des N_2-Moleküls auf das CO_2-Molekül. Das N_2-Molekül wird ebenfalls durch die Gasentladung angeregt und überträgt seine Energie durch einen Stoßprozess auf das CO_2-Molekül. Dabei geht das N_2-Molekül wieder in den Grundzustand über, während das CO_2-Molekül energetisch in das obere Laserniveau angehoben wird. Diese Energieübertragung funktioniert sehr gut, weil die Energien der beiden beteiligten Schwingungsniveaus fast identisch sind (sogenannte ‚resonante Energieübertragung'; für die Energiedifferenz dE zwischen den beiden Niveaus gilt näherungsweise d$E \cong 0$).

$$N_2^*(S_1) + CO_2 \Rightarrow N_2 + CO_2^*(001) + dE \tag{3.83}$$

* angeregter Schwingungszustand

Die Schwingungszustände des N_2-Moleküls sind sogenannte ‚metastabile' Zustände und deshalb sehr langlebig [8]. Dadurch steigt die Wahrscheinlichkeit, dass das N_2-Molekül seine Schwingungsenergie auf ein CO_2-Molekül überträgt. Das N_2-Molekül kann somit als ein langlebiger Energiespeicher für den Laserprozess angesehen werden. Vom unteren Laserniveau geht das CO_2-Molekül sehr schnell in den niedrigsten Schwingungszustand (*010*) über. Dieser Zustand ist ebenfalls relativ langlebig, was für den Laserprozess ungünstig wäre. Allerdings sorgt hier das He-Gas als Stoßpartner dafür, dass auch die Besetzung dieses Zustands schnell abgebaut wird. Das He-Gas bildet mit ca. 60 % Volumenanteil sogar den größten Teil der Gasfüllung, während auf die CO_2- und N_2-Gase ungefähr jeweils 20 % Volumenanteil entfallen. CO_2-Laser sind immer noch eine der am häufigsten eingesetzten Laser für die Lasermaterialbearbeitung. Es können im cw-Betrieb Leistungen bis zu 100 kW und im Pulsbetrieb bis zu 100 kJ erreicht werden [9]. Allerdings ist der Wirkungsgrad schlechter im Vergleich zu diodengepumpten Festkörperlasern bzw. Faserlasern, sodass viel Wärmeenergie durch Kühlung abgeführt werden muss. Bei Lasersystemen mit sehr hohen Ausgangsleistungen erfolgt das durch ‚Strömungskühlung', d. h. die Wärme wird durch einen permanenten Gasaustausch abgeführt. Das warme Lasergas durchläuft dann ein Kühlsystem und kann dann nach der Abkühlung wieder dem Resonator zugeführt werden. Beim Gasumlauf kann auch permanent oder in bestimmten Zeitabständen neues, also unverbrauchtes Gas zugegeben werden, um einer Degeneration des Gases entgegenzuwirken. Ein Degenerationsprozess ist die Dissoziation von CO_2, was zur Bildung von CO-Moleküle führt.

$$2 \cdot CO_2 \Rightarrow 2 \cdot CO + O_2 \tag{3.84}$$

Es gibt viele ausgeklügelte und technisch anspruchsvolle Konzepte zur Strömungskühlung, die in der Fachliteratur genauer beschrieben werden [9].

Eine weitere wichtige Bauform sind die sogenannten ‚sealed off' – Resonatoren. Die Lasergase befinden sich dabei dauerhaft im Resonator, ohne dass ein Gasaustausch stattfinden muss. Um die Degeneration des Lasergases zu verhindern werden drei weitere

Abb. 3.45 Schematische Darstellung von Komponenten sowie der Grundanordnung eines ‚sealed-off' CO_2-Lasers; KE: Kupferelektrode: RS: Resonatorspiegel, AS: Auskoppelspiegel, WK: Wasserkühlung, HF-G: Hochfrequenz-Generator

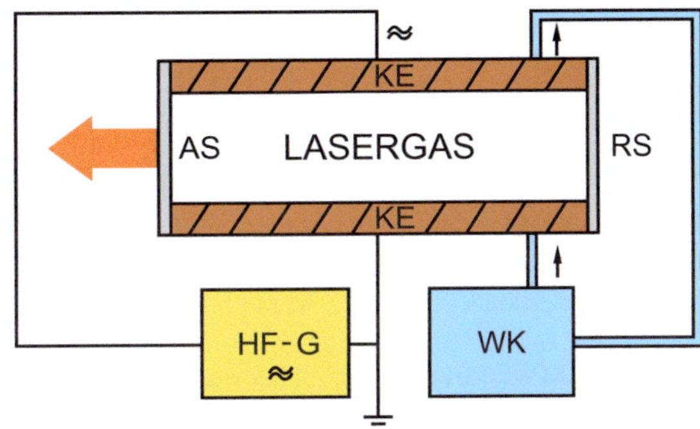

Gase zugemischt, und zwar H_2 und O_2 sowie H_2O (als Wasserdampf). Dadurch können die CO-Moleküle wieder in CO_2-Moleküle umgewandelt werden.[26]

$$CO + H_2 + O_2 \Rightarrow CO_2 + H_2O \tag{3.85}$$

Gekühlt wird das Lasergas durch die Wärmeabgabe an die massiven stabförmigen Kupferelektroden, die wiederum durch einen Wasserkreislauf gekühlt werden. Durch diese ‚Diffusionskühlung' sind Laserleistungen bis in den kW-Bereich möglich. Im Leistungsbereich von ca. $\leq 80\,W$ können die Laser sogar noch luftgekühlt betrieben werden. Allerdings ist es auch hier je nach Umgebungs- und Einbaubedingungen gegebenenfalls besser ein wassergekühltes System einzusetzen. Eine typische Angabe zur ‚Lebensdauer' eines Lasergases ist ‚ca. 10.000 Betriebsstunden'. Dieser Wert ist dabei oft so definiert, dass nach dieser Zeit die maximale Ausgangsleistung nur noch 80 % der anfänglichen Maximalleistung beträgt. Das ist allerdings nur als Richtwert zu verstehen, denn natürlich hängt es auch von der Inanspruchnahme des Lasers über diese Zeitdauer ab. Es ist auf jeden Fall sinnvoll, bei einer Beschaffung die Ausgangsleistung so zu dimensionieren, dass am Anfang der Lebensdauer die Laserbearbeitung mit deutlich < 80 % der Maximalleistung durchgeführt wird, sodass man mit fortlaufenden Betriebsstunden (d. h. abnehmender Ausgangsleistung) noch Leistungsreserven hat und die Leistung entsprechend nachregeln kann. Die Abb. 3.45 fasst schematisch die Komponenten und die Grundanordnung eines ‚sealed off' CO_2-Laser zusammen. Eine weiterführende Darstellung zu dem Themenbereich ‚CO_2-Laser' findet man in [8, 9].

---

[26] Diese Gleichung ist nur als formale Bilanzgleichung zu verstehen. Für die Umwandlung von CO zu CO_2 sind weitere Zwischenschritte und Reaktionspartner nötig, und zwar eine Dissoziation von O_2 in O bzw. von H_2O in OH^-. Außerdem spielt das Elektrodenmaterial eine Rolle als Katalysator – genaueres dazu findet man in der Literatur, z. Bsp. in [8, 9].

Literatur

1. Dorn – Bader (2019) Physik Sek II Qualifikationsphase Gymnasium. Westermann Gruppe
2. Dransfeld K, Kienle P (2002) Physik II – Elektrodynamik und spezielle Relativitätstheorie. Oldenbourg Wissenschaftsverlag GmbH
3. Haken H, Wolf HC (1993) Atom- und Quantenphysik. Einführung in die experimentellen und theoretischen Grundlagen, 5. Aufl. Springer, Berlin Heidelberg
4. Mayer-Kuckuck T (1994) Atomphysik: Eine Einführung, 4. Aufl. Vieweg + Teubner, Wiesbaden
5. Sigrist MW (2018) Laser: Theorie, Typen und Anwendungen, 8. Aufl. Springer Spektrum, Berlin
6. Lange W (1994) Einführung in die Laserphysik, 2. Aufl. Wissenschaftliche Buchgesellschaft, Darmstadt
7. Hügel H (1992). Strahlwerkzeug Laser. Eine Einführung. B.G. Teubner, Stuttgart
8. Eichler J, Eichler HJ (2003) Laser – Bauformen, Strahlführung. Springer, Anwendungen
9. Bliedtner J, Müller H, Bartz A (2013) Lasermaterialbearbeitung, Grundlagen – Verfahren – Anwendungen – Beispiele. Fachbuchverlag Leipzig im Carl Hanser, München

Inhaltsverzeichnis

4.1   Was jeder Anwender über Laser und sein Gefährdungspotenzial wissen sollte

Laserstrahlung unterscheidet sich von natürlichen (z. B. der Sonne) oder künstlichen Lichtquellen (z. B. einer Glühbirne) u. a. durch die folgenden Eigenschaften:

1. sie ist monochromatisch, d. h. die Laseremission findet nur in einem spektral sehr schmalen Wellenlängenbereich statt
2. der Strahl breitet sich nur in eine Richtung aus, ist gebündelt und verläuft nahezu parallel
3. aus 2 folgt, dass die Energie- bzw. Leistungsdichte im Vergleich zu anderen Strahlquellen extrem groß ist
4. im Pulsbetrieb wird eine sehr hohe Leistungsdichte (Energie pro Fläche und der Zeitdauer des Pulses) erreicht
5. sie ist kohärent

© Der/die Autor(en), exklusiv lizenziert an Springer Fachmedien Wiesbaden GmbH, ein Teil von Springer Nature 2023
C. Kollbach et al., *Von der Laserbeschriftung bis zum Lasermaterialabtrag*,
https://doi.org/10.1007/978-3-658-38130-1_4

Abb. 4.1 zeigt den Ausschnitt des elektromagnetischen Spektrums vom ultravioletten Bereich bis zum Infrarotbereich, in dem die Wellenlänge einiger wichtiger und in diesem Buch behandelten Laserquellen eingetragen ist.

Die unter 1 und 5 genannten Eigenschaften bedingen einander: je schmalbandiger die Laseremission ist, umso größer ist in der Regel die Kohärenzlänge des Lasers. Die in diesem Buch beschriebenen Laserstrahlquellen haben typischerweise eine spektrale Bandbreite von beispielsweise einem nm (1 nm = 10^{-9} m). Das ist relativ groß für eine Laserstrahlquelle und hängt mit der hohen Ausgangsleistung von Materialbearbeitungslasern zusammen. Ihre Kohärenzlänge ist daher sehr klein. Kohärenz bedeutet, dass die Phasenbeziehung der einzelnen Wellenzüge der Laseremission sich über einen weiten Bereich nicht ändert – vgl. Abb. 4.2. Die einzelnen Lichtwellenzüge schwingen also bei ihrer Ausbreitung im Takt. Wie marschierende Soldaten im Gleichschritt. Je länger (räumlich und zeitlich) dies der Fall ist, desto grösser ist die Kohärenzlänge der Laseremission – vgl. auch Abschn. 3.5. Im Vergleich zu Laserstrahlquellen umfasst das Emissionsspektrum einer Glühbirne oder der Sonne einige 100 nm und auch eine

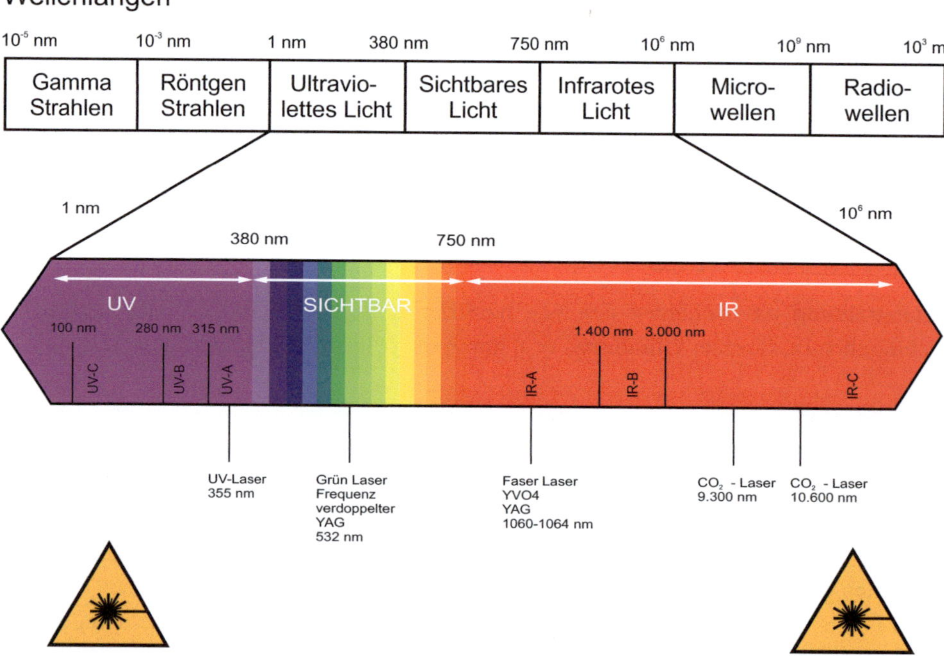

Abb. 4.1 Der sogenannte ,optische Bereich' des elektromagnetischen Spektrums mit der Unterteilung der Wellenlängenbereiche und der Wellenlänge einiger wichtiger Laserstrahlquellen. UV: ultravioletter Spektralbereich, unterteilt in UV-A, UV-B, UV-C. Der für das menschliche Auge sichtbare Spektralbereich wird oft mit VIS = visible abgekürzt. IR: infraroter Spektralbereich, aufgeteilt in den nahen Infrarotbereich NIR (IR-A), den mittleren Infrarotbereich MIR (IR-B) und den fernen Infrarotbereich FIR (IR-C)

Abb. 4.2 Kohärente
Ausbreitung des Laserlichts

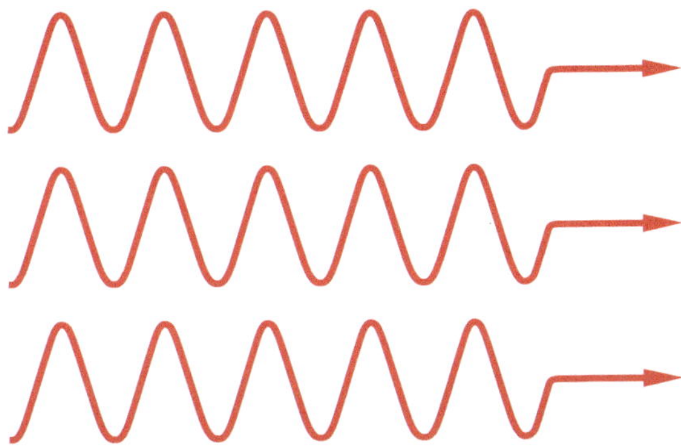

LED hat noch eine Emissionsbandbreite von ca. 20 nm. Diese Lichtquellen weisen praktisch keine Kohärenz auf.

Beide Eigenschaften sind für den Menschen jedoch nicht gefährlich. Das Gefährdungspotenzial ergibt sich durch die unter 2, 3 und 4 genannten Eigenschaften. Wenn man beispielsweise eine Laserleistung von 100 W und einen Strahldurchmesser von 2 mm annimmt, so erhält man bereits eine Leistungsdichte von $(100/(\pi \cdot r^2) \cong 32$ W/ mm$^2 = 3{,}2 \cdot 10^3$ W/cm^2. Wenn der Laserstrahl durch eine Linse fokussiert wird, liegt der Fokusdurchmesser im Bereich einiger 1/100 mm. Wenn man beispielsweise einen Fokusdurchmesser von 20 µm$=0{,}02$ mm annimmt, so ergibt sich für das obige Beispiel im Fokuspunkt eine Leistungsdichte von $3{,}2 \cdot 10^7$ W/cm^2. Hinter dem Fokuspunkt divergiert der Laserstrahl und die Leistungsdichte nimmt mit zunehmendem Abstand entsprechend ab. Bei Hochleistungslasern für die Materialbearbeitung ist aber auch dieser Bereich insbesondere für die Augen gefährlich. Das gilt auch für Streustrahlung, dass durch Reflektion am Werkstück oder sonstigen Komponenten entsteht (Abb. 4.3).

Auch bei Pulslasern ist Leistungsdichte als Durchschnittsleistung pro Fläche definiert. Auch bei einer geringen Pulsenergie kann es durch eine hohe Taktfrequenz der Pulse zu einer entsprechend hohen Durchschnittsleistung der Laseremission und dadurch bedingten thermischen Effekten im Gewebe kommen. Die einzelnen Laserpulse selbst können aber auch für sich genommen bereits schädlich für die Haut oder die Augen sein. Das ist umso mehr der Fall, je kleiner die Pulsdauer ist und je höher die Energie pro Puls ist. In diesem Fall kann es auch durch nichtthermische Prozesse zu einer lokalen Beeinträchtigung des Gewebes oder sogar dessen Zerstörung kommen [1]. Im Prinzip ist das mit einer Lasermaterialbearbeitung mit kurzen Laserpulsen vergleichbar: je länger die thermische Relaxationszeit des Materials im Vergleich zur Pulslänge ist, desto weniger wird die Energie des Laserpulses in Wärme umgewandelt, sondern führt zu einem nichtthermischen Materialabtrag (Abb. 4.4).

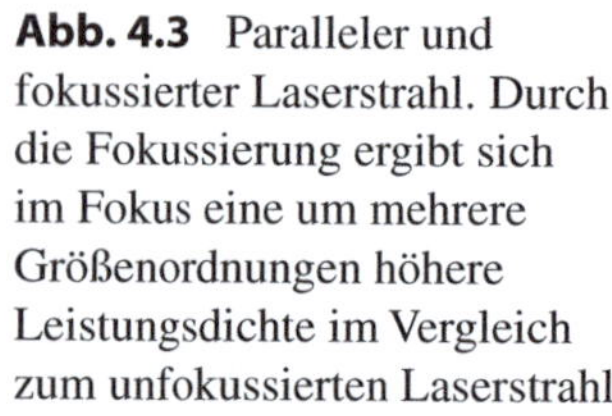

Abb. 4.3 Paralleler und fokussierter Laserstrahl. Durch die Fokussierung ergibt sich im Fokus eine um mehrere Größenordnungen höhere Leistungsdichte im Vergleich zum unfokussierten Laserstrahl

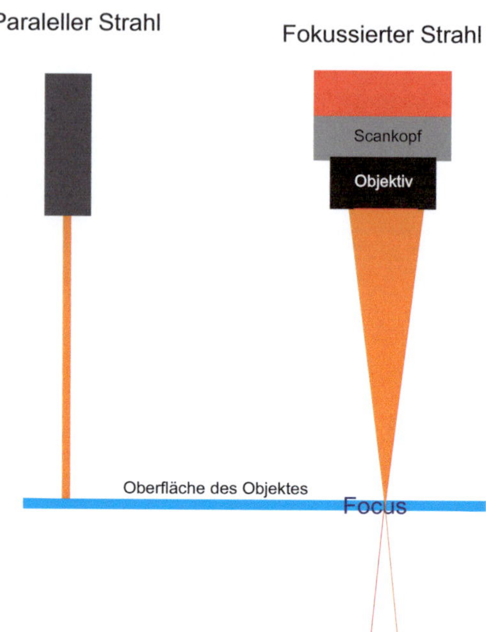

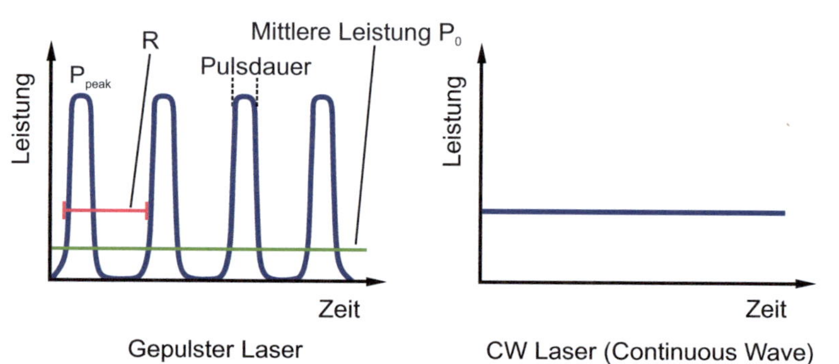

Abb. 4.4 Schematische Darstellung des cw- und Pulsbetriebs von Lasern. Für die Pulsspitzenleistung P_{max} gilt: $P_{max} = E_{Puls}/dt$ (Pulsenergie/Pulsdauer). Der Zeitabstand zwischen zwei Pulsen ist mit R bezeichnet. Daraus ergibt sich die Taktfrequenz (Pulsfrequenz) $tf = 1/R$. Für die Durchschnittsleistung $P_{Durchschnitt}$ eines Pulslasers gilt: $P_{Durchschnitt} = E_{Puls} \cdot tf$

Einige Anmerkungen zur Wechselwirkung der Laserstrahlung mit biologischem Gewebe

In Abhängigkeit von der Wellenlänge, der Leistungsdichte und Energiedichte sowie der Einwirkungsdauer können u. a. thermische, chemische und ionisierende Prozesse im

Gewebe ausgelöst werden und dieses schädigen [1]. Die Wellenlänge der Laseremission ist dabei ein wichtiger Parameter bei der Absorption der Laserstrahlung im Gewebe. Laserstrahlung im UV-Bereich führt hauptsächlich zu elektronischen Anregungen bis hin zu ionisierenden Prozessen und kann daher besonders bei hoher Leistungsdichte und langer Expositionsdauer zu Schäden an biologisch relevanten Molekülen führen (u. a. Schäden an der DNA als Träger der Erbsubstanz). Der UV-Laser wirkt ähnlich wie das Sonnenlicht. Der ‚Sonnenbrand' ist ein Beispiel aus dem Alltag, der durch den UV-Anteil des Sonnenlichts verursacht wird. Bei übermäßiger Exposition können dadurch eine vorzeitige Hautalterung und sogar Hautkrebs entstehen. Dies gilt in abgeschwächter Form auch für die Laserstrahlung im VIS-Bereich (vgl. Abb. 4.2), und zwar je kurzwelliger diese Strahlung ist (blau).

Durch Laserstrahlung im IR-Bereich werden eher Molekülschwingungen angeregt, deren Relaxation zu einer Temperaturerhöhung führt. Je nach Leistungsdichte und Emissionsdauer kommt es dabei zu lokalen Verbrennungen. Dies kann allerdings auch durch Strahlung im VIS-Bereich schon der Fall sein, und zwar hauptsächlich durch Laseremission, die im langwelligeren VIS-Bereich (rot) liegt. Vom NIR, über den MIR- bis zum FIR-Spektralbereich (vgl. Abb. 4.1) nimmt die Strahlungsabsorption von Wasser zu. Da dies im Gewebe vorhanden ist, wird beispielsweise die Strahlung des CO_2-Lasers (10,6 µm) weitgehend schon an der Gewebeoberfläche absorbiert und kann dort zu erheblichen Verbrennungen führen. Im Spektralbereich < 1400 nm ist dagegen die Absorption noch geringer, sodass diese Strahlung tiefer in das Gewebe eindringen kann. Im schlimmsten Fall ergibt dies eine Verletzung wie ein Schnitt ähnlich wie mit einem Messer.

Auswirkungen auf das Auge

Das Auge ist für den Empfang (durch Hornhaut, Pupille und Linse) und die Weiterverarbeitung (nach Auftreffen des fokussierten Lichts auf der Netzhaut) im VIS-Bereich optimiert. Aber auch Strahlung im NIR-Bereich bis zu ca. 1400 nm gelangt noch auf die Netzhaut. Die Pupille sitzt zwischen Hornhaut und Linse und regelt den Lichteinfall. Wenn man einen Pupillendurchmesser von ca. 5 mm annimmt, dann wird das einfallende Licht auf ca. 20 µm Durchmesser auf der Netzhaut fokussiert. Dies entspricht einer Zunahme der Leistungsdichte in der Größenordnung von 10^5. Oder einfach ausgedrückt: das Auge verstärkt den Laserstrahl und macht ihn dadurch sehr gefährlich.

Durch Strahlung im kurzwelligen VIS-Bereich (blau) dominiert auf der Netzhaut eine Schädigung durch photochemische Prozesse, während im langwelligen VIS-Bereich und besonders im NIR-Bereich eine Schädigung durch thermische Prozesse dominiert. Strahlung im UV-B und UV-C Bereich wird weitgehend von der Hornhaut absorbiert, im UV-A Bereich zusätzlich durch die Linse. Die UV-Strahlung schädigt also nicht die Netzhaut, sondern Linse und Hornhaut. Das gilt auch für die Strahlung mit Wellenlängen > 1400 nm.

Eine Verletzung des Auges durch Laserstrahlung kann schwerwiegende Folgen bis hin zur Erblindung nach sich führen.

Auswirkungen auf die Haut

Im Vergleich zum Auge sind die Auswirkungen der Laserstrahlung für die Haut deutlich weniger gefährlich. Das liegt hauptsächlich daran, dass die Strahlung von der Haut nicht fokussiert werden kann. Außerdem wird – im Gegensatz zum Auge – ein Großteil der Strahlung im Bereich 400 nm – 1400 nm reflektiert. Vom UV- bis zum IR-Bereich können je nach Leistungsdichte und Expositionszeit Verbrennungen 1., 2. und 3. Grades auftreten. Strahlung im UV-Bereich ist aber zusätzlich durch ihre ionisierende Wirkung gefährlich und kann dadurch zu irreversiblen Schäden führen, während Verbrennungen mehr oder weniger gut heilen können.

Die folgende Tab. 4.1 gibt einen Überblick über die Wirkung von Laserstrahlung, aufgeteilt nach den Wellenlängenbereichen in der Abb. 4.1:

Tab. 4.1 Mögliche Auswirkungen von optischer Strahlung auf Auge und Haut. (Nach [1])

Wellenlängenbereich	Auge	Haut
UV-C	„Schneeblindheit" Hornhautentzündung Verbrennungen an der Hornhaut	„Sonnenbrand" Verbrennungen Hautkrebs
UV-B	„Schneeblindheit" Hornhautentzündung Grauer Star Verbrennungen an der Hornhaut	„Sonnenbrand" Verbrennungen Beschleunigte Hautalterung Hautkrebs
UV-A	Grauer Star Verbrennungen an der Hornhaut	„Sonnenbrand" Verbrennungen Beschleunigte Hautalterung Hautkrebs
VIS	Schädigung der Netzhaut durch chemische oder thermische Prozesse	Verbrennungen Fotosensitive Reaktionen
IR-A	Grauer Star Schädigung der Netzhaut durch thermische Prozesse Verbrennungen an der Hornhaut	Verbrennungen
IR-B	Grauer Star Verbrennungen an der Hornhaut	Verbrennungen Blasenbildung
IR-C	Verbrennungen an der Hornhaut	Verbrennungen

4.2   Übersicht über mögliche Gefahrenarten

Beim Betrieb einer Lasermaschine können unterschiedliche Gefahren je nach Typ der Maschine vorkommen:

- Schädigungen an Auge und Haut – wie unter 4.1 beschrieben
- Brand- und Explosionsgefahr
- Laserrauch und -dampf
- Entstehung giftiger Gase
- Mechanische Gefährdung durch bewegte Maschinenteile
- Elektrische Gefährdung

Beim Laser stehen in erster Linie die möglichen Schädigungen an Auge und Haut im Vordergrund. Deshalb ist es empfehlenswert Laserbearbeitungsanlagen zu verwenden, die die Anforderungen der Laserklasse 1 erfüllen.

Bei Betrieb einer Lasermaschine in Laserklasse 1 mit einer Laserrauchabsaug- und Filteranlage und mit CE – Konformität sollten die größten Gefahren gebannt sein. Das muss aber nicht immer so sein, denn der Lasermaschinenhersteller kennt zwar seine Laseranlage sehr genau, er kann aber nicht unbedingt die für alle Anwendungen seines Kunden richtige Laserrauchabsaug- und Filteranlage liefern. Wenn in dieser Hinsicht keine weitergehenden Planungen gemacht werden, wird er eine Absaugung anbieten, die für Standardanwendungen ausreicht. Sollten jedoch spezielle Materialien bearbeitet werden, ist es ratsam eine auf Laserrauchabsaug- und Filteranlagen spezialisierte Firma zu Rate zu ziehen. Beispielsweise können besonders bei der Laserbearbeitung von Kunststoffen sehr giftige Dämpfe entstehen.

Auch bei der Materialbearbeitung mit großem Rauchanfall und von großem Durchsatz ist in jedem Fall Vorsicht geboten. In diesem Fall muss besonders darauf geachtet werden, dass die Absaug- und Filteranlage richtig dimensioniert wird. In jedem Fall ist der Anwender gefordert sich mit den möglichen gesundheitsgefährdenden Stoffen auseinanderzusetzen, die bei der Laserbearbeitung seiner Materialien entstehen. Vor allem Laserplotter mit CO_2-Laser mit Wellenlängen von 10.600 nm sind in Bezug auf Feuer gefährdet und sollten nicht unbeaufsichtigt betrieben werden. Das liegt daran, dass damit oft leicht entzündliche Materialien (wie z. B. Papier, Pappe, Holz, Plexiglas etc.) bearbeitet werden. Diese Gefahr ist meistens gebannt, wenn der Anwender die Maschine beaufsichtigt und bei Flammbildung eingreift. Bei einem solchen Brand wären die Löschdecke und der CO_2-Feuerlöscher die richtige Wahl. Eine Brandschutzversicherung ist beim Betrieb von CO_2-Laserplottern sehr empfehlenswert.

Bei Arbeiten mit hohem Staubanfall ist es gut zu wissen, dass die Laserhersteller üblicherweise optische Elemente, also Spiegel und Linsen etc. als Verbrauchsmaterialien ansehen und diese von der Gewährleistung ausgeschlossen sind. Der Maschinenbetreiber muss dafür sorgen, dass seine optischen Elemente sauber bleiben. Eine Absaugung reicht meist nicht aus. Es muss trotzdem regelmäßig geputzt werden. Bitte beachten Sie, dass Feinstaub auch in die Maschinen „kriecht" und sich überall absetzt. Z. B. auch im Controller, im Computer und im Laserkopf.

4.3 Laserklassen DIN EN 60825-1:2015-07

Damit beim Umgang von Lasersystemen ein ausreichendes Maß an Sicherheit gegeben ist, wurden vom Gesetzgeber eine Reihe von Vorschriften, Normen und Regelungen erarbeitet, z. B. [2–6]. In der technischen Norm DIN EN 60825-1:2015-07 sind die Laseranlagen und das Gefährdungspotenzial klassifiziert (Tab. 4.2).

Generell ist es empfehlenswert mit einer Laseranlage der Klasse 1 zu arbeiten. Damit kann der Anwender bei sachgemäßer Verwendung akute Schäden genauso wie Langzeitschäden vermeiden. Beim Einsatz eines Lasers der Klasse 4 müssen unbedingt die einschlägigen Vorschriften eingehalten werden.

Tab. 4.2 Einteilung von Laserklassen. (Nach [2])

Laser-klasse	Beschreibung
1	Die zugängliche Laserstrahlung ist ungefährlich
1M	Die zugängliche Laserstrahlung ist ungefährlich, solange keine optischen Instrumente wie Lupen oder Ferngläser verwendet werden
2	Die zugängliche Laserstrahlung liegt nur im sichtbaren Spektralbereich (400 nm bis 700 nm). Sie ist bei kurzzeitiger Bestrahlungsdauer (bis 0,25 s) ungefährlich auch für das Auge. Eine längere Bestrahlung wird durch den natürlichen Lidschlussreflex verhindert
2M	Wie Klasse 2, solange keine optischen Instrumente wie Lupen oder Ferngläser verwendet werden
3R	Die zugängliche Laserstrahlung ist gefährlich für das Auge
3B	Die zugängliche Laserstrahlung ist gefährlich für das Auge und in besonderen Fällen auch für die Haut
4	Die zugängliche Laserstrahlung ist sehr gefährlich für das Auge und gefährlich für die Haut. Auch diffus gestreute Strahlung kann gefährlich sein. Die Laserstrahlung kann Brand- oder Explosionsgefahr verursachen

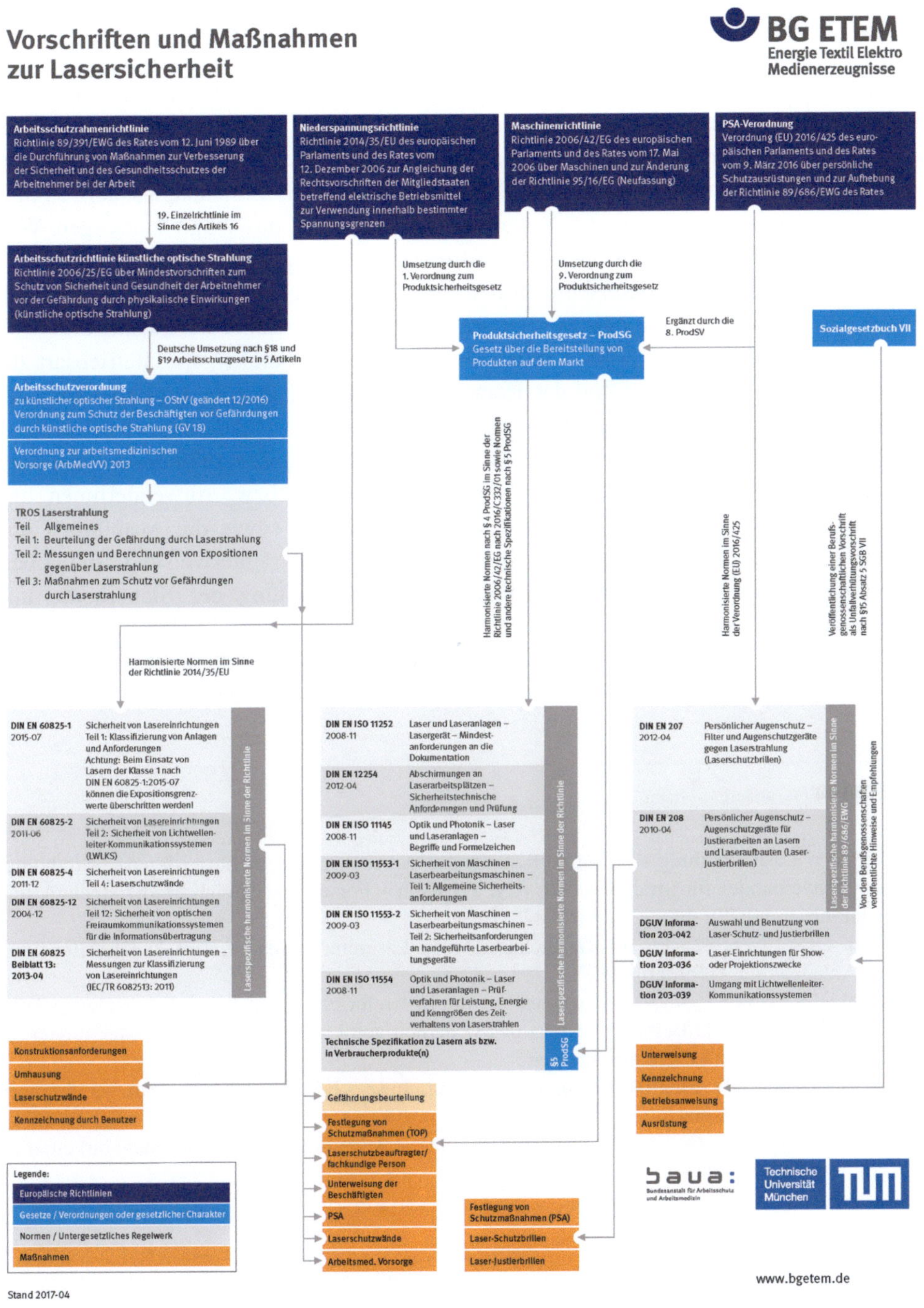

Abb. 4.5 Vorschriften und Maßnahmen zur Lasersicherheit. (Mit freundlicher Genehmigung der BG ETEM)

4.4   Persönliche und organisatorische Schutzmaßnahmen

Beim Umgang mit intensiver Laserstrahlung (vor allem beim offenen Laser in Laser Klasse 4) oder wenn längere Zeit in unmittelbarer Nähe von Laserstrahlung gearbeitet wird, sollten Laserschutzbrillen verwendet werden. Diese sind in der Regel für bestimmte Wellenlängen ausgelegt und müssen die auf dem Brillenglas auftreffende Strahlung durch Absorption und Reflexion auf einen für das Auge zulässigen Wert reduzieren. Geregelt ist dies nach der Europäischen Laserschutznorm DIN EN 207 und/oder DIN EN 208. Laserschutzbrillen sind in unterschiedliche Schutzstufen eingeteilt und müssen einer möglichen Bestrahlung eine festgelegte Zeit standhalten [5]. Die Kennzeichnung nach EN207 muss die Wellenlänge/-bereich, die Betriebsart die Schutzstufe, das CE-Zeichen und das Herstellerzeichen enthalten. In der Regel kann der Lieferant der Laseranlage geeignete Schutzbrillen anbieten.

Zu organisatorischen Maßnahmen für die Sicherstellung des gefahrlosen Umgangs mit Lasersystemen gehören Schulungen von Anwendern bzw. Anwenderinnen und Personen, die sich im Arbeitsbereich des Lasers aufhalten sowie die Ausbildung und Benennung eines Laserschutzbeauftragten. Er ist für die Unterweisung, die Überwachung des Betriebs des Lasersystems und die Einhaltung der Sicherheits- und Schutzmaßnahmen zuständig.

Die Abb. 4.5 zeigt eine Zusammenstellung des gesetzlichen Regelwerkes der Berufsgenossenschaft Energie Textil Elektro Medienerzeugnisse BG ETEM.

Literatur

1. Leitfaden Laserstrahlung – Veröffentlichung des Arbeitskreises ‚nichtionisierende Strahlung' des Fachverbandes für Strahlenschutz e. V. TH Köln – Forschungsbereich Medizintechnik und nichtionisierende Strahlung, Köln, 2011
2. Norm DIN EN 60825-1:2015-07, Sicherheit von Lasereinrichtungen, Teil 1: Klassifizierung von Anlagen und Anforderungen
3. Norm DIN EN 60825-4:2011-12, Sicherheit von Lasereinrichtungen, Teil 4: Laserschutzwände
4. Norm DIN EN 60825 Beiblatt 13:2013-04, Sicherheit von Lasereinrichtungen – Messungen zur Klassifizierung von Lasereinrichtungen
5. Norm DIN EN 207:2012-04, Persönlicher Augenschutz – Filter und Augenschutzgeräte gegen Laserstrahlung (Laserschutzbrillen)
6. DIN EN 208: 2010-04, Persönlicher Augenschutz – Augenschutzgeräte für Justierarbeiten an Lasern und Laseraufbauten (Laser-Justierbrillen)

Arten der Oberflächenbearbeitung mit Laser

5

Inhaltsverzeichnis

Der Einsatz von Laserenergie bietet ein breites Spektrum von Möglichkeiten, die Gestalt, mechanisch-technologischen Eigenschaften oder chemische Zusammensetzung von Oberflächen zu verändern und an gewünschte Funktionen anzupassen. Zusammen mit den üblichen Lasermaterialbearbeitungsverfahren lassen sich die jeweiligen Laserverfahren zur Oberflächenbearbeitung in Abhängigkeit des verwendeten Prinzips einteilen in Verfahren zum *Abtragen und Trennen*, z. B. Gravieren, zum *Umschmelzen*, z. B. mit dem Ziel einer Gefügeverfeinerung, zur *Eigenschaftsänderung*, z. B. Härten und zum *Auftragen*, z. B. Beschichten [1].

Angewendet werden Verfahren zur Oberflächenbearbeitung mit Laser in wichtigen Industriebereichen wie dem Maschinen- und Anlagenbau, dem Fahrzeug- und Flugzeugbau, der Medizintechnik und der Konsumgüterindustrie. Die bearbeiteten Werkstoffe umfassen hierbei unterschiedlichste Metalle und Metalllegierungen, Kunststoffe, Keramiken und Gläser, Naturstoffe wie z. B. Hölzer, Werkstoffverbunde und Textilien.

© Der/die Autor(en), exklusiv lizenziert an Springer Fachmedien Wiesbaden GmbH, ein Teil von Springer Nature 2023
C. Kollbach et al., *Von der Laserbeschriftung bis zum Lasermaterialabtrag*, https://doi.org/10.1007/978-3-658-38130-1_5

95

5.1   Absorptionsverhalten von Werkstoffen

Das Ergebnis einer Bearbeitung von Werkstückoberflächen mit Laserstrahlung wird von einer Reihe verschiedener Faktoren beeinflusst, die sich aus der Art der eingesetzten Laserstrahlquelle, dem Aufbau der Bearbeitungseinrichtung und dem Werkstück mit seinen Material-, Oberflächen- und Geometrieeigenschaften ergeben [1, 2]. Wesentlich ist hierbei das Maß der vom Werkstück pro Zeiteinheit absorbierten Energie. Trifft der von der Strahlquelle erzeugte und über die Strahlführung der Bearbeitungseinrichtung geleitete und fokussierte Laserstrahl mit einer Leistung P auf die Werkstückoberfläche auf, so wird in der Regel nur ein Teil hiervon als Leistungsanteil P_A absorbiert und in die für die Bearbeitung notwendige Wärme umgewandelt. Der nicht absorbierte Anteil wird an der Oberfläche als Leistungsanteil P_R reflektiert oder kann in Abhängigkeit der Durchlässigkeit des eingesetzten Werkstückwerkstoffs gegenüber der Wellenlänge des Laserlichts als transmittierter Leistungsanteil P_T durch das Werkstück hindurchgehen. Damit besteht der vereinfachte Zusammenhang:

$$P = P_A + P_R + P_T \tag{5.1}$$

Werden die einzelnen Größen dieser Gleichung auf die vom Laserstrahl transportierten Leistung P bezogen, so ergibt sich:

$$1 = \frac{P_A}{P} + \frac{P_R}{P} + \frac{P_T}{P} = A + R + T \tag{5.2}$$

mit dem Absorptionsgrad A, dem Reflexionsgrad R und dem Transmissionsgrad T. Der Absorptionsgrad A kennzeichnet somit das Verhältnis des auf die Oberfläche auftreffenden Anteils P_A der Leistung P, der im Werkstück in Wärme umgewandelt wird und kann Werte zwischen 0 und 1 annehmen. Das Maß der Absorption ist hierbei von mehreren Faktoren abhängig, zu denen unter anderem die Folgenden zählen [2]:

- Physikalische Werkstückeigenschaften, z. B. Brechungsindex, Absorptionsindex
- Physikalische Eigenschaften des Laserstrahls, z. B. Wellenlänge, Polarisation
- Umgebungsbedingungen, z. B. Prozessgase, umgebende Werkstoffe
- Oberflächeneigenschaften, z. B. Rauigkeit, Morphologie
- Werkstückgeometrie, z. B. Dicke, Begrenzungen
- Veränderung des Werkstücks durch die aufgenommene Energie, z. B. lokales Aufheizen, Phasenumwandlungen, laserinduziertes Plasma

Die Länge der Strecke l_α, mit der die auf eine Werkstückoberfläche auftreffende Laserstrahlung in das Werkstückmaterial eindringt und entlang der diese in innere Energie umgesetzt wird, kann aus dem *Lambert-Beerschen Gesetz* abgeleitet werden. Sie errechnet sich für den Fall, dass die eingebrachte Leistung auf den Bruchteil 1/e abgeklungen ist zu:

$$l_\alpha = \frac{1}{\alpha} \tag{5.3}$$

Diese als optische Eindringtiefe oder auch Absorptionslänge bezeichnete Strecke l_α wird von dem vom Werkstoff und der Strahlungswellenlänge abhängigen Absorptionskoeffizienten α bestimmt. In einem Wellenlängenbereich zwischen 0,1 und 10 µm kann für metallische Werkstoffe beispielsweise von einer Größenordnung des Absorptionskoeffizienten von 10^5 bis $10^6\,\mathrm{cm}^{-1}$ ausgegangen werden [3]. Ergeben sich aus dem Absorptionskoeffizienten sehr kleine Eindringtiefen der Strahlung, wie es für Metalle mit bis zu einigen zehn Nanometern typischerweise der Fall ist, so erfolgt die Freisetzung der absorbierten Wärme in einer sehr dünnen, oberflächennahen Schicht und es wird von einer *Oberflächenquelle* gesprochen. Bei keramischen Werkstoffen dagegen, für die l_α in der Größe mehrerer Millimeter liegen kann, erfolgt die Einbringung der Wärme über ein sehr viel größeres Volumen und es kann von einer *Volumenquelle* ausgegangen werden [4].

Der Absorptionsgrad A, von dem der Anteil der vom Werkstück aufgenommenen Energie bestimmt wird, ist insbesondere von der Wellenlänge der einfallenden Laserstrahlung abhängig. Für einige wichtige metallische Werkstoffe bei Raumtemperatur zeigt Abb. 5.1 die Größenordnung von A bei einem senkrechten Strahleinfall mit vergleichsweise niedrigen Strahlungsintensitäten auf eine jeweils glatte Oberfläche.

Man erkennt an den Werten in Abb. 5.1 für den Großteil der dargestellten Metalle einen Rückgang der Absorption mit größer werdender Wellenlänge. Aluminium zeigt

Abb. 5.1 Abhängigkeit des Absorptionsgrads einiger Metalle in Abhängigkeit der Wellenlänge, nach Angaben von [5]

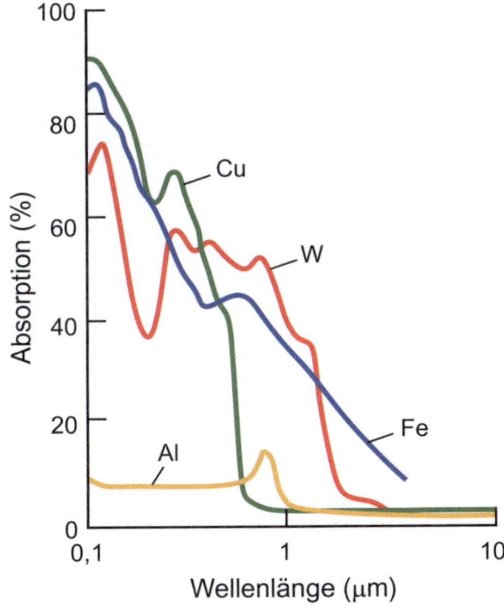

über den ganzen betrachteten Wellenlängenbereich sehr niedrige Werte, die bei einer Wellenlänge von 800 nm ein Maximum aufweisen.

Der Absorptionsgrad erhöht sich, wenn der Laserstrahl unter einer vom senkrechten Einfallswinkel abweichenden Richtung auf die Oberfläche auftrifft. Er ist dann allerdings zusätzlich noch von der Polarisation des Lichts abhängig [1, 2]. Für Metalle steigt der Absorptionsgrad ebenfalls mit zunehmender Temperatur der Bearbeitungsstelle [3].

Die Beschaffenheit der vom Laserstrahl beaufschlagten Werkstückoberfläche beeinflusst hinsichtlich ihrer Struktur und eventuell anhaftender oder aufgebrachter Schichten ebenfalls den Absorptionsgrad. Im Allgemeinen wird eine zunehmende Absorption der Laserstrahlung mit zunehmender Rauheit der Oberflächenstruktur beobachtet [6]. Durch das Aufbringen von Oberflächenschichten mit hohem Absorptionsgrad kann beispielsweise gezielt die Energieaufnahme angehoben werden. Ist hierbei die optische Eindringtiefe l_α kleiner als die Dicke der Oberflächenschicht, so wird die Energie in der Schicht vollständig absorbiert und durch Wärmeleitung an den darunterliegenden Grundwerkstoff weitergegeben. Ist die optische Eindringtiefe größer als die Schichtdicke, so wird ein Teil der eindringenden Strahlung von dem Grundwerkstoff reflektiert und von der Schicht teilweise wieder absorbiert [1].

Weiterhin wird die Absorption von Laserenergie eines Werkstoffes maßgeblich von der Intensität I des Laserstrahls am Bearbeitungsort beeinflusst, die sich aus dem Quotienten der Laserleistung und der Fläche des Laserstrahls an dieser Stelle berechnet. Bei Überschreiten einer werkstoff- und wellenlängenabhängigen sogenannten kritischen Intensität ist typischerweise ein sprunghafter Abfall der Reflexion zu beobachten. Abb. 5.2 zeigt dieses Verhalten für die Laserbearbeitung von Kupfer, mit einem Abfall der Reflexion im Bereich einer Intensität von etwa $8 \cdot 10^7$ W/cm^2 auf einen Wert von

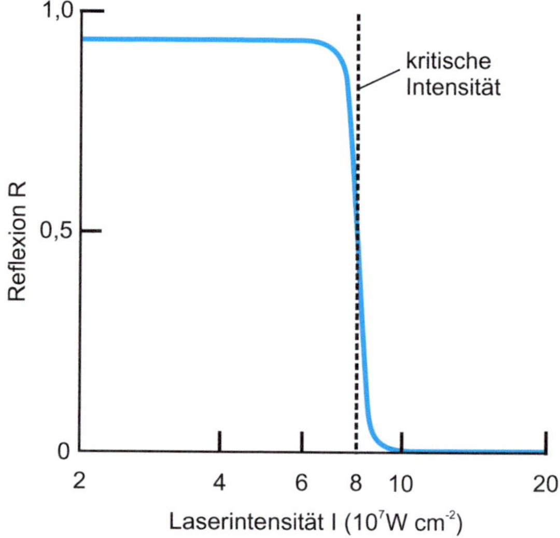

Abb. 5.2 Veränderung der Reflexion an einer Kupferprobe in Abhängigkeit der Intensität bei einer Wellenlänge des Laserstrahls von 1,06 µm, nach Angaben von [8]

nahezu Null. Die Folge dieses Rückgangs der Reflexion ist eine erhöhter Energieeintrag in das Werkstück. Es entsteht hierbei ein Metalldampfplasma, das den Laserstrahl vollständig absorbiert und einen gewissen Teil der absorbierten Energie an den bearbeiteten Werkstoff weitergibt [2, 7]. Eine erhöhte Intensität hebt durch die Zunahme des verdampfenden Werkstoffs allerdings die Dichte des entstehenden Metalldampfes an und eine weitere Energiezufuhr kann zu einem Ablösen der entstehenden Plasmawolke führen. Hierdurch wird die im Plasma absorbierte Laserenergie nicht mehr an das Werkstück weitergegeben und die Werkstückbearbeitung ist unterbrochen [2].

Die für die Werkstückbearbeitung eingesetzte Intensität, in Verbindung mit den Parametern des bearbeiteten Werkstoffs und der Einwirkdauer des Lasers, bestimmt somit entscheidend die Vorgänge in dem Werkstückbereich, in dem es zur Wechselwirkung zwischen dem Laserstrahl und der Werkstückoberfläche kommt. Für schmelzbare Werkstoffe, wie z. B. Metalle, lassen sich vereinfachend vier Erscheinungsformen unterscheiden, die sich aus den Wechselwirkungen ergeben [1, 4]:

- *Erwärmen:* Die durch die Wechselwirkung mit dem Laserstrahl entstehende örtliche Temperatur bleibt unterhalb des Schmelzpunkts des Werkstückwerkstoffs. Typische Intensitäten hierfür liegen bei Metallen in der Größenordnung einiger 10^3 bis 10^4 W/cm^2. Anwendungsbeispiele im Bereich der Oberflächenbearbeitung sind das Anlassbeschriften und Laserhärten.

- *Schmelzen:* Eine Erhöhung der Intensität führt zum Aufschmelzen des oberflächennahen Bereichs, wenn die Schmelztemperatur des Werkstückwerkstoffs erreicht bzw. überschritten wird. Für Metalle liegen die notwendigen Intensitäten hierfür in der Größenordnung um 10^5 W/cm^2. Das Beschichten von Oberflächen durch Auftragsschweißen ist ein Verfahrensbeispiel hierfür.

- *Verdampfen:* Eine zunehmende Steigerung der Intensität hat zur Folge, dass es zum Verdampfen des aufgeschmolzenen Werkstoffs bei Überschreitung der materialspezifischen Verdampfungstemperatur kommt. Die hierfür notwendigen Intensitäten bei metallischen Werkstoffen liegen im Bereich von 10^6 bis 10^7 W/cm^2. Durch den Rückstoßdruck des verdampfenden Werkstoffs kann sich dabei im Schmelzbad eine Dampfkapillare ausbilden, die in das Werkstück eindringt und im Durchmesser etwa dem Fokusdurchmesser des Laserstrahls entspricht. Angewendet wird dieser Effekt z. B. beim Tiefschweißen. Im Bereich der Oberflächenbearbeitung wird der Mechanismus des Verdampfens zum Abtragen von Werkstückwerkstoff eingesetzt.

- *Ionisation:* Eine weitere Anhebung der Intensität erhöht die Verdampfungsrate des Werkstückwerkstoffs und den Verdampfungsdruck, der zu einem verstärkten Austreiben der Schmelze führt. Gleichzeitig wird ein Teil des Dampfs und des Umgebungsgases ionisiert und es entsteht ein Plasma, mit den zuvor beschriebenen Auswirkungen auf die Einkopplung der Laserenergie in das Werkstück. Bei metallischen Werkstoffen tritt eine Ionisation des Metalldampfs bei Intensitäten von etwa 10^8 W/cm^2 ein. Eingesetzt wird eine Werkstückbearbeitung im Bereich dieser Intensitäten z. B. beim Laserbohren und beim Abtragen.

Diese Erscheinungsformen können bei einer Werkstückbearbeitung prinzipiell gleichzeitig vorliegen. Bei nichtschmelzbaren Werkstoffen oder Werkstoffen ohne ausgeprägten Schmelzpunkt wie Holz, bestimmte Kunststoffe und spezielle Keramiken ist vielfach nur die Überführung in eine einzelne der beschriebenen Formen möglich. Für das Abtragen wird hier in der Regel der Mechanismus der *Sublimation* eingesetzt, bei dem der Werkstoff durch die eingebrachte Laserenergie direkt von der festen in die gasförmige Phase übertragen wird.

Das Auftreten dieser zuvor beschriebenen Formen der Energieumsetzung im Werkstückwerkstoff ist typischerweise bei langen Pulsdauern des Lasers zu beobachten, wenn diese im Bereich von Nanosekunden liegen. Die auf die freien oder gebundenen Elektronen des Werkstoffes übertragene Energie der elektromagnetischen Strahlung des Lasers wird hierbei noch während der Pulsdauer an die umgebenden Bereiche weitergegeben und es stellt sich ein thermisches Gleichgewicht zwischen den Elektronen und dem Atomgitter ein. Eine Verkürzung der Pulsdauern auf die Größenordnung von Piko- und Femtosekunden führt dazu, dass sich dieses Gleichgewicht nicht mehr während der Dauer des Pulses einstellen kann [9]. Ein Gleichgewicht – und damit die eigentliche Erwärmung des ursprünglich vom Laser beaufschlagten Bereichs – stellt sich dann erst später, bei bereits abgeschaltetem Laserpuls ein, mit der Folge, dass es nicht zu Interaktionen zwischen dem Laserstrahl und einer eventuell auftretenden Schmelze oder verdampftem Werkstückwerkstoff kommen kann [10].

5.2 Laserabtragen

Durch Abtragen wird ein flächiges Entfernen von Werkstückwerkstoff erreicht, wobei mit dem Abtragen mehrerer Schichten nacheinander auch räumliche Vertiefungen generierbar sind. Hinsichtlich der Abtragmechanismen beim Einsatz von Laserstrahlung kann prinzipiell zwischen Mechanismen unterschieden werden die dem thermischen oder dem athermischen Abtragen zuzuordnen sind [1]. Beim *thermischen Abtragen* metallischer Werkstoffe entsteht nach der Absorption des nicht reflektierten Anteils der auftreffenden Strahlung eine zunächst flächige Erwärmungszone, die sich bei weiterer Energieaufnahme in Richtung des Werkstückinneren vergrößert und mit dem Aufschmelzen und/oder Verdampfen von Werkstückwerkstoff in diesem Bereich verbunden ist. Durch den dort entstehenden, vergleichsweise hohen Gasdruck des verdampfenden Werkstoffs wird ein Teil des geschmolzenen Materials aus der entstehenden Vertiefung herausgeschleudert.

Die Intensität und Einwirkungsdauer des Laserstrahls sowie die Werkstoffeigenschaften legen fest, ob der Materialabtrag überwiegend in Form von geschmolzenem oder verdampftem Werkstoff erfolgt. Abb. 5.3 veranschaulicht diese beiden Mechanismen, deren modellhafte Betrachtung in der Literatur als Kolben- und Abdampfmodell bezeichnet werden [4].

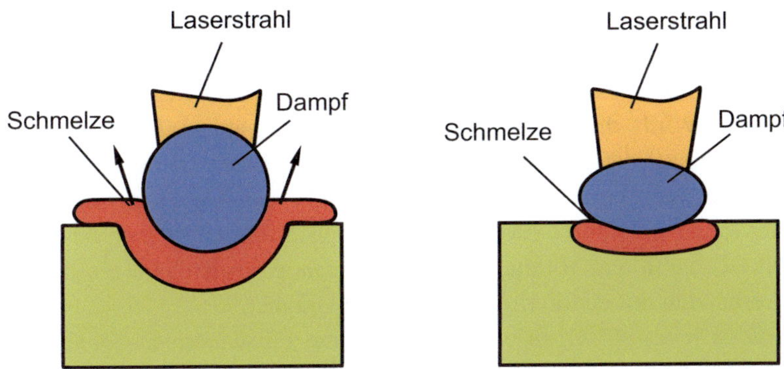

Abb. 5.3 Modelle für den Werkstoffabtrag durch Laser nach [4]: links: Abtrag überwiegend durch Aufschmelzen (Kolbenmodell), rechts: Abtrag überwiegend durch Verdampfen (Abdampfmodell)

Überwiegt ein Abtrag durch aufgeschmolzenen Werkstoff, so ist im Vergleich zu einer überwiegend durch Verdampfen erfolgende Materialbeseitigung zwar eine höhere Abtragsrate erreichbar, allerdings sind Einschränkungen hinsichtlich der Bearbeitungsqualität in Kauf zu nehmen [1, 4]. Ebenso ist die Wärmeeinflusszone um die Bearbeitungsstelle herum, in der z. B. Gefügeveränderungen bei metallischen Werkstoffen auftreten können, bei überwiegendem Abtrag durch aufgeschmolzenen Werkstoff deutlich größer als bei überwiegendem Abtrag durch Verdampfen [1]. In der Praxis wird beim Schmelzabttrag der Abtransport der Schmelze in der Regel noch durch einen externen Gasstrom unterstützt. Typische Abtragsraten beim Abtragen mit Schmelzenanteilen liegen in der Größenordnung von 0,1 bis 1 mm³/min, bei erreichbaren Genauigkeiten in der Tiefenbearbeitung zwischen 1 und 2 µm [10]. Abb. 5.4 zeigt als Beispiel eine durch Schmelzabtragen erzeugte Geometrie.

Geht der vom Laserstrahl beaufschlagte Werkstoff direkt vom festen in den dampfförmigen Zustand über, ohne dass es zur Ausbildung einer Schmelze kommt, handelt

Abb. 5.4 Durch Laserabtragen gefertigte Geometrie

es sich um sogenannten Sublimationsabtrag. Wie in Abschn. 5.1 erwähnt, ist dies eine typischerweise bei nichtschmelzenden Werkstoffen wie z. B. Holz und bestimmten Kunststoffen und Keramiken angewendete Wechselwirkung zwischen Laser und Werkstückwerkstoff. Wird diese Verfahrensdurchführung auf schmelzbare Werkstoffe angewendet, so muss die Intensität des auftreffenden Laserstrahls deutlich höher sein als für einen Schmelzabtrag und die Pulsdauer sehr viel kürzer, typischerweise unter 10 ps. In der Regel wird durch das Abtragen mittels Sublimation eine bessere Genauigkeit erreicht, als durch das Abtragen mit überwiegendem Aufschmelzen des Werkstoffs, allerdings verbunden mit deutlich geringeren Abtragsraten.

Beim *athermischen Abtragen* werden sehr kurze Pulsdauern in der Größenordnung von Piko- und Femtosekunden eingesetzt, bei denen sich, wie in Abschn. 5.1. beschrieben, ein thermisches Gleichgewicht zwischen den von der Laserenergie beaufschlagten Elektronen und dem Atomgitter erst nach der Einwirkzeit des Laserpulses einstellt. Die Literatur spricht hier von ultrakurzen Laserpulsen, wenn die Pulsdauer unterhalb 1 ps liegt [11]. Allerdings ist eine Werkstoffabhängigkeit des oben beschriebenen Effekts zu berücksichtigen [11]. So liegt beispielsweise eine entsprechende Pulslänge für Metalle im Bereich von 1 ps, für Keramiken aber in der Größenordnung von 10 ps und für Kunststoffe bei 1 ns [11].

Der Werkstoffabtrag erfolgt beim athermischen Abtragen überwiegend durch Verdampfung bei hohen Intensitäten in der Größenordnung von 10^{10} W/cm^2 [10]. Neben einer Aufheizung des Werkstücks wird damit beim athermischen Abtragen insbesondere ein Aufschmelzen des Werkstückwerkstoffs weitgehend verhindert. Dies führt im Vergleich zum Abtrag durch Aufschmelzen zu verbesserten Bearbeitungsgenauigkeiten mit sehr guten erreichbaren Oberflächenrauheiten unterhalb von 0,5 µm, bei allerdings vergleichsweise niedrigen Abtragsraten [10].

Aus der Praxis sind vorrangig die *abbildenden Verfahren* und die *scannenden Verfahren* für das Abtragen von Werkstückbereichen mit einem Laserstrahl bekannt. Bei abbildenden Verfahren wird der Laserstrahl durch eine Maske geleitet und erzeugt eine durch die Maske vorgegebene Abtragstruktur auf der Werkstückoberfläche. Beispiele hierzu finden sich in lithografischen Anwendungen. Bei den scannenden Verfahren, die im Vordergrund dieses Buchabschnitts stehen, findet der Materialabtrag durch eine Relativbewegung zwischen dem gepulstem Laserstrahl und dem Werkstück statt. Die Relativbewegung wird beispielsweise mit sogenannten Scannern durchgeführt, bei denen der Strahl über zwei bewegliche Spiegel umgelenkt, durch eine Fokussierlinse geleitet wird und mit hoher Geschwindigkeit positioniert werden kann (siehe auch Abschn. 3.7 und 10.3). Alternativ kann die Relativbewegung durch eine mechanische Bewegung des Werkstücks oder der Laserstrahloptik erfolgen. Beispiele typischer Bewegungsmuster des Laserstrahls für diese beiden Varianten sind in Abb. 5.5 dargestellt.

Bei einer unidirektionalen Bearbeitung erfolgt der Materialabtrag immer in eine bestimmte Richtung und bei der Zurücksetzung vom Endpunkt der vorangegangenen Bearbeitungspur auf die darauffolgende, bleibt der Laser ausgeschaltet. Für die

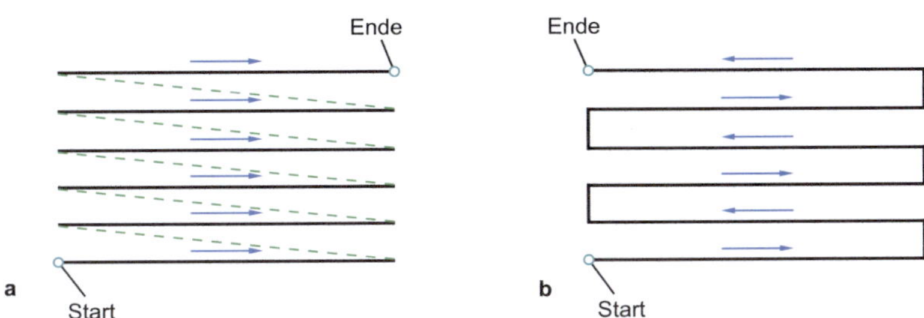

Abb. 5.5 Beispiele für Bewegungsmuster des bearbeitenden Laserstrahls: **a**) unidirektional, **b**) mäandrierend

mäandrierende Bearbeitung erfolgt die Bewegung des gepulsten Laserstrahls mit wechselnder Bearbeitungsrichtung zwischen den einzelnen Spuren.

Der Einsatz von Scannersystemen zur Strahlbewegung (Abb. 5.6) bietet außerdem die Möglichkeit, der linearen Vorschubbewegung eine oszillierende Bewegung, z. B. Kreislinien, zu überlagern. Die vom Laserstrahl beschriebene Spur wird hierdurch verbreitert.

Bei metallischen Werkstückwerkstoffen sind gegenüber dem in Abb. 5.5 b dargestellten Bewegungsmuster Verringerungen der erzeugten Oberflächenrauheit um bis zu 20 % erreichbar, wenn sogenannte verschränkende Strahlbewegungsmuster eingesetzt werden [12]. Hierbei wird die Bearbeitung nicht durch unmittelbar nebeneinander liegende, sondern durch örtlich zueinander versetzte Spuren vorgenommen (Abb. 5.7). Die lokale Aufheizung des Werkstücks wird hierdurch reduziert, was als ausschlaggebend für die verbesserten Oberflächenqualitäten gesehen wird [12].

Neben den Parametern des Laserstrahls sind die Puls- und Spurüberdeckung, $P\ddot{U}$ und $S\ddot{U}$ wichtige Einflussgrößen auf die erzeugte Oberflächenqualität und geometrische Bearbeitungsgenauigkeit. Die Pulsüberdeckung $P\ddot{U}$ gibt Auskunft darüber, in welchem

Abb. 5.6 Scan-Kopf zur Laserstrahllenkung

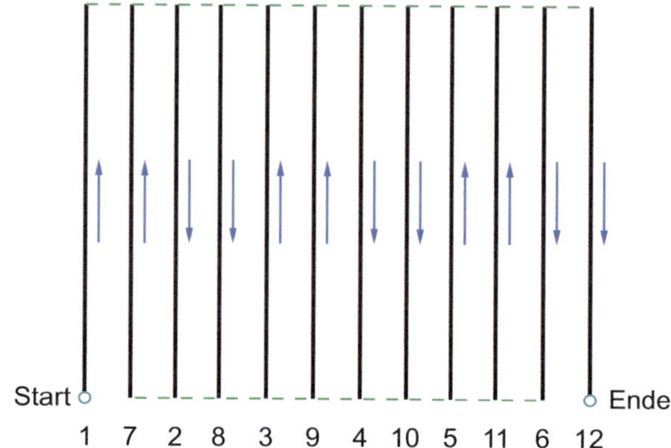

Abb. 5.7 Beispiel eines sogenannten verschränkten Bearbeitungsmusters (die Zahlen geben die Reihenfolge der aufeinanderfolgenden Bearbeitungsspuren an), nach Angaben von [12]

Maß sich die von den einzelnen Laserpulsen bearbeiteten Flächenbereiche in Vorschubrichtung miteinander überdecken, Abb. 5.8. Mit der Vorschubgeschwindigkeit v_s, der Periodendauer des Pulses t_p, der Pulsdauer τ_H und dem Durchmesser des Arbeitsflecks d_w kann $P\ddot{U}$ über die folgende Beziehung nach DIN 32450 berechnet werden:

$$P\ddot{U} = 1 - \frac{v_s t_p}{d_w + v_s \tau_H} \tag{5.4}$$

Hierbei entspricht $t_p = t_{puls} + t_{pause}$ und $\tau_H = t_{puls}$ aus Abschn. 3.8. In der Praxis sind für das Abtragen Pulsüberdeckungen im Bereich von etwa 60 bis 90 % üblich. Negative Werte für $P\ddot{U}$ bedeuten, dass die durch den einzelnen Laserpuls erzeugten Bearbeitungsstellen sich nicht überdecken, sondern auseinanderliegen. Für $P\ddot{U}=0$ grenzen die Bearbeitungsstellen soeben aneinander. Die Erzeugung einer längs und quer zur Vorschubbewegung des Lasers gleichmäßige Flächenstruktur wird unterstützt, wenn die Werte für Puls- und Spurüberdeckung identisch gewählt werden, $P\ddot{U}=S\ddot{U}$.

Der Lasermaterialabtrag ist vergleichbar mit der Lasergravur. Hier liegt das Hauptaugenmerk darauf, mit dem Laser das Trägermaterial in einer vorgegebenen Größe und mit einer definierten Tiefe abzutragen. Der Unterschied zur Lasergravur liegt darin, dass

Abb. 5.8 Puls- und Spurüberdeckung beim Laserabtragen

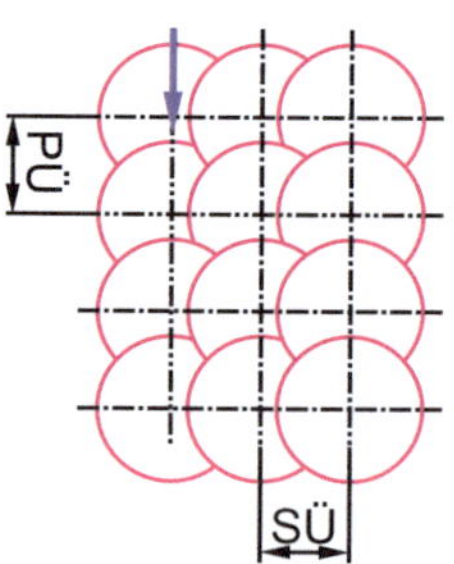

bei der Lasergravur meistens eine ästhetisch schöne Form graviert werden soll, zum Beispiel ein Wappen oder ein Logo. Bei dem Lasermaterialabtrag geht es darum, an einer Stelle Material abzutragen, weil es dort nicht sein soll oder zu viel ist. Dies kann unterschiedliche Gründe haben, unterliegt aber nicht dem Design oder dem Geschmack, sondern technischen Ansprüchen. Normalerweise würde man Material durch Fräsen viel schneller abtragen können. Aber wenn es eine mit einer Fräsmaschine nicht bearbeitbare Fläche ist, dann kommt der Laser ins Spiel. Hier sind die Vorteile die berührungslose und detaillierte Bearbeitung aus der Distanz. Es gibt eben Stellen, die man mit einem Fräser nicht erreichen kann oder auch Feinheiten in der Bearbeitung, die mit dem Laser wirtschaftlicher bearbeitet werden können.

Beim Lasermaterialabtrag werden hohe Abtraggeschwindigkeiten gefordert. Aus diesem Grunde werden sehr starke Laserquellen eingesetzt. Faserlaser bis 300 W oder CO_2-Laser bis 1000 W sind typisch. Die Zeitreduzierung geht umgekehrt reziprok zu der Leistungsverstärkung und kann das 10- bis 20-fache betragen. D.h. eine Fläche, die mit einem 20 W Faserlaser in 7 min abgetragen wird, kann mit einem 300 W Faserlaser in etwa 20 s abgetragen werden. Besonders bei einem grossflächigen Abtrag muss dementsprechend auch der Scanner und die Optik angepasst werden. Die Abb. 5.6. zeigt beispielsweise einen Scanner für die 2D-Bearbeitung mit einem F-Theta Objektiv, das in den schwarzen Linsenring eingeschraubt ist. Ein konkretes Beispiel: für den 2D-Abtrag einer Fläche von ca. 200 mm x 200 mm wäre ein F-Theta Objektiv mit einer effektiven Brennweite von 330 mm und einem typischen Fokusabstand von 360 mm, gemessen vom unteren Rande des Objektivs, geeignet. Der maximale Arbeitsbereich kommerziell verfügbarer F-Theta Objektive liegt bei ca. 600 mm x 600 mm, wobei dann der Fokusabstand schon fast 1 m beträgt. Bei Verwendung einer sogenannten ‚telezentrischen F-Theta Optik' würde der Laserstrahl ausserdem im gesamten Arbeitsbereich senkrecht auf das Werkstück fallen. Der Einsatz von T-Theta Optiken mit größerem Arbeitsbereich ist aber nicht ohne Nachteile möglich: die Intensität (Leistungsdichte) des Laserstrahls nimmt mit der Entfernung quadratisch ab, weil der Spotdurchmesser, also der Durchmesser des fokussierten Laserstrahls, linear mit dem Fokusabstand zunimmt. Bei manchen Laserabtragsanwendungen mag ein grösser Fokusdurchmesser noch hilfreich sein, vorausgesetzt die Laserleistung ist entsprechend hoch ausgelegt. Wenn allerdings sehr grossflächig abgetragen werden muss, ist eventuell auch der Einsatz eines Scanners sinnvoll, bei dem keine F-Theta Optik eingesetzt wird, sondern der Fokusabstand über eine in Richtung des Laserstrahls verschiebbare Linse angepasst wird, wobei diese Verschiebung mit dem Abtragsprozess synchronisiert ist (vgl. auch den Abschn. 3.7). Mit solchen Scannern können Flächen von bis zu 1,50 m × 1,50 m bei einem vergleichsweise noch kleinem Fokusdurchmesser bearbeitet werden. Der kleine Fokusdurchmesser wird durch eine sehr große Aufweitung des Laserstrahls vor der Optik erreicht, was wiederum auch entsprechend große Scannerspiegel erfordert und sich natürlich auf den Preis auswirkt. Ob ein solcher Scanner aber wirklich für die jeweilige Anwendung geeignet ist, muss vorher getestet werden. Es kann auch sein, dass das Produkt nicht hält, was man sich erhofft. Ein Schwachpunkt dieser Scanner ist, dass die maximale Ablenkung des

Laserstrahls vom Mittelpunkt aus in alle Richtungen typischerweise ca. 15° beträgt. Dadurch wird die Weglänge des Lasertrahls, die durch die abzutragende Schicht verläuft, im Randbereich des Arbeitsbereichs länger sein als in der Mitte, so dass es zu Inhomogenitäten beim Abtrag kommen kann. Besonders bei einer rauen abzutragenden Schicht und wenn außerdem größere Unebenheiten vorhanden sind, wird der Laserstrahl auf der Vorderseite der Unebenheit sehr gut arbeiten, jedoch auf der hinteren, der 'Schattenseite', könnte es zu Problemen kommen, weil eventuell Teilbereiche durch die Erhebung abgedeckt werden. Auch bei Schneidanwendungen ergibt sich dieselbe Problematik: wenn man beispielsweise einen Kreis von einem Durchmesser von 1,40 m schneiden will, so wird dies im geschnittenen Produkt einen sichtbaren Winkel, also eine ‚schräge Schnittkante' ergeben. Bei dünnen Folien und bei der Laserbeschriftung kann man dies vernachlässigen, jedoch ist dies beim Schneiden von dickeren Platten sehr wahrscheinlich nicht gewünscht. Bei einem großflächigen Materialabtrag ist deshalb auch zu überlegen, ob man eventuell besser den Laserkopf (oder das Werkstück) mithilfe von Linearachsen an verschiedene Positionen fährt, eine F-Theta Optik mit kleinerem Arbeitsbereich wählt und partiell abträgt.

5.3   Lasergravieren

Mit dem Laserstrahl wird beim Gravieren oberflächlich Material abgetragen und dadurch eine mechanische Gravur in der Oberfläche hinterlassen. Gegenüber der Laserbeschriftung geht die Lasergravur zumindest für einen gewissen Grad in die Tiefe. Bei der Lasergravur steht die Tiefe im Vordergrund. Schwierig wird die Bezeichnung bei der leichten Oberflächengravur. Hierbei wird durch eine oberflächliche Lasergravur, die von vielen mit der Laserbeschriftung gleichgesetzt wird, eine Lasermarkierung eingebracht. Abb. 5.9 zeigt Beispiele von Lasergravuren auf verschiedenen Grundwerkstoffen.

Als Beispiel sei eine leichte Oberflächengravur auf Edelstahl zu nennen. Diese würde hell bis weiß erscheinen und kaum tief in das Material gehen. Und doch ist dies eine Lasergravur, weil der Laserstrahl auf der Oberfläche absorbiert wird und ein Teil der Oberfläche verdampft. Es bleibt eine kleine Vertiefung. Wenn diese im Mikrometer Bereich ist, tun sich viele schwer dies Lasergravur zu nennen. Trotzdem ist es eine leichte Oberflächengravur.

Untersuchungen zum Gravieren von Edelstahl mit einem Faserlaser mit einer mittleren maximalen Leistung von 20 W und einer einstellbaren Pulsdauer zwischen 4 und 200 ns haben gezeigt, dass mit höherer Pulsdauer zwar ein höherer Materialabtrag erreicht werden kann, die Bearbeitungsqualität aber abnimmt [13]. Generell ist zu beachten, dass von Gravuren zur Kennzeichnung von Produkten eine Kerbwirkung ausgehen kann. Dies ist bei Bauteilen zu beachten, die einer mechanischen Wechsellast unterliegen, z. B. künstlichen Hüftgelenke [14]. Beschriftungen durch Gravuren sollten daher immer in Bereiche mit geringer mechanischer Belastung gelegt werden.

Abb. 5.9 Lasergravuren auf verschiedenen Werkstoffen. (Von oben nach unten: auf Holz, Kunststoff, Aluminiumguss)

Bei Kunststoff würde ein CO_2-Laser immer eine Gravur ohne Farbveränderung ausführen. Also eine Gravur im klassischen Sinne. Der CO_2-Laser eignet sich bei Kunststoffen fast immer für eine Tiefengravur.

5.4   Laserbeschriftung

Bei der Laserbeschriftung liegt das Hauptaugenmerk darin, eine Schrift oder ein Logo auf der Oberfläche eines Produktes oder einer Sache aufzubringen. Hierbei geht es meistens darum, dass die Schrift zu lesen ist oder das Logo zu erkennen ist. Ein Beispiel hierzu ist in Abb. 5.10 dargestellt. Dies kann durch unterschiedliche Weise hervorgerufen werden. Zum Beispiel gibt es die Möglichkeit des Farbumschlags.

Hierbei verändert sich die Farbe des Materials durch die Lichteinwirkung des Laserstrahls. Bei vielen Kunststoffen ändert sich die Farbe in Richtung Grauton oder Braunton. Es gibt aber auch einige Kunststoffe, wo sich die Farbe in Richtung Weiß ändert und einige Kunststoffe, bei denen sich die Farbe in schwarz ändert. Meist wird kein Kunststoff abgetragen, weshalb es keine Lasergravur ist. Die Laserbeschriftung in diesem Sinne kommt aus dem Farbumschlag. Ursache ist die Änderung der Molekülstruktur an der Oberfläche durch Wärmeeintrag, also ähnlich wie bei der Anlassbeschriftung auf Metallen ein thermischer Effekt.

Eine Laserbeschriftung auf Aluminium ist nach dieser Definition nur schwer zu erzeugen, es geht mit Ultrakurzpulslasern aber auch mit der MOPA Variante (MOPA steht für *Master Oscillator Power Amplifier*) des Faserlasers. Diese hinterlassen eine schwarze anlassfarbene Beschriftung auf dem Aluminium. MOPA bedeutet, dass die Pulsdauer eingestellt werden kann.

Auf Edelstahl ist der Faserlaser wie auch sein Vorgänger der YAG-Laser in der Lage einen Farbumschlag zu erzeugen. (YAG-Laser sind sogenannte Festkörperlaser mit einem Yttrium-Aluminium-Granat-Kristall als Lasermedium). Dies wäre im Sinne dieser Definition eine Laserbeschriftung. Sie würde nicht in die Tiefe gehen, sondern einen Farbumschlag erzeugen. Dies geht mit den oben genannten Lasern immer dann, wenn der Stahl kohlenstoffhaltig ist. Ohne den Kohlenstoffgehalt würde die Anlassbeschriftung z. B. bei HSS Bohrern hell oder weiß ausfallen. Die Abriebfestigkeit von Anlassbeschriftungen auf Stahloberflächen ist umso besser, je dunkler die Anlassfarbe ist [15].

Abb. 5.10 Laserbeschriftung auf Aluminium (Taschenlampe)

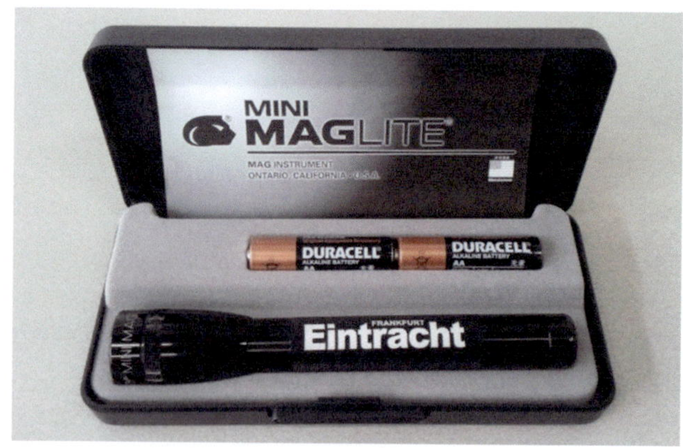

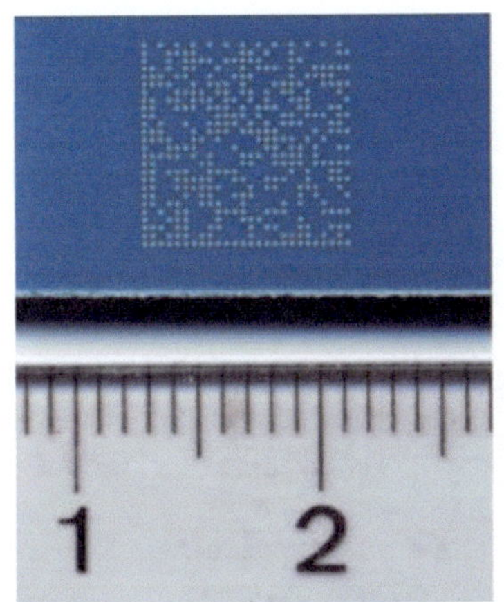

Abb. 5.11 Mit einem Laser aufgebrachte Data Matrix Codes. (Von links nach rechts: auf eloxiertem Aluminium, unlegiertem Stahl, Edelstahl, doppellagiger Kunststofffolie)

Abb. 5.11 zeigt Ergebnisse verschiedener Beschriftungsarten: auf eloxiertem Aluminium durch Abtragen der hier blau eingefärbten Oxidschicht, auf unlegiertem Stahl und Edelstahl durch Anlassbeschriftung und auf einer aus einer weißen und schwarzen Kunststofffolie bestehenden Beschichtung durch Abtragen der oberen schwarzen Folie.

5.5   Lasermarkieren

Von einer Lasermarkierung wird in der Verpackungsindustrie gesprochen. Zwar besteht in vielen Branchen keine klare Abgrenzung zwischen den Begriffen, aber hier soll zur besseren Einordnung eine klare Abgrenzung geschaffen werden.

Im Englischen wird der Begriff des „coding and marking" benutzt. Was übersetzt so viel bedeuten soll wie „einen Code oder eine Markierung aufbringen". Des Weiteren ist der Begriff des „Laser Marking and Engraving" im Englischen vielleicht der Ursprung und hat dazu beigetragen, dass in dieser Branche sich diese Bezeichnung verbreitet hat und diese Art des Laserns aus dem Englischen durch Direktübersetzung übernommen wurde.

Die Verpackungsindustrie verwendet den Begriff des Lasermarkierens, um auf Verpackungen aller Art das Mindesthaltbarkeitsdatum aufzubringen. Gegebenenfalls können auch weitere Informationen hinzukommen. Dies können zum Beispiel Codes, Produktionskennzahlen oder Chargennummern sein.

Ein einfaches Beispiel ist in der Lebensmittelindustrie u. a. das Mindesthaltbarkeitsdatum z. B. auf der Kaffeeverpackung (Abb. 5.12), eventuell verbunden mit einem EAN Code 128 oder das Mindesthaltbarkeitsdatum auf dem Bieretikett.

Abb. 5.12 Mit einem
CO$_2$-Laser markierte
Kaffeeverpackung

5.6   Lasertextur, Laserstrukturierung, Lasermikrostrukturieren

Unter der Strukturierung einer Werkstückoberfläche durch den Einsatz von Laserenergie
wird typischerweise ein Werkstoffabtrag verstanden, der periodisch wiederkehrende
Geometrieelemente in die Oberfläche einbringt [1]. Je nach Art des bearbeiteten Werkstoffs und Strahlquelle, kann hierbei die Strukturierung bzw. Texturierung durch
Schmelzabtrag, Sublimationsabtrag oder athermischen Abtrag erfolgen und es können
zusätzliche Medien wie Schutzgase zum Einsatz kommen (s. Abschn. 5.2). Mit einer
Oberflächenstrukturierung wird in der Regel das Ziel verfolgt, der Oberfläche eine
erweiterte Funktion zu geben. Wichtige technische Beispiele hierfür sind [16]:

- Reduzierung der Reibung und erhöhte Tragfähigkeit an Kolbenringen für Verbrennungsmotoren und Lagerelementen durch Mikrovertiefungen in denen sich
  Schmierstoff einlagern kann
- Verbesserte Gewebehaftung und -wachstum an künstlichen Implantaten wie z. B.
  Hüftgelenken sowie geringere Reibung an den Gelenkflächen durch das Aufbringen
  von Mikrovertiefungen und definierten Oberflächenstrukturen
- Generierung optischer Eigenschaften wie z. B. für Fresnellinsen und wellenlängen-
  abhängige Spiegel durch sich wiederholende linienförmige Vertiefungen und Muster
  im Mikro- und Makrobereich
- Veränderung des Benetzungsverhaltens durch Flüssigkeiten, des Vereisungsverhaltens
  und der Schmutzanhaftung durch gezielt eingebrachte Mikrostrukturen

- Herabsetzung von Strömungswiderständen für die Luftfahrt z. B. in Anlehnung an die Struktur der Haifischhaut oder die Strukturierung von Fahrzeugreifen und Golfbällen
- Reduzierung des Befalls von Oberflächen durch Wasserorganismen im Bereich der Schifffahrt und durch Mikroorganismen im Bereich der Medizintechnik durch das Aufbringen von Mikromustern

In vielen Fällen sind hierbei Oberflächenstrukturen und -texturen für die Einbringung von Funktionen erfolgsversprechend, die in Anlehnung an Oberflächen aus der Natur gestaltet werden [16].

In der industriellen Praxis wird das Strukturieren metallischer Oberflächen beispielsweise im Bereich des Formenbaus für Kunststoffspritzgusswerkzeuge eingesetzt, um Strukturen zu erzeugen, die auf den mit den Werkzeugen gefertigten Bauteiloberflächen abgebildet werden [1]. Gegenüber den hierfür oft eingesetzten traditionellen Ätzprozessen bietet die Bearbeitung durch Laser die Möglichkeiten, Freiformflächen zu bearbeiten und umweltschädliche Chemikalien einzusparen.

Ein weiteres wichtiges industrielles Anwendungsgebiet von Lasern in der Oberflächenstrukturierung stellt die Beeinflussung von Reibverhältnissen dar (Abb. 5.13). In der Blechumformtechnik wird beispielsweise das Laserstrukturieren von Walzen angewendet, mit denen eine Textur auf die Blechoberfläche gewalzt wird, die zu verbesserten Reib- und Schmierverhältnissen bei einer nachfolgenden Umformung des Bleches z. B. durch Tiefziehen beiträgt [17]. Geeignet sind hierbei Texturen, die zu kleinen, in sich geschlossenen Mikrovertiefungen führen, in denen sich Schmierstoff einlagern kann. Dieser eingelagerte Schmierstoff führt während einer Umformung zum Aufbau eines hydrostatischen Drucks und reduziert die Reibung im Umformprozess. Beim sogenannten Laserstrahlhonen von Zylinderlaufflächen von Verbrennungsmotoren erzeugt der Laserstrahl durch Abtragen eine Vielzahl mikroskopischer Vertiefungen, in denen Schmierstoff in der Oberfläche gespeichert werden kann. Der beim Abtragen entstandene Schmelzenaufwurf um die Vertiefungen herum muss durch eine abschließende mechanische Bearbeitung beseitigt werden [1].

Ein Entwicklungsbeispiel für die Erzeugung von Strukturen zur Veränderung des Benetzungsverhaltens einer Aluminiumfläche zeigt Abb. 5.14. Hierbei wurden punktuelle Vertiefungen mit einer Tiefe in der Größenordnung von 9 µm durch Abtragen mit einem gepulsten Faserlaser bei einer mittleren Leistung von 12 W und einer Puls-

Abb. 5.13 Testquadrate mit einer Tiefe im µm-Bereich zur Findung der optimalen Struktur und Tiefe in der Schmierstoffindustrie

Abb. 5.14 Mit einem
Faserlaser mikrostrukturierte
Aluminiumoberfläche
zur Veränderung des
Benetzungsverhaltens

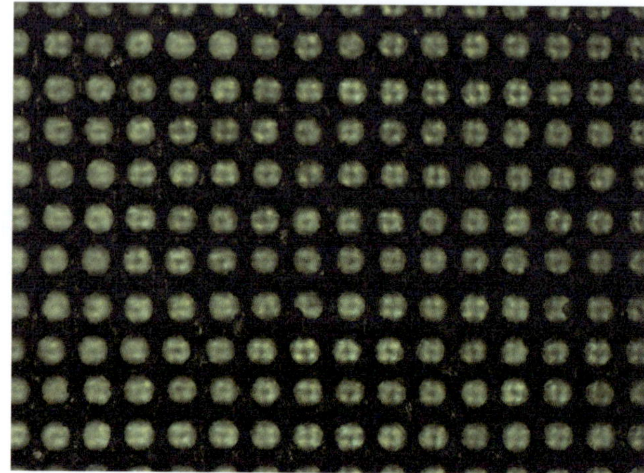

dauer von 100 ns eingebracht. Durch die Wahl des Punktabstandes kann die Benetzung mit einem Flüssigkeitstropfen, z. B. Wasser, so eingestellt werden, dass diese geringer oder höher ist, als die Benetzung der Flüssigkeit auf der unbearbeiteten Fläche.

Für Kunststoffe bietet das Laserstrukturieren gegenüber herkömmlichen Techniken wie den elektrochemischen Verfahren, der Mikrozerspanung, dem Ionenstrahlätzen und dem Heißprägen eine Reihe von Vorteilen bei der Anpassung von Oberflächeneigenschaften wie z. B. dem Benetzungsverhalten oder den Reibeigenschaften [18]. Prinzipiell kann die Oberfläche von Kunststoffen durch Laserstrahlung hierbei auf unterschiedliche Art und Weise modifiziert werden [19]:

- *thermisch* durch überwiegendes Aufschmelzen und Verdampfen mit einer damit verbundenen Veränderung der Oberflächenstruktur
- *photochemisch* durch das Aufbrechen molekularer Verbindungen und der Folge einer Veränderung der chemischen Oberflächeneigenschaften; dies tritt insbesondere bei Lasern mit einer Wellenlänge im UV-Bereich auf
- *photophysikalisch* als Kombination thermischer und photochemischer Prozesse und einer Veränderung sowohl der Struktur als auch der chemischen Eigenschaften der Oberfläche

Wie stark die Laserenergie von dem bearbeitenden Kunststoff absorbiert wird, hängt neben den Parametern des Laserstrahls insbesondere von der Art des Kunststoffs aber auch von Füllstoffen und Additiven ab, die dem Kunststoff beigefügt wurden. Um einen Abtrag zu erreichen, muss ein vom Kunststoff und den Strahlparametern abhängiger Grenzwert überschritten werden [18].

Das Strukturieren von metallischen Werkzeugoberflächen, wie es zuvor für das Beispiel von Spritzgießwerkzeugen beschrieben wurde, ist in der Regel sehr zeitintensiv mit einer Abtragdauer von etwa 5 bis 10 min/cm^2 bei einer Abtragtiefe von etwa 100 μm [20]. Das Strukturieren durch Aufschmelzen ist eine neu entwickelte Alternative hierzu mit höheren Bearbeitungsgeschwindigkeiten, ohne dass Material abgetragen wird. Hierbei wird die Werkstückoberfläche durch einen modulierbaren Laser im cw-Betrieb geformt und die gewünschte Struktur durch die Modulation und dem damit veränderlichen aufgeschmolzenen Werkstückvolumen erreicht [20].

5.7　Laserstrahlreinigen

Laserstrahlreinigen, in der Literatur auch als Laserstrahlentschichten bezeichnet [1], wird in der Regel eingesetzt, um Oberflächenschichten von einem Bauteil zu entfernen, die in ihrer chemischen Zusammensetzung von der des Grundwerkstoffs abweichen. Das können zum Beispiel Oxidschichten, Lackschichten oder Verunreinigungen sein.

Für das Reinigen von Oberflächen gibt es eine Vielzahl von Gründen. Voraussetzung zum Beispiel für Schweiß- oder Klebeverbindungen ist, dass die Oberfläche im Bereich der Schweißstelle sauber ist, also zum Beispiel von Lack, Öl oder anderen Beschichtungen befreit ist. Zum Säubern der Oberflächen gibt es unterschiedliche Möglichkeiten. Neu ist die Möglichkeit der Laserreinigung.

Für die Beseitigung von Elastomerrückständen an den Formwerkzeugflächen von Werkzeugen zur Reifenherstellung bietet die Reinigung durch Laser z. B. den Vorteil, dass die Werkzeugflächen durch die Reinigung beschädigungsfrei bleiben.

Je nach Anwendungsfall werden unterschiedliche Lasertypen zum Einsatz gebracht. Meist handelt es sich um gepulste YAG- oder Faserlaser mit einer Wellenlänge von 1060 nm bis 1070 nm oder auch mit CO_2-Lasern mit einer Wellenlänge von 10.600 nm. Je nach Anwendung können auch andere Wellenlängen zum Einsatz kommen. Die jeweilige Leistung der Strahlquellen variieren nach Schnelligkeit und Größe der Fläche die bearbeitet werden soll. Bei kleinen Flächen, also wo nur ein Teil einer Fläche von wenigen cm^2 gereinigt werden soll, reichen vielleicht 20 W oder 50 W Lasersysteme aus, bei größeren Flächen, die in kurzer Zeit abgearbeitet werden soll, muss die Geschwindigkeit erhöht werden, was meistens nur durch eine höhere Leistung des Lasers von bis zu 1,5 kW Watt und schnellere Hochleistungsscanner realisiert werden kann.

Die Vorteile liegen auf der Hand. Der Laserstrahl arbeitet berührungslos aus der definierten Entfernung des Fokus der Optik. Daraus folgt, dass die Maschine, in diesem Fall das Objektiv, der Scanner und der Laserkopf, nicht direkt am Ort der Bearbeitung sein muss. Dieser Fokusabstand schont die Maschine und gibt die Möglichkeit den entstehenden Gas- und Staubanfall abzusaugen und in einem Filtersystem abzuscheiden (Abb. 5.15).

Abb. 5.15 Abtrag von überschüssigem Lack von einer Stahlkette. (Links: Werkstücke, rechts: Abtragprozess)

Der Staubanfall kann bei dieser Anwendung immens sein und darf nicht unterschätzt werden (siehe Abschn. 10.2). Eine normale Absaugung reicht meist nicht. Es sollte eine maßgeschneiderte Lösung mit einem Spezialisten abgestimmt werden. Es kann durchaus passieren, dass bei hohen Durchsätzen so viel Staub entsteht, dass dieser sich an der Absaugdüse absetzt. Noch dazu kann der Staub Klumpen bilden. Wie kommt das? Erst ist der Laserabtrag gasförmig, dann wird er in Richtung der Absaugdüse gezogen und kühlt ein wenig ab. An der Düse setzt er sich partikelweise ab und kühlt weiter ab. Hier kann sich ein Klumpen bilden. Da muss man Vorkehrungen treffen, um die Klumpenbildung entweder zu minimieren oder den Klumpen von Zeit zu Zeit mechanisch abzutragen.

5.8 Schichten mit dem Laser abtragen

Neben dem Abtragen von unerwünschten Schichten, die, wie im vorherigen Abschnitt beschrieben, z. B. beim Einsatz von Formwerkzeugen entstehen oder durch die Korrosion einer Oberfläche, wird das Abtragen von Schichten auch eingesetzt, um bestimmte Funktionen an einem Produkt zu erreichen. Das kann beispielsweise die Entfernung einer elektrisch isolierenden Schicht sein, um eine nachfolgende elektrische Kontaktierung zu ermöglichen, ebenso der Abtrag einer Beschichtung als Vorbereitung zum Schweißen oder das Abtragen der Deckschicht einer mehrlagigen Kunststoffbeschichtung, um eine Beschriftung zu erzeugen (s. Abb. 5.16).

Der Laserstrahl mit seinen hohen Pulsspitzenleistungen trifft in diesem Fall auf die Oberfläche und verdampft die oberste Schicht und je nach Energiedichte auch die darunter liegenden Schichten. Dies ermöglicht eine selektive Vorgehensweise und

Abb. 5.16 Abtragen einer Lackschicht um die elektrische Leitfähigkeit herzustellen

das Abtragen von verschiedenen Materialien oder Schichten. Wenn es darum geht Schichten unterschiedlicher Art und Beschaffenheit von einem metallischen Körper zu entfernen ist sehr wahrscheinlich der CO_2-Laser die erste Wahl. Der CO_2-Laser würde Verunreinigungen und Kunststoffe, also Beschichtungen und Lacke, aber auch Kabelummantelung bis auf das Metall wegbrennen. Das Metall jedoch würde vom CO_2-Laser nicht bearbeitet, weil der Laserstrahl des CO_2-Lasers mit 10.600 nm an der Oberfläche von Metallen nur sehr wenig absorbiert wird (vgl. Abb. 5.1). Deshalb lassen sich CO_2-Laserfür für solche Anwendung sehr gut nutzen. Je nachdem welcher Schichtaufbau vorliegt und welche Schichten entfernt werden sollen, muss der Laserstrahl eingestellt werden. Je feiner der Laserstrahl in seiner Fokusgröße und Leistung über das Produkt geführt wird, umso selektiver können Materialien von den Oberflächen abgetragen werden.

Eventuell kann aber auch ein Faserlaser mit der Wellenlänge von 1060 nm besser geeignet sein, das hängt von der Aufgabenstellung ab. Dieser Laser würde die Oberfläche ganz leicht mit bearbeiten können. Die Leistung ist wie immer beim Laser einstellbar. Je nach Schicht und Material ergibt das ein besseres Resultat. Aber das muss im Einzelfall getestet werden.

Der Vorteil von einem Laser liegt hier auf der Hand. Es können eigenwillige Geometrien, ohne die Umgebung abkleben zu müssen, bearbeitet werden und auch komplexe 2D-Geometrien können gelasert werden. Hohen Stückzahlen sind kein Problem, weil eine Lasermaschine mit einer hohen Wiederholgenauigkeit arbeitet.

Literatur

1. Bliedtner J, Müller H, Bartz A (2013) Lasermaterialbearbeitung, Grundlagen – Verfahren – Anwendungen – Beispiele. Fachbuchverlag Leipzig im Carl Hanser Verlag, München
2. Poprawe R (2005) Lasertechnik für die Fertigung, Grundlagen, Perspektiven und Beispiele für den innovativen Ingenieur. Springer, Berlin
3. v Allmen M, Blatter A (1995) Laser-beam interactions with materials. Springer, Berlin
4. Hügel H, Graf T (2009) Laser in der Fertigung, Strahlquellen, Systeme. Fertigungsverfahren. Vieweg+Teubner GWV Fachverlage, Wiesbaden
5. Dausinger F (1995) Strahlwerkzeug Laser: Energieeinkopplung und Prozeßeffektivität. Universität Stuttgart, Habilitation

6. Wester R (2011) Absorption of laser radiation. In Poprawe R (Hrsg) Tailored light 2, laser application technology, 2. Aufl. Springer, Berlin, S 15–41. https://doi.org/10.1007/978-3-642-01237-2_3

7. Pirri AN, Root RG, Wu PKS (1979) Plasma energy transfer to metal surfaces irradiated by pulsed lasers. AIAA Journal 16(12):1296–1304. https://doi.org/10.2514/6.1977-658

8. Peschko W (1981) Abtragung fester Targets durch Laserstrahlung. Dissertation, TH Darmstadt

9. Discherl M (2007) Nicht-thermische Mikrojustiertechnik mittels ultrakurzer Laserpulse. Meisenbach, Bamberg

10. Gillner A, Horn A (2011) Ablation. In R. Poprawe (Hrsg) Tailored light 2, laser application technology. Springer, Berlin, S 343–363. https://doi.org/10.1007/978-3-642-01237-2_15

11. Meijer J, Du K, Gillner A, Hoffmann D, Kovalenko VS, Masuzawa T, Ostendorf A, Poprawe R, Schulz W (2002) Laser machining by short and ultrashort pulses, state of the art and new opportunities in the age of the photons. CIRP Annals 51(2):531–550. https://doi.org/10.1016/S0007-8506(07)61699-0

12. Dondieu SD, Wlodarczyk KL, Harrison P, Rosowski A, Gabzdyl J, Reuben DP, Hand DP (2020) Process optimization for 100W nanosecond pulsed fiber laser engraving of 316L grade stainless steel. J Manuf Mater Process 4(4):110. https://doi.org/10.3390/jmmp4040110

13. Manninnen M, Hirvimäki M, Poutiainen I, Salminen A (2015) Effect of pulse length on engraving efficiency in nanosecond pulsed laser engraving of Stainless Steel. Metallurgical and Materials Transaction B 46B:2129–2136. https://doi.org/10.1007/s11663-015-0415-x

14. Kluess D, Steinhauser E, Joseph M, Koch U, Ellenrieder M, Mittelmeier W, Bader R (2015) Laser engravings as reason for mechanical failure of titanium-alloyed total hip stems. Arch Orthop Trauma Surg 135:1027–1031. https://doi.org/10.1007/s00402-015-2225-7

15. Hartl C (2005) Investigations into process parameters of diode laser marking. In proceedings of Int. Symposium Research – Education – Technology, Gdansk, May 20–22, 2005, S 105–108

16. Patel D, Jain VK, Ramkumar J (2018) Micro texturing on metallic surfaces: state of the art. Proc IMechE Part B: J Eng Manuf 232(6):941–964. https://doi.org/10.1177/0954405416661583

17. Pfestorf M, Engel U, Geiger M (1998) 3D-surface parameters and their application on deterministic textured metals sheets. Int J Mach Tools Manufact 38(5–6):607–614. https://doi.org/10.1016/S0890-6955(97)00108-9

18. Obilor AF, Pacella M, Wilson A, Silberschmidt VV (2022) Micro-texturing of polymer surfaces using lasers: a review. Int J Adv Manuf Technol 120:103–135. https://doi.org/10.1007/s00170-022-08731-1

19. Riveiro A, Maçon ALB, del Val J, Comesaña R, Juan Pou J (2018) Laser surface texturing of polymers for biomedical applications. Front Phys 6(16). https://doi.org/10.3389/fphy.2018.00016

20. Temmler A (2011) Structuring by remelting. In Poprawe R (Hrsg) Tailored light 2, laser application technology. Springer, Berlin, S 203–239. https://doi.org/10.1007/978-3-642-01237-2_11

Maschinenformen 6

Inhaltsverzeichnis

In der industriellen Produktion finden eine Reihe verschiedener Bauformen von Systemen für die Lasermaterialbearbeitung Anwendung, die sich prinzipiell in flexible Universalsysteme und in auf eine bestimmte Bearbeitungsaufgabe für die Serienproduktion angepasste Spezialsysteme einteilen lassen [1]. Sowohl flexible Systeme als auch Spezialsysteme zur Laserbearbeitung können wiederum auf spezielle Verfahren ausgerichtet sein, wie z. B. dem Laserbeschriften, Laserschneiden oder Laserabtragen

© Der/die Autor(en), exklusiv lizenziert an Springer Fachmedien Wiesbaden GmbH, ein Teil von Springer Nature 2023
C. Kollbach et al., *Von der Laserbeschriftung bis zum Lasermaterialabtrag*,
https://doi.org/10.1007/978-3-658-38130-1_6

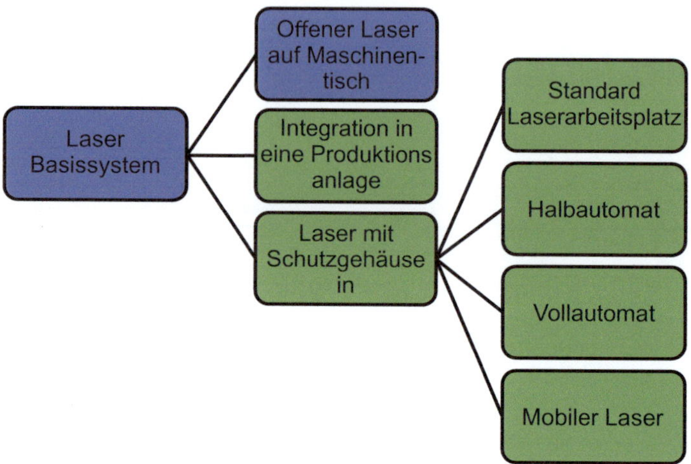

Abb. 6.1 Übersicht zu Varianten von Lasersystemen für die Materialbearbeitung. (Grün: Laserklasse 1, blau: Laserklasse 4)

[1, 2]. In Abb. 6.1 sind diese Varianten zusammengefasst, mit dem in eine Produktionsanlage zur Serienproduktion eingebundenen Spezialsystem und dem meist als Laser mit einem Schutzgehäuse ausgeführtem flexiblen System. Grundbaustein dieser Systeme bildet das Laser-Basissystem (Abb. 6.1). Für das flexible System mit Schutzgehäuse sind in Abb. 6.1 ergänzend die typischen Automatisierungs- und Handhabungsvarianten dargestellt. Abb. 6.2 liefert eine zusammenfassende Darstellung der in den folgenden Teilabschnitten dieses Kapitels vorgestellten Lasersysteme.

6.1 Laser-Basissystem

Bei den Maschinenformen muss man zuerst einmal die Laser-Basissysteme (Abb. 6.3) von den Komplettsystemen unterscheiden. Die verschiedenen in der Produktion eingesetzten Lasersysteme bauen typischerweise auf einer einheitlichen Grundstruktur auf, die im Folgenden beschrieben wird.

Ein Laser-Basissystem besteht aus dem Laserkopf, der Steuerung und einer Stromversorgung. Im Laserkopf ist eventuell der eigentliche Laser, also gemeint ist die Laserstrahlquelle oder zumindest die Auskoppeleinheit, von fasergeführten Systemen und der Scanner mit der Fokussieroptik. Solch ein Basissystem ist ein System in Laserklasse 4, dem der Unterbau und das Schutzgehäuse fehlt. Abb. 6.4 zeigt die wesentlichen Komponenten dieses Systems zusammen mit Einsatzbereichen und Vor- und Nachteilen.

Ein Laserkomplettsystem ist ein Laserbasissystem mit einer verstellbaren Z-Achse, einer Arbeitsplattform und dem Schutzgehäuse oder einem Maschinentisch (oder einem anderen Unterbau). Der Unterschied ist demzufolge der, dass man mit dem Komplett-

                                                                119

Kapitel	Systembeschreibung	Flexibiltät in der Jobanwahl	Menge Produkte pro Job	Größe der Teile	Kosten	Erfoderl. Kenntnisse
6.2	Laserbasissystem auf Maschinentisch	Hoch	Einer bis viele	Klein bis groß	€	*
6.3	Laserbasissystem integriert in Produktionsanlage	Niedrig	Ein Einziger	Verschieden	€	*****
6.4.1.1	Auftischgerät	Hoch	Wenige	Klein	€	*
6.4.1.2	Werkzeugmaschine als Steharbeitsplatz	Hoch	Einige	Groß	€€	*
6.4.1.3	Werkzeugmaschine als Sitzarbeitsplatz	Hoch	Einige	Groß	€€	*
6.4.1.4	Laserarbeitsplatz mit Kranbeladung	Hoch	Einge	Groß und schwer	€€€	*
6.4.2.1	Drehtelleranlage	Niedrig	Sehr viele	Klein bis mittel	€€€€	**
6.4.2.2	Schubladensystem	Hoch	Viele	Mittel bis groß	€€€	**
6.4.2.3	Anlage mit Förderband	Niedrig	Viele	Klein bis mittel	€€€€€	***
6.4.2.4	Anlage Linearsystem XYZ und Dreh-Schwenkachse	Niedrig	Wenige bis viele	Klein bis groß	€€€€€	***
6.4.3.1	Anlage mit Förderband und Beladung aus Magazin	Niedrig	Viele	Klein	€€€€€	***
6.4.3.2	Anlage mit Förderband und Beladung durch Roboter	Niedrig	Viele	Klein bis mittel	€€€€€	***
6.4.3.3	Anlage mit Linearsystem und Beladung durch Roboter	Niedrig	Viele	Klein bis mittel	€€€€€	*****
6.4.3.4	Vollautomatische Anlage mit Bunker, Vereinzelung, Linearstrecke, Positionierung, Bearbeitung, Kontrollstation, Fehlteileausschleusung, Sortierstation, Ablage	Niedrig	Viele	Klein bis mittel	€€€€€	*****
6.4.4	Mobiler Laser	Hoch	Wenige		€€€	**

Abb. 6.2 Maschinentypen und Produktion

system sofort arbeiten kann, während das Basissystem keine Einstellmöglichkeit für den Fokus und keine Arbeitsfläche hat und von daher nicht einsatzfähig ist. Es setzt sich aus folgenden Komponenten zusammen:

1. Laser-Basissystem
2. Gehäuse, Maschinentisch oder ähnliches
3. Arbeitsplatte, Nutentisch, Lochplatte
4. Z-Achse
5. Software zur Steuerung des Lasersystems

Abb. 6.3 Laser-Basissystem
bestehend aus Computer,
Laserstrahlquelle,
Steuerelektronik und
Laserkopf.

6.2 Offener Laser (Laser-Basissystem) in Laserklasse 4 montiert auf einem offenen Maschinentisch

Wenn man keine Schutzumhausung für die Laserklasse 1 benötigt, weil die Maschine in einem abgeschlossenen Raum ohne Fenster zu stehen kommt, dann ist ein Maschinentisch mit verstellbarer Z-Achse und praktischer Arbeitsplatte die richtige Wahl (Abb. 6.5). Der offene Maschinentisch hat den großen Vorteil, dass er keine störenden Wände hat und deshalb auch gut lange oder sperrige Teile auf die Bearbeitungsfläche gelegt werden können. Zudem ist das Arbeiten mit einem offenen Laser schneller, da nicht immer eine Tür nach jedem Laservorgang geöffnet und später wieder geschlossen werden muss. Der Nachteil ist, dass man für diesen einen separaten Laserraum mit speziellen Anforderungen zur Einhaltung der Laserklasse einrichten muss und dies in großen Räumen mit vielen Menschen nicht ohne die Einhaltung der Spezialmaßnahmen betrieben werden darf.

Anforderungen an einen Raum zur Unterbringung eines Lasersystems der Laserklasse 4: *Man kann in Deutschland ohne weiteres mit einem offenen Laser arbeiten. Hierfür sind gesonderte Schutzmaßnahmen notwendig. Der Mitarbeiter bzw. die Mitarbeiterin an der Maschine sowie alle anderen in dem Raum befindlichen Personen müssen eine Laserschutzbrille tragen. Der Raum darf keine Fenster haben oder die Fenster müssen durch eine geeignete mechanische Lösung verschlossen werden, sodass kein Strahl durch die Fenster nach außen dringen kann. Die Türen zu dem Raum dürfen entweder von außen keine Möglichkeit haben diese zu öffnen. Das bedeutet:*

Abb. 6.4 Details zum Laser-
Basissystem

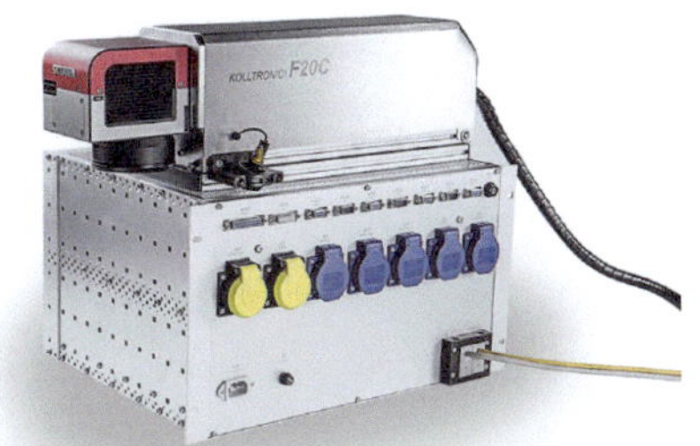

Bestandteile eines Basissystems in Laser Klasse 4	
Laserkopf	⇨ Laserstrahlquelle oder Auskoppeloptik ⇨ Scanner ⇨ F-Theta Objektiv
Extras im Laserkopf	⇨ Pilotlaser ⇨ Autofocus ⇨ Interlock ⇨ Distanzlaser ⇨ Focus Shifter ⇨ Strahlaufweitung
Computer	⇨ Windows Rechner ⇨ manchmal auch Linux ⇨ Controller für die Scannersteuerung Software
Controller	⇨ Netzteile ⇨ Interlock

Laserbasissystem	
Für wen?	Diese Lasersysteme werden von Maschinenbaufirmen gekauft und in eine andere Maschine eingebaut
Vorteile	Lässt sich leicht integrieren
Nachteile	Muss meist wegen Laserklasse 4 in ein Handlingsystem integriert werden

kein Türgriff mit dem man die Tür öffnen kann, die Tür kann nur von innen geöffnet werden. Oder eine Tür mit normalen Türgriffen, wobei die Tür abgesichert ist und in dem Moment, wo jemand die Tür öffnet, wird der Laser komplett abgeschaltet. Zudem muss der Raum außen ein Hinweisschild haben, auf dem darauf hingewiesen wird, dass in diesem Raum mit Lasern der Laserklasse 4 gearbeitet wird und eine Schutzbrille der

Abb. 6.5 Offener Laser

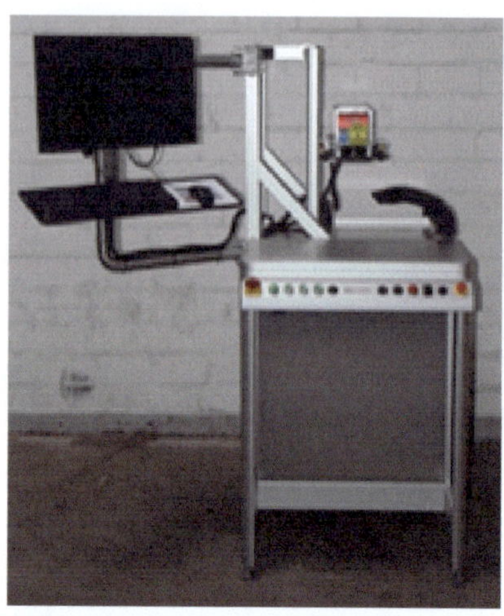

Offener Laser	
Für wen?	⇨ für alle Firmen, die für den Laser einen separaten Laserraum anbieten können
Vorteile	⇨ flexibel , einfach, robust
Nachteile	⇨ Laserklasse 4
Kleinserie oder Großserie	⇨ kleine bis mittlere Losgrößen
Stückzahl pro Tag	⇨ 1 bis 20 Jobs pro Tag ⇨ 1 bis 1.000 Stück pro Tag, kann auch mal mehr sein

entsprechenden Wellenlänge der in dem Raum befindlichen Laser getragen werden muss. Darüber hinaus ist außen eine rote Warnleuchte anzubringen. Sie muss eingeschaltet sein, wenn in dem Raum der Laser läuft. Der Betrieb muss zudem einen Laserschutzbeauftragten haben.

Der Maschinentisch kann als Sitz- oder Steharbeitsplatz ausgeführt sein. Es muss nicht unbedingt als geschlossenes System ausgeführt sein, es kann auch nur ein Skelett vorhanden sein, dass die notwendigen Funktionen erfüllt. In das Skelett bringt der Hersteller den Controller und den Computer unter. In ganz einfachen Ausführungen stehen diese daneben oder darüber.

6.3 Laser-Basissystem zur Integration in eine Produktionsanlage

Wofür werden Laser-Basissysteme verkauft? Diese gehen zu Maschinenbaufirmen, die diese Basissysteme in Maschinen, z. B. vollautomatische Anlagen wie Maschinen zur Produktion von bestimmten Teilen integrieren. Der andere Verwendungszweck ist die nachträgliche Integration in eine vorhandene Produktionsanlage. Abb. 6.6 fasst Einsatzbereich sowie Vor- und Nachteile des Laser-Basissystems zusammen, wenn es in eine Produktionsanlage integriert wird.

Beispiel zur Integration eines Laser-Basissystems in die Serienproduktion: *Bei einem Automobilzulieferbetrieb werden Kurbelwellenköpfe hergestellt. Diese Metallprodukte müssen am Ende der Produktion mit einer Seriennummer und Herstelldaten versehen werden. Dies kann man sehr gut mit einem Laser machen. Das Laser-Basissystem würde am Ende der Produktionslinie vor der Verpackungsstation eingebaut werden. Hierbei ist die Integration elektrisch und mechanisch von einem Fachmann vorzunehmen. Zuletzt muss ein Laserstrahlschutz um den Laserkopf, eventuell auch um das Förderband herum, eingebaut werden. Für den Strahlenschutz gibt es unterschiedliche Lösungen. Zum Beispiel pneumatische oder elektrische Türen oder lange Tunnel mit Laserschutzbürsten am Ende, in denen sich der Laserstrahl totläuft.*

Abb. 6.6 Laser-Basissystem zur Integration in eine Produktionsanlage

Laserbasissystem für die Integration in eine Produktionsanlage	
Für wen?	⇨ für Maschinenbauer, zur Linienintegration
Vorteile	⇨ flexibel
Nachteile	⇨ keine
Kleinserie oder Großserie	⇨ große Serien
Losgrößen, Stückzahl pro Tag	⇨ eher für große Stückzahlen

6.4   Lasersysteme in einem Schutzgehäuse in Laserklasse 1

Entsprechend Abb. 6.1 können flexible Lasersysteme mit Schutzgehäuse mit einem unterschiedlich hohen Automatisierungsgrad ausgestattet sein. Es wird unterschieden zwischen: Laserarbeitsplätzen mit manueller Bedienung, halb- und vollautomatischen Lasersystemen sowie mobilen Lasersystemen. Diese Systeme werden in den folgenden Abschnitten genauer beschrieben.

6.4.1   Standard-Laserarbeitsplatz

Typische in der industriellen Praxis eingesetzte Standard-Laserarbeitsplätze sind manuell beschickbare Auftischgeräte, Steh- und Sitzarbeitsplätze sowie Laserarbeitsplätze mit Kranbeladung

6.4.1.1 Auftischgerät

Bei den Auftischsystemen handelt es sich meist um kleine Kompaktgeräte, die gerne in Laboren oder sogar in Büroumgebungen eingesetzt werden (Abb. 6.7). Der Vorteil ist der geringe Platzbedarf der Geräte, welche für kleine Räume sehr gut geeignet sind. Der Nachteil bei dieser Art Geräte ist, dass man in der Funktionalität sehr eingeschränkt ist. Es gibt wenig Raum zur Unterbringung größerer Werkstücke für die Bearbeitung. Sie sind auf die Bearbeitung von Kleinteilen beschränkt. Meist sind die Türen auch in Bezug auf die Menge ein limitierender Faktor. Diese sind oft klein und man kann nur kleine Teile einlegen. Mit diesen Geräten werden meist nur kleine Losgrößen gefertigt. Typische Losgrößen sind 1 bis 200 Stück gleichartiger Produkte. Oft werden aber auch nur Einzelteile bearbeitet. Wegen der eingeschränkten Höhe können nur Teile bis zu einer gewissen Höhe in das System eingelegt werden. Der Laserstrahl an sich, die Leistung und die Strahlqualität sowie die Software können identisch mit denen von größeren Systemen sein.

6.4.1.2 Steh- und Sitzarbeitsplätze

Eine Standard-Lasermaschine (Abb. 6.8) für die Oberflächenbearbeitung oder für die Lasergravur muss einige Funktionen erfüllen. Für den Strahlenschutz muss das Gehäuse so gebaut sein, dass kein Laserstrahl nach außen dringen kann. Das Gehäuse soll zudem dem Bedienpersonal ein einfaches Handling, schnelle Einrichtung und leichte Bedienung der Maschine ermöglichen. Das Gehäuse sollte zumindest so robust sein, wie es am jeweiligen Aufstellungsort gefordert ist. Maschinengehäuse in IP54 schützen vor stärkeren Umwelteinflüssen. Maschinengehäuse in IP66 halten auch täglichen Waschvorgängen der Außenhaut stand und schützen vor Staub (der IP-Code kennzeichnet die Schutzart des Gehäuses entsprechend der Norm DIN EN 60529 VDE 0470-1:2014-09).

Abb. 6.7 Auftischgerät

Tischsystem	
Für wen?	⇨ für Kleinanwender, die wenig Platz für eine Maschine haben und diese am liebsten auf einen vorhandenen Tisch stellen wollen
Vorteile	⇨ kompakt
Nachteile	⇨ nur für Kleinteile
Kleinserie oder Großserie	⇨ Kleinserie
Stückzahl pro Tag	⇨ 1 bis 20 Jobs pro Tag

In der Maschine, meist unter dem Laserkopf in einem eigenen Bereich, sind Controller und Computer sicher untergebracht. Im oberen Bereich auf Arbeitshöhe, befindet sich vorne an der Maschine eine Tür, die entweder, wenn sie manuell ausgeführt wird, sehr leicht zu bewegen sein muss oder, wenn sie elektrisch oder pneumatisch ausgeführt ist, nach oben oder nach unten so öffnet, dass das Bedienpersonal komfortabel arbeiten kann. Nach den Anforderungen der BGHM (Berufsgenossenschaft Holz und Metall) sind bestimmte Grundregeln bei der Einrichtung der Arbeitsplätze zu berücksichtigen. Für den Sitzarbeitsplatz:

1. Oberkörper aufrecht
2. Oberarme senkrecht
3. Unterarme waagerecht
4. Blickwinkel ca. 40° nach unten

Abb. 6.8 Lasersysteme mit
Sitz- und Steharbeitsplatz

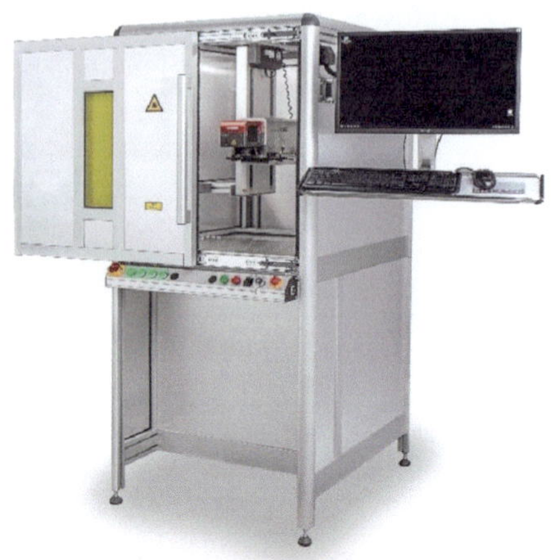

Laserbasissystem mit Sitz- oder Steharbeitsplatz	
Für wen?	⇨ für alle Anwender
Vorteile	⇨ flexibel, einfach, robust
Nachteile	⇨ keine
Kleinserie oder Großserie	⇨ kleine bis große Serien
Kleine bis mittlere Losgrößen pro Tag	⇨ 1 bis 20 Jobs pro Tag ⇨ 1 bis 1.000 Stück pro Tag, kann auch mal mehr sein

5. Oberschenkel waagerecht
6. Unterschenkel senkrecht
7. flächiger Bodenkontakt der Füße

Für den Steharbeitsplatz:

1. Körperhaltung aufrecht
2. Oberarme senkrecht nach unten
3. Zwischen Ober- und Unterarm ein rechter Winkel oder größer
4. Kopf- und Blickneigung zusammen ca. 30 bis 35°

Der Arbeitstisch sollte bei einem Sitzarbeitsplatz in circa 63 cm bis 75 cm Höhe und bei einem Steharbeitsplatz in circa 85 cm bis 95 m Höhe angebracht sein. Der Laserkopf ist an einer höhenverstellbaren Achse, der sogenannten Z-Achse, befestigt. Mit dieser Achse wird der Fokus eingestellt. Bei den meisten heutigen Systemen geschieht dies motorisch. Aber auch manuelle Systeme, bei denen die Höhe mit einem Handrad eingestellt wird, kommen vor.

Wenn die Z-Achse nicht auf dem Arbeitstisch aufgeschraubt ist, sondern unter der Decke montiert ist, ergibt sich mehr Freiraum für größere Produkte und einfacheres Arbeiten beim Handling im Laserraum. Die Arbeitsplatte wird heute bei den meisten Systemen als Lochplatte ausgeführt. Ältere Systeme nutzten oft Nutenplatten. Der Vorteil der Lochplatte ist, dass Positioniersysteme, die im unteren Bereich verstiftet sind, leicht in eine Position gesteckt werden können. Da sind Nutenplatten klar im Nachteil, weil die Positioniersysteme bei jedem Verstellen festgeschraubt werden müssen. Diese Laserarbeitsplatten werden meistens aus beschichtetem Stahl oder ferritischem Edelstahl (z. B. Werkstoffnummer 1.4016), auf dem Magnete halten, hergestellt. Der Vorteil des Arbeitens mit Magneten ist, dass man sehr schnell eine haltbare Verbindung zur Positionierung der Produkte herstellen kann. Jedoch haben sie den Nachteil, dass sie verrutschen können. Zusätzlich gibt es Winkel und Prismensysteme, die sich in diese Platten einstecken lassen. Viele Kunden fertigen sich für ihre Produkte Paletten, Vorrichtungen oder Aufnahmen an. In diese Vorrichtung können die Produkte passgenau eingelegt werden. Auf der Unterseite dieser Aufnahmen werden Stifte eingearbeitet, die in die Arbeitsplatte gesteckt werden können. Damit ist ein sehr schnelles Wechseln der Aufnahmen möglich.

6.4.1.3 Laserarbeitsplatz mit Kranbeladung

Wenn es darum geht, große schwere Produkte in einer Lasermaschine zu bearbeiten, dann stellt sich als erstes die Frage: „wie bekomme ich meine Produkte in die Maschine?" Hierzu gibt es sicherlich unterschiedliche Ansätze. Man könnte zum Beispiel mit mehreren starken Männern anpacken und das Produkt in die Maschine heben. Das hört sich jedoch nicht sehr effizient an und bis zu welchem Gewicht ist das möglich?

Eine andere Möglichkeit wäre es, die Produkte mit einem Gabelstapler hochzuheben und in die Maschine zu bringen und dort abzulegen. Jedoch fällt das nachträgliche Positionieren wenn der Gabelstapler aus der Maschine gefahren wurde, schwer. Eine andere Möglichkeit ist es, die Produkte mit einem Kran anzuheben und auf eine außenliegende Schublade zu legen (Abb. 6.9).

Die meisten Maschinen sind oben geschlossen, sodass ein Kran von oben keinen Zugang hat. Aus diesem Grunde sollte eine Maschine mit Kranbeladung die Möglichkeit haben, die Maschine außen zu beladen und innen zu lasern. Deshalb bietet sich in diesem Fall an, dass die Außenstation, wo beladen wird, nach dem Beladen in die Maschine geschoben wird. Eine solche Maschine hat demzufolge eine Schienenbahn, auf der ein Schlitten zwischen der Außenstation, wo beladen wird, und der Innenstation, wo gelasert

Abb. 6.9 Lasermaschine die wahlweise mit Kran oder normal durch die Vordertür beladen werden kann

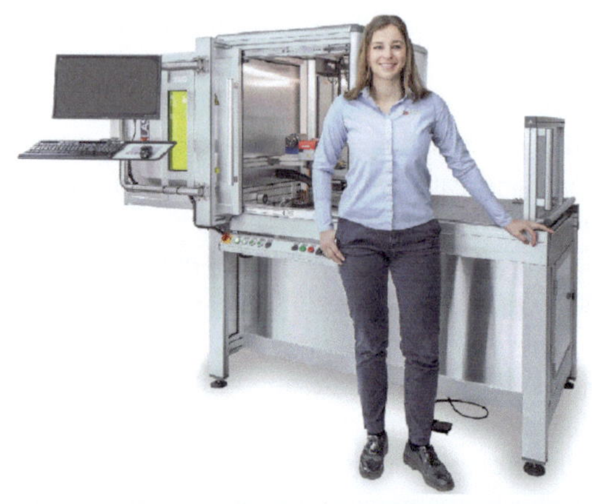

Lasersystem mit Kranbeladung	
Für wen?	⇨ für die Industrie, die manchmal schwere Teile lasern muss, aber ansonsten eine ganz normale Lasermaschine benötigt
Vorteile	⇨ Kranbeladung und Normalbetrieb
Nachteile	⇨ keine
Kleinserie oder Großserie	⇨ kleine bis mittlere Losgrößen
Stückzahl pro Tag	⇨ 1 bis 20 Jobs pro Tag ⇨ 1 bis 1.000 Stück pro Tag, kann auch mal mehr sein

wird, hin und her fahren kann. Es liegt in der Natur der Sache, dass es auch sowohl manuelle Ausführungen als auch motorgetriebene Ausführungen gibt.

Hat die Maschine die Möglichkeit das Dach zu öffnen, zum Beispiel über eine verschiebbare Luke oder Dachkonstruktion, dann könnte das Produkt mit dem Kran direkt von oben in die Maschine geladen werden. Vorsicht, der Laserkopf ist im Weg und darf nicht beschädigt werden. Das Positionieren ist bei dieser Variante nicht so einfach, weil meistens nur vorne eine Tür ist und an den Seiten geschlossene Wände sind, sodass helfende Hände nicht die Möglichkeit haben das Produkt beim Absetzen zu positionieren, außer von der Vorderseite, wo die Tür ist.

Worauf muss man bei einer Maschine mit Kranbeladung achten?
Natürlich soll die Maschine ganz normal von Hand bestückt werden können und nur bei schweren Teilen soll die Möglichkeit der Kranbeladung genutzt werden können. Zuerst steht die Frage der Beladungsmöglichkeit im Vordergrund und natürlich, wie schwer solch eine Schublade beladen werden kann.

Ist die Tragkraft des Schlittens für die Produkte ausreichend, so bleibt nur noch die Frage der Fixierung auf der Arbeitsplatte und wie leicht sich die Schiene bewegen lässt. Vor allem bei der manuellen Verschiebung sollte sich die Schublade leicht verschieben lassen. Doch Vorsicht, bei großen Gewichten tritt zudem die Schwierigkeit auf, die schwere Schublade in der Endposition innen in der Maschine zu stoppen. Bei großen Gewichten ist dies manuell durch den Bediener oder die Bedienerin nicht ratsam. In diesem Fall sollte deshalb eine motorische Schublade bevorzugt werden.

Die Endposition in der Maschine muss gesichert werden. Um einen exakten Sitz der Schublade innen in der Maschine zu gewährleisten, ist es notwendig, dass die Schublade fixiert wird. Hierzu gibt es unterschiedliche Lösungen z. B. über einen Positionssensor.

Wenn die Schublade mit einem Sensor versehen ist, besteht die Möglichkeit, über den Sensor ein Signal „Schublade ist in Position" an den Laser zu senden und diesen automatisch zu starten. Ob dies im Einzelfall die richtige Lösung ist, sollte geprüft werden. Ebenso könnte der Laser ein Signal „Laser fertig" an die Schubladenmotoren zurückgeben, sodass die Schublade automatisch nach Beendigung des Jobs nach außen fährt. Ob das praktisch ist, ist im Einzelfall abzuwägen,

Die Maschine mit Kranbeladung eignet sich vor allem für die Bearbeitung von schweren oder großen Teilen. Es sollte in jedem Fall die Möglichkeit geboten sein, die Maschine ohne die Kranbeladungsoption ganz nutzen zu können.

6.4.2   Halbautomaten

Halbautomaten sind Maschinen, die außerhalb des Bearbeitungsraums des Lasers von Hand bestückt werden und von da ab prozesssicher die Produkte abarbeiten. Außerhalb der Laserschutzkabine wird beladen und entladen, während in der Maschine gelasert wird. Nach dieser Definition ist die halbautomatische Maschine eine Maschine, welche die Produkte vollautomatisch lasert, aber das Be- und Entladen geschieht manuell. Typische Varianten sind Drehteller- und Schubladensysteme.

6.4.2.1 Drehtelleranlage

Die Drehtelleranlage ist vielleicht die bekannteste und verbreitetste Maschine dieses Typs (Abb. 6.10). Ein Drehteller kann mit 2 oder 4 Positionen (bei Bedarf auch mehr) ausgeführt werden, wobei hier nur die Systeme mit 2-Positionen-Drehteller betrachtet werden sollen.

Oft wird diese Maschine als Sitzarbeitsplatz ausgeführt, wo ein Drehteller im Mittelpunkt des Bedienbereichs angebracht ist. Der Drehteller ist durch eine Schottwand

Abb. 6.10 Drehtellersystem

Drehtellersystem	
Für wen?	⇨ für die Industrie, und alle, die größere Stückzahlen in einem Job haben
Vorteile	⇨ Während des Be- und Entladens wird innen gelasert. Dadurch fast doppelter Durchsatz als in einer normalen Maschine
Nachteile	⇨ Einzelstücke sind umständlicher Einzurichten
Kleinserie oder Großserie	⇨ mittlere bis große Losgrößen
Aufträge, Stückzahl pro Tag	⇨ 1 Job pro Tag ⇨ große Stückzahlen

in einen Innen- und einen Außenbereich aufgeteilt, weil außen be- und entladen wird, während innen gelasert wird. Die Schottwand schützt das Bedienpersonal vor Verletzungen durch Laserstrahlen. Ein Drehteller kann natürlich in jeder Größe ausgeführt werden, aber praktischerweise kommen Durchmesser von ca. 600 mm oft zum Einsatz und 800 mm werden eher bei größeren Teilen zum Einsatz kommen.

Dadurch, dass der Teller in der Mitte unterteilt ist und ein Teil außen und ein Teil in der Kabine ist, hat die Maschine einen Vor- und einen Nachteil. Vorteilhaft ist, dass die Vorrichtung präzise auf dem Teller positioniert ist und die Produkte sicher platziert werden können. Das Einlegen der Teile ist meistens sehr einfach gestaltet, sodass der

Bediener beziehungsweise die Bedienerin eventuell sogar mit einer Hand herausnimmt und mit der anderen Hand neu einlegt.

Der Nachteil ist das etwas umständlichere Einrichten bei einem neuen Job. Dazu muss das Produkt innen in die Kabine eingelegt werden, dort perfekt positioniert werden und der Laser für die Bearbeitung im Fokus angepasst und in der Position genau eingestellt werden. Dies geht nicht von vorne, weil dort die Schottwand des Drehtellers und die Kabinenwand die Maschine abschließt. D. h. der Einrichter bzw. die Einrichterin muss von der Seite her arbeiten. Aus diesem Grunde ist es komfortabel, wenn die Drehtelleranlage rechts und links an den Seiten Türen hat, sodass das Einrichten gegebenenfalls von der einen oder anderen Seite aus komfortabel durchgeführt werden kann.

Da Drehtelleranlagen immer zur Bearbeitung von anzahlmäßig großen Aufträgen angeschafft werden, muss dies kein Nachteil sein. Einmal eingerichtet, ist diese Anlage beim Durchsatz gegenüber einer Standardmaschine im Vorteil, weil – wenn draußen be- oder entladen wird – innen gelasert wird. Somit werden die Stillstandzeiten der Anlage deutlich reduziert und der Durchsatz ist viel größer.

6.4.2.2 Schubladensystem

Ein alternierendes Schubladensystem kann die Eierlegendewollmilchsau unter den Maschinen sein. Sie kann wie eine normale Standardmaschine genutzt werden, kann für größere Mengen genutzt werden und kann größere Teile genauso wie schwere Teile aufnehmen (Abb. 6.11).

Das Funktionsprinzip eines Schubladensystems folgt der gleichen Logik wie der Drehteller. Bei dem Schubladensystem ist immer eine Schublade innerhalb der Maschine und eine Schublade außerhalb der Maschine. Die Maschine besteht also aus zwei sogenannten alternierenden Schubladen. Die Schublade kann je nach Art der Produkte aber auch klein ausfallen. Im Normalfall hat die Schublade in etwa die Breite der Maschine. Dadurch bleibt die Flexibilität erhalten. Jedoch macht eine kleine Schublade Sinn, wenn die Maschine nur für ein Produkt und die Massenfertigung gebaut wird.

Bei einem Schubladensystem befindet sich der Laserraum im Zentrum, also in der Mitte und durch den Raum führt ein Schienensystem. Auf dem Schienensystem läuft ein Wagen, der die zwei Schubladen trägt.

Arbeitsweise: Die Maschinenbedienung legt ein zu bearbeitendes Produkt in die Schubladenseite, die sich außerhalb der Laserkabine befindet. Hierfür sollte eine Aufnahme vorhanden sein, die so ausgerichtet wurde und so geformt ist, dass das Produkt sehr exakt eingelegt werden kann. Nachdem das Produkt eingelegt wurde, muss die Schublade manuell in Position geschoben werden. D. h. die äußere Schublade wird in den Laserraum hineingeschoben. Gleichzeitig drückt sich auf der anderen Seite die 2. Schublade nach außen. Natürlich gibt es Systeme, wo dieses nicht manuell geschieht, sondern die Schublade durch Elektromotoren bewegt wird. Beide Systeme haben Vor- und Nachteile. Bei der manuellen Version überwiegt der Vorteil der einfachen Handhabung und der Langlebigkeit, verbunden mit einem niedrigeren Preis.

Abb. 6.11   Schubladensystem

Lasersystem mit alternierender Schublade (2 Positionen)	
Für wen?	⇨ für alle, die manchmal kleine und manchmal größere Stückzahlen in einem Job haben
Vorteile	⇨ Flexibel: mit und ohne Schubladen nutzbar. Laserbearbeitung während Beschickung (erhöhter Durchsatz). Robust. Elektrischer und manueller Antrieb möglich.
Nachteile	⇨ doppelter Platzbedarf
Kleinserie oder Großserie	⇨ mittlere bis große Losgrößen
Aufträge, Stückzahl pro Tag	⇨ 1 bis 20 Jobs pro Tag ⇨ kleine, mittlere und große Stückzahlen

Bei der durch Motoren angetriebenen Schublade überwiegt der Vorteil, dass die Bedienkraft nur einen Knopf betätigen muss und die Schublade von alleine in die richtige Position fährt und gegebenenfalls der Laservorgang automatisch startet. Ebenso kann die Maschine so geschaltet sein, dass nach Laserende die Schublade selbsttätig nach außen fährt.

Sicherheit ist hier ein weiteres Thema. D. h. die Schublade muss gegen Quetschungen abgesichert sein. Nach geltenden Vorschriften bedeutet dies, dass die Schubladen rings-herum mit einem Zaun oder durch Lichtschranken mit Abschaltautomatik abgesichert sein müssen. Es wird natürlich vorausgesetzt, dass der Laserraum in Laserklasse 1 ausgeführt ist, sodass bei eingefahrener Schublade der Laserraum abgeriegelt ist und keine Laserstrahlen nach außen dringen können.

Besonderheiten des Schubladensystems: um größere Arbeitsflächen der Schublade bedienen zu können bedarf es eines Lasers, der durch ein X-Y-Z-System über die Arbeitsfläche bewegt wird. So kann der Laser sequenziell Arbeitsflächen bedienen. Dies könnte nötig sein, wenn nicht ein einzelnes Teil, sondern eine Vielzahl von Produkten in eine Vielzahl von Vorrichtungen oder in eine große Vorrichtung mit vielen Nestern gelegt werden. Diese können leicht durch ein Programm abgefahren und gelasert werden.

Durch solch ein X-Y-Z-Portal können natürlich auch größere Teile gelasert werden. Wenn zum Beispiel bei einem großen Produkt eine Beschriftung auf der linken Seite, in der Mitte und auf der rechten Seite stattfinden soll, so kann dies in einem Programm hinterlegt werden und nacheinander abgefahren werden. Ebenso wäre die Beschriftung eines langen Lineals mit solch einer Anlage leicht möglich.

6.4.3 Automatische Systeme

Unter automatisch arbeitenden Systemen werden hier solche verstanden, bei denen im Gegensatz zu den zuvor beschriebenen Geräten die Bestückung mit den zu bearbeitenden Werkstücken nicht manuell, sondern automatisiert erfolgt, z. B. durch geeignete Roboter oder Einlegegeräte. Im Folgenden werden solche industriell eingesetzten Systeme am Beispiel von Anlagen mit Förderband und Linearsystem sowie einer flexiblen Fertigungszelle näher beschrieben.

6.4.3.1 Anlage mit Förderband

Eine Anlage mit einem Förderband, im Volksmund auch gerne Fließband genannt, ist der Traum von vielen Anwendern. Der Traum ist menschlich und schon immerwährend, eine Maschine zu haben, die die Arbeit erledigt und der Mensch keine Mühe hat. Goethe brachte in seinem „Der Zauberlehrling" das Beispiel mit dem Besen, der vollautomatisch Wasser vom Brunnen holen sollte. Der Besen gehorchte dem Zauberlehrling, doch lief etwas falsch. Der Zauberlehrling wusste das Zauberwort zum Abstellen des Besens nicht mehr. Der Besen holte so viel Wasser, dass die Stube überlief. In der Not griff der Zauberlehrling zur Axt und hackte den Besen in zwei Teile. Worauf es nur noch schlimmer wurde und zwei Besen Wasser holten. Gerettet wurde der Zauberlehrling erst durch den richtigen Zauberspruch des Meisters. Soweit der kleine Ausflug zu Goethe.

In die Lasertechnik übertragen soll das bedeuten, dass man nicht nur wollen, sondern auch können muss. In diesem Fall ist mit Können die Steuerung der vollautomatischen Maschine gemeint. Das Einrichten einer solchen Anlage ist natürlich komplizierter als das Einrichten einer Standardmaschine.

Die Idee ist immer gleichgeblieben: die Maschine soll die Arbeit erledigen, der Mensch will möglichst nicht viel tun, höchstens noch die Maschine kontrollieren. So ist es auch bei einer automatischen Maschine.

Das Förderband fährt im Umlauf, die Lineareinheit hin und zurück. Ein Förderband ist eine unendliche Schleife, bei dem das Band immer in die gleiche Richtung läuft. Oben fährt das Band hin, unten fährt es zurück oder es fährt im Kreis links oder rechts herum und so weiter.

Die Lineareinheit fährt oben hin und oben auch wieder zurück. Also auf der gleichen Strecke hin und zurück. Während die Lineareinheit zurück fährt, muss der Nachschub oder das nächste Teil warten. Die Lineareinheit hat andere Vorteile. Sie ist im Allgemeinen präziser und meist schneller.

Bei den nun betrachteten automatischen Systemen (Abb. 6.12) dient das Förderband dem Transport der Produkte in die Maschine hinein und aus der Maschine heraus. Die Produkte werden meistens in einem Zeittakt auf dem Förderband vorwärtsbewegt. Doch, wie gelangen Sie auf das Förderband? Hier unterscheidet sich die halbautomatische von der vollautomatischen Maschine. Bei der halbautomatischen Maschine wird ein Mensch

Abb. 6.12 Lasersystem mit Förderband

Vollautomatisches Lasersystem mit Förderband	
Für wen?	⇨ für die Industrie, und alle, die größere Stückzahlen in einem Job haben
Vorteile	⇨ maximale Geschwindigkeit, hoher Durchsatz Einzelstücke sind umständlicher Einzurichten
Kleinserie oder Großserie	⇨ kleine oder große Serien
Aufträge, Stückzahl pro Tag	⇨ 1 pro Tag ⇨ große Stückzahlen

an der Maschine stehen und die Teile positionsgerecht auf dem Förderband platzieren. Bei einer vollautomatischen Maschine würde das eventuell durch einen Roboter geschehen.

Das Förderband ist mit Sorgfalt, passend für die Produkte auszuwählen. Handelt es sich zum Beispiel um runde und lange Teile wie Bohrer oder Fräswerkzeuge, dann würde auf einem Zahnriemenförderer ein Prisma verschraubt, in das die runden Produkte gelegt werden. Lediglich ein Ende wird an einen Anschlag gedrückt und somit wäre das Produkt positioniert. Hat das runde Teil eine spezielle Position, wo zum Beispiel eine Nummer oder ein Logo aufgebracht werden soll, so muss das Produkt noch in die richtige Position gedreht werden. Das Förderband taktet nun die einzelnen Prismen durch die Maschine. Natürlich können in einem Takt auch mehrere Produkte gelasert werden.

Handelt es sich nicht um zylinderförmige Teile, wie eben beschrieben, sondern zum Beispiel um eckige Teile wie Schilder oder rechteckige Kästen für die Elektronik, so ist das Prinzip das gleiche, lediglich die Ausführung der Vorrichtung, die auf das Förderband geschraubt wird, sind unterschiedlich.

In der Maschine stoppt das Förderband und die Teile werden bearbeitet. Wurden die Teile nicht wie oben beschrieben perfekt positioniert, so müssen diese unter dem Laser nachträglich positioniert werden. Dies erfordert einen zusätzlichen zeitlichen Aufwand und die zusätzliche Mechanik zum Greifen und Positionieren verteuert die Anlage nicht unerheblich, weil neben dem Greifer auch noch eine Steuerung, wie z. B. eine Siemens SPS, im Hintergrund die Abwicklung nach vorprogrammiertem Ablauf vornehmen muss. Das macht die Anlage sprunghaft teurer und komplexer. Was Wartung und Betrieb anbelangt handelt es sich spätestens dann um eine anspruchsvolle Aufgabe.

Die Auswahl des Förderbands richtet sich nach mehreren Kriterien. Die Hauptkriterien sind die Geometrie des Produktes und das Gewicht. Wichtig ist auch, ob das Produkt auf einen Werkstückträger oder direkt auf das Band gelegt werden soll. Zuletzt kommt das Wichtigste und zwar die Frage, wie das Produkt positioniert wird.

Folgende Arten von Förderbändern sind in der Praxis gebräuchlich:

1. Gurtbandförderer (Der Klassiker, preiswert und robust, PVC-Band mit glatter Oberfläche, mit einem Positioniersystem gut geeignet)
2. Zahnriemenförderer (ideal für den getakteten Transport von Werkstückträgern)
3. Kettenfördersystem (für den getakteten Transport von Paletten oder Produkten in der Fertigung, Fließbandarbeit)
4. Kunststoffgliederförderbänder (Für den Transport von Stückgütern bei hoher Flexibilität in der Kette, Steigung, Kurven; für die Lasermaschine eher ungeeignet)
5. Rollenförderer (Zur Sortierung oder Verteilung von Stückgut, für die Lasermaschine eher ungeeignet)

Soll das Band nicht durch die Maschine getaktet werden, sondern soll es kontinuierlich durch die Maschine laufen, spricht man von der „Laserbearbeitung während sich das Produkt bewegt" oder von MOTF (Marking on the Fly). Es gibt Produkte bei denen eine getaktete Bearbeitung nicht vorteilhaft ist. Immer dann muss fortlaufend in der Bewegung gearbeitet werden. Dies kann zum Beispiel der Fall sein, wenn sehr große Flächen an der Oberfläche des Produktes bearbeitet werden sollen oder sehr lange Texte auf die Produkte gelasert werden sollen.

6.4.3.2 Anlage mit Linearsystem

Prinzipiell kann eine lineare Einheit eine Vorrichtung mit Produkten genauso gut in die Maschine transportieren wie ein Förderband. Vorteile für das eine oder das andere System sind im Einzelfall abzuwägen.

Die Lineareinheit fährt in die Maschine, stoppt in der Maschine, das Produkt wird dort gelasert und die Lineareinheit fährt das Produkt auf der anderen Seite wieder heraus. Abb. 6.13 zeigt ein modernes kommerzielles Laserbearbeitungssystem mit Lineareinheit.

Die Linearsysteme sind im Allgemeinen sehr präzise, weshalb man auf der Lineareinheit sehr gut eine Vorrichtung anbringen kann, auf der die Produkte perfekt positioniert sind. Ganz gleich ob die Produkte im Durchlauf bearbeitet werden, oder ob sie in der Maschine zur Laserbearbeitung stoppen. In jedem Fall kann die Lineareinheit die geforderte Präzision erbringen. Der Nachteil ist, dass der Werkstückträger nach dem Entladen die gleiche Strecke zurückfahren muss. Dadurch geht Zeit verloren. Nicht jeder Vorgang ist so zeitkritisch, dass dies ins Gewicht fällt. Oder man installiert zwei Strecken, die abwechselnd fahren. Dann wäre dies auch kein Problem mehr.

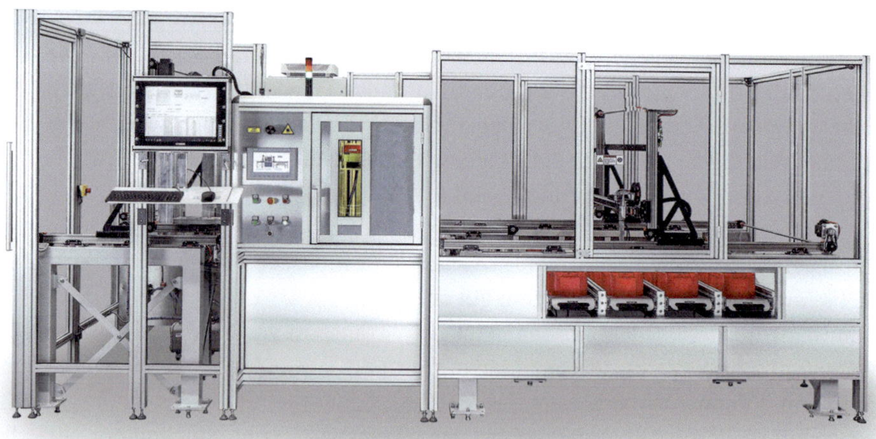

Abb. 6.13 Laserbearbeitungssystem mit Lineareinheiten

6.4.3.3 Fertigungszelle

Diese in Abb. 6.14 abgebildete Anlage kann fast alles. Mit Bunker, Vereinzelung, Förderband, Positionierung, Bearbeitung, Kontrollstation, Fehlteileausschleusung, Sortierstation und Ablagekästen ist sie mit den wichtigsten Bestandteilen zur Vollautomation ausgerüstet. Auf der linken Seite wird beladen, am besten von einem Roboter. Dieser legt das Produkt auf einen Werkzeugträger. Eine Lineareinheit transportiert das Produkt in die Laserzelle, wo es automatisch bearbeitet wird. Es wird weiter in die nächste Zelle, die mit einer Kamera ausgerüstet ist, transportiert. Dort wird es begutachtet. Zum Beispiel wird ein Code ausgelesen oder die Bearbeitung wird einer Qualitätskontrolle unterzogen. Häufig wird in der Industrie ein Data Matrix Code (DMC) überprüft, ob er die Qualitätsstandards Grade „A" oder Grade „B" erfüllt, bei „C" wäre er je nach Anspruch durchgefallen und würde später ausgeschleust. Im nächsten Schritt wird es in einen Abstapelbereich transportiert. Ein Pic and Place Roboter übernimmt das Entladen und Verteilen in verschiedene Behälter.

Vollautomatische Anlagen sind individuell und speziell für eine Aufgabenstellung konzipiert. Aus diesem Grunde werden diese unterschiedlich ausfallen. Generell kann man die Bestandteile wie folgt benennen.

- Bunker, Magazin – speichert die Produkte
- Separierer oder Vereinzelung – vereinzelt die Produkte
- Ausrichteinheit – sorgt für die richtige Ausrichtung und Lage
- Transporteinheit – Förderband, Lineareinheit oder Roboter
- Positioniereinheit – sorgt dafür, dass das Produkt optimal im Fokus ist
- Kontrolleinheit – meist eine Kamera, die das Ergebnis kontrolliert und validiert
- Sortiereinheit – sortiert die fertiggestellten Teile in Behälter

Abb. 6.14 Fertigungszelle für
die Laserbearbeitung

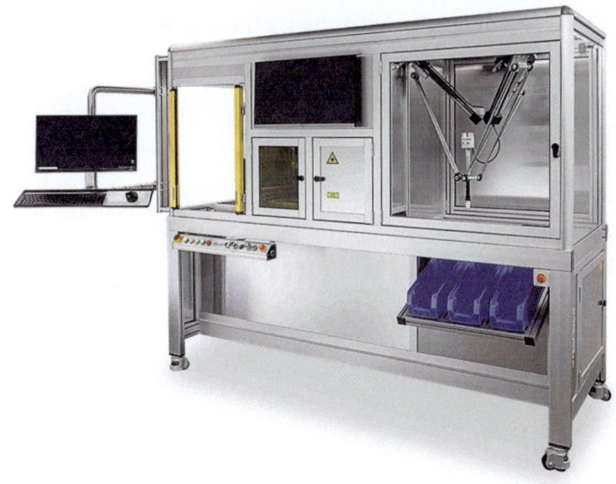

6.5   Mobiler Laser

Mobile Laser kommen immer dann zum Einsatz, wenn die Produkte zu schwer oder zu lang sind und aus diesem Grunde nicht in eine Maschine gehoben werden können. Der Laser wird in einer möglichst kleinen Einheit auf Rollen zu dem Produkt geschoben.

Anwendungsfälle gibt es in der Schwerindustrie. Zum Beispiel bei der Herstellung von Stahlcoils oder bei der Herstellung von Schiffsmotoren oder ähnlich großen Antrieben.

Der Lasercontroller und der Computer werden in einem möglichst kleinen, robusten Schrank, wenn möglich sogar in einen kleinen Koffer verbaut. Im Falle des Schranks wird er Rollen haben, den Koffer kann man tragen. Beim Schrank wird oben ein Bildschirm, am besten ein Touch Screen, eingebaut sein. Der Laserkopf ist flexibel in der Handhabung und hat eine maximale Reichweite von 2 m. Bei der Faserlasertechnik ist darauf zu achten, dass das Kabel zwischen Lasereinheit und Laserkopf ein Glasfaserkabel ist und dieses nicht zu stark verbogen werden darf, weil die Gefahr besteht, dass das Glasfaserkabel bricht. Wenn das Glasfaserkabel brechen sollte, wäre das teuerste Bauteil, die Laserstrahlquelle, defekt.

Zur Erfüllung der Laserklasse 1 muss der Laserkopf eingehaust werden. Dies funktioniert über eine schachtelgroße rechteckige Ummantelung, die keinen Strahl nach außen lässt. Damit diese Bedingung erfüllt ist, muss der Laser nach unten komplett abgedichtet sein. D. h. die kleine Strahlumhausung muss lichtdicht sein. Bei einer geraden Oberfläche am Produkt ist dies relativ einfach zu bewerkstelligen. Manche Systeme bedienen sich einer weichen Sensorlippe am unteren Ende der Einhausung, andere Systeme arbeiten mit einem Vakuum in der Einhausung. Bei dreidimensional geformten Oberflächen ist die Strahlumhausung eventuell nicht erfüllbar und muss im Einzelfall geprüft werden.

In die Strahlumhausung muss ein Abluftsystem integriert werden. Direkt neben oder oberhalb der Laserstelle soll der aufsteigende Laserrauch abgezogen werden, damit keine Verschmutzung der optischen Einheit der Maschine erfolgen kann.

Literatur

1. Bliedtner J, Müller H, Bartz A (2013) Lasermaterialbearbeitung, Grundlagen – Verfahren – Anwendungen – Beispiele. Fachbuchverlag Leipzig im Carl Hanser Verlag, München
2. Brecher C, Weck M (2019) Werkzeugmaschinen Fertigungssysteme 1. Springer Vieweg, Berlin. https://doi.org/10.1007/978-3-662-46565-3

Inhaltsverzeichnis

Zur Auswahl der passenden Maschine muss man einige Fragen beantworten. Über die Antworten kann der Hersteller die richtige Auswahl treffen.

1. Welche Materialien müssen bearbeitet werden?
2. Wie viele Jobs müssen pro Tag bearbeitet werden?
3. Wie viele Teile des gleichen Typs werden in einem Job bearbeitet?
4. Wie schwer sind die Teile?
5. Wie sind die Teile geformt?
6. Wie groß sind die Teile?
7. Wird bei der Laserbearbeitung eher wenig Laserrauch anfallen oder eher viel?
8. Wenn große Stückzahlen bearbeitet werden sollen, wie soll automatisiert werden?

Zuerst geht es um den Lasertyp. Tab. 7.1 gibt eine Übersicht über den bevorzugten Einsatz verschiedener Lasertypen für die Bearbeitung gängiger Materialgruppen.

© Der/die Autor(en), exklusiv lizenziert an Springer Fachmedien Wiesbaden GmbH, ein Teil von Springer Nature 2023
C. Kollbach et al., *Von der Laserbeschriftung bis zum Lasermaterialabtrag*,
https://doi.org/10.1007/978-3-658-38130-1_7

Tab. 7.1 Welchen Lasertyp für welches Material? ([1]meist Farbumschlag, [2]nur farblose Gravur, [3]Gold, Silber, Kupfer)

Lasertypen und Wellenlängen	Werkstoffgruppen		
	Metalle	Kunststoffe	Organische Materialien
Faserlaser 1064 nm	+++	+−[1]	−
Grünlichtlaser 532 nm	+	++−[1]	+
UV-Laser 355 nm	+[3]	+++[1]	+
CO_2-Laser 10.600 nm	−	+[2]	+++

7.1 Faserlaser, 1064 nm

Faserlaser zählen zur Gruppe der sogenannten Festkörperlaser. Das laseraktive Medium bildet hierbei eine mit seltenen Erden dotierte Quarzglasfaser, die meist als mehrschichtige Faser vergleichbar zu Lichtwellenleitern aufgebaut ist. Hinsichtlich des Aufbaus des Faserquerschnitts sind eine Reihe verschiedener Varianten im Einsatz, die sich insbesondere in der erzeugbaren Leistung und der Strahlqualität unterscheiden [1]. Die Art der Dotierung bestimmt die in der Faser erzeugte Wellenlänge des Laserlichts. Wichtige Dotierungselemente sind die Stoffe Ytterbium, Erbium, Neodym und Thulium. So entsteht beispielsweise in einer mit Neodym dotierten Faser ein Licht mit der Wellenlänge von 1064 nm.

Als Pumpquelle wird in der Regel das Licht von Diodenlasern eingesetzt, wobei unterschiedliche Methoden für das Einkoppeln der Pumpstrahlung in die Faser bestehen. Bei endgepumpten Systemen wird beispielsweise die Pumpstrahlung an der Endfläche der Faser eingekoppelt. Faserlaser können als gepulste Laser oder als cw-Laser ausgeführt sein. Ein besonderer Vorteil von Faserlasern ist die hohe Gesamteffizienz mit etwa 30 % [1]. Aufgrund der großen Oberfläche der Faser im Verhältnis zu deren Volumen ist eine gute Wärmeabfuhr gegeben und es ist keine zusätzliche Kühlung erforderlich [2].

Der Faserlaser mit einer Wellenlänge von 1064 nm ist der am meisten verkaufte Beschriftungslaser in der deutschen Industrie. Das hängt damit zusammen, dass die deutsche Industrie sehr viel Metall verarbeitet, weniger Holz und Textilien und der Faserlaser für die Beschriftung von Metallen sehr gut geeignet ist.

Der Vorgänger des Faserlasers war der sogenannte diodengepumpte YAG-Laser. Der Vorgänger von diesem war wiederum der sogenannte lampengepumpte YAG-Laser. Die Firma IPG AG mit Sitz in Burbach war die erste, die eine Strahquelle Typ Faserlaser für die Oberflächenbearbeitung auf den Markt brachte. Die Glasfasertechnik, die sich seit Jahrzehnten in der Telekommunikation bewährt hatte, wurde in der Lasertechnik adaptiert. Dies hatte den großen Vorteil, dass man auf Erfahrungswerte von dieser Technik zurückgreifen konnte.

Der Faserlaser hat gegenüber seinen Vorläufern einige Vorteile:

- Geringe Baugröße
- Hohe Lebensdauer
- Verbesserte Strahlqualität
- Günstiger Preis

Wegen dieser Vorteile verkauft sich der Faserlaser seit circa 2005 extrem gut. Diodengepumpte YAG-Laser werden nur noch für Spezialanwendungen, bei denen sie echte Vorteile bieten, eingesetzt.

Den Faserlaser gibt es in verschiedenen Varianten. Eine wichtige Variante ist der sogenannte MOPA-Laser (vgl. auch Kap. 3.8). Dieser Lasertyp hat eine Pulslänge, die typischerweise von 1,5 ns – 500 ns eingestellt werden kann.

Vorteile ergeben sich durch den MOPA bei der weißen Lasergravur auf Metall, bei der schwarzen Laserbeschriftung auf Aluminium und mit der Möglichkeit, Kunststoffe besser beschriften zu können als mit einem Standardfaserlaser (ohne einstellbare Pulslänge).

Faserlaser für Beschriftungsanwendungen verfügen meist über Leistungen zwischen 20 bis 50 W. Wobei der 10 W Laser an Bedeutung verloren hat, weil er in der Praxis definitive Nachteile gegenüber dem 20 W hat und kaum weniger kostet. Manche Beschriftungsaufgaben kann man mit dem 10 W Faserlaser nicht oder nur schlechter erfüllen.

Für die Lasergravur werden auch Faserlaser mit 100 W eingesetzt und für den Laserabtrag bei hohen Abtragraten kommen Faserlaser mit Leistungen von bis zu 1000 W zum Einsatz.

7.2 Grünlichtlaser, 532 nm

Die hier beschriebenen Grünlichtlaser sind frequenzverdoppelte ND-YAG oder Faserlaser und emittieren sichtbares Licht im grünen Farbtonbereich mit der Wellenlänge von 532 nm. Der Laserstrahl mit dieser Wellenlänge wird durch sogenannte Frequenzverdoppelung [2] der Strahlung eines mit Neodym dotierten Festkörperlaser erzeugt, der eine Wellenlänge von 1064 nm ausstrahlt. Aufgrund der halb so großen Wellenlänge im Vergleich zur Grundwellenlänge ist auch der Fokusdurchmesser nur halb so groß, der diese Laser beispielsweise für Beschriftungen auf elektronischen Mikrokomponenten geeignet macht. Einsetzbar ist dieser Lasertyp unter anderem für die Bearbeitung von Kunststoffen, Metallen und Keramiken. Bei Werkstoffen, die Laserlicht mit größerer

Wellenlänge stark reflektieren, wie z. B. Kupfer und Gold, weist der Grünlichtlaser den Vorteil auf, dass dessen Laserlicht stärker absorbiert wird und eine verbesserte Bearbeitung dieser Werkstoffe zulässt. Schwieriger zu bearbeiten sind allerdings transparente Kunststoffe. Wobei Glas mit gepulsten Grünlichtlasern beschriftet werden kann.

7.3 UV-Laser, 355 nm

Der Name UV-Laser leitet sich von dem Wellenlängenbereich ab, in dem diese Laser arbeiten, dem Bereich des ultravioletten Lichts. UV-Laser können auf verschiedenen Lasertypen aufbauen und decken ein breites Spektrum der Wellenlängen im Bereich des ultravioletten Lichts ab [1, 2]. Die 355 nm Emissionswellenlänge wird durch eine Frequenzverdreifachung der 1064 nm Grundwellenlänge des ND-YAG bzw. des Faserlasers erzeugt.

Der Laserstrahl des UV-Lasers hat eine hohe Energiedichte und eine hohe Absorptionsrate auf Metallen (vgl. Abb. 5.1). Wegen der kurzen Wellenlänge kann ein noch kleinerer Fokusdurchmesser erreicht werden. Wegen der kurzen Wellenlänge können mit diesem Lasertyp Beschriftungen durchgeführt werden, bei denen nur wenig Wärme entsteht und damit das Material wenig beeinträchtigt wird. UV-Laser eignen sich besonders für kontrastreiche Laserbeschriftungen empfindlicher und sensibler Materialien.

Der UV-Laser eignet sich vor allem für die Beschriftung von Kunststoffen. Aber auch für die Beschriftung von Gold, Silber und Kupfer und anderen Materialien, die im sichtbaren und NIR-Spektralbereich eine hohe Reflektivität aufweisen, kann der UV-Laser sehr gute Dienste leisten.

Ein Beispiel sei die Beschriftung elektronischer Komponenten. Diese Bausteine werden immer dünner, weshalb ein hoher Wärmeeintrag Schäden an unteren Schichten verursachen könnte. Hier ist der UV-Laser die erste Wahl.

Aber auch Glas, bestimmte Kunststoffe und Keramik lassen sich mit UV-Laser gut beschriften. Als Materialien sind zu nennen: Silikon, welches sonst nur schwer oder gar nicht zu beschriften ist und auch Polyamid in weiß lässt sich kontrastreich markieren. In der Medizintechnik werden häufig Katheter und Insulinpumpen mit UV-Lasern beschriftet.

7.4 CO$_2$-Laser, 10.600 nm oder 9400 nm

Die CO$_2$-Laserstrahlquelle besteht im Kern aus einem Resonator, der mit einem Gasgemisch, vornehmlich mit CO$_2$-Gas, gefüllt ist. Dem CO$_2$-Gas ist zusätzlich Stickstoff und Helium beigemischt, um die Anregung zu ermöglichen und die Kühlung des Gasgemisches zu verbessern. Die Anregung erfolgt in der Regel über eine Gleichstromspannung bei Elektroden, die im Resonator angeordnet sind und über eine hochfrequente

Spannung bei außenliegenden Elektroden. Es kann zwischen Bauarten unterschieden werden, bei denen das Gasgemisch den Resonator durchströmt und eine Kühlstrecke durchläuft und geschlossenen Systemen, bei denen das Gasgemisch entweder wartungsfrei eingekapselt (sogenannte ‚sealed off'-Systeme) oder nach einiger Zeit auszutauschen ist [1, 2]. Bei den geschlossenen Bauarten erfolgt die Kühlung des Gasgemisches meist durch die Wärmeabgabe über entsprechend groß ausgelegte Resonatorwände (Diffusionskühlung). Die typische Wellenlänge der CO_2-Laser beträgt 10.600 nm. Für die Lasergravur und die Laserbeschriftung werden hauptsächlich Laserstrahlquellen eingesetzt, bei denen der Resonator in ein Aluminiumgehäuse eingebaut wird. Preiswerte Varianten sind mit Glasröhren verfügbar.

CO2-Laser werden zur Oberflächenbearbeitung von organischen Materialien eingesetzt. Oft kommen sie zur Anwendung bei Holz, Stein, Glas, Kunststoff und Plexiglas. Die häufigsten Anwendungen sind Lasergravur und Laserschneiden.

Literatur

1. Bliedtner J, Müller H, Bartz A (2013) Lasermaterialbearbeitung, Grundlagen – Verfahren – Anwendungen – Beispiele. Hanser, München
2. Eichler J, Eichler HJ (2003) Laser – Bauformen, Strahlführung, Anwendungen. Springer, Berlin

Und welchen Lasertyp nehme ich zum Gravieren und Beschriften? 8

Inhaltsverzeichnis

8.1 Allgemeines

Die Auswahl des richtigen Lasertyps kann je nach Material eindeutig und damit sehr einfach sein, aber auch genau umgekehrt und damit nicht eindeutig. Wie in Kap. 5 dargestellt, bestimmen eine Reihe von Faktoren die Qualität und Wirtschaftlichkeit einer Lasermaterialbearbeitung [1], insbesondere die Werkstückoberflächenstruktur und der Werkstückwerkstoff mit seinem Absorptionsverhalten in Verbindung mit den Laserstrahlparametern. Der überwiegend mit einem Lasersystem zu bearbeitende Werkstoff gibt daher in vielen Fällen vor, welcher Lasertyp sinnvoll in das System zu integrieren ist.

8.2 Werkstoffe und Lasertypen

Wenn man hauptsächlich *Metalloberflächen* mit dem Laser bearbeiten will, so wird die Auswahl fast immer auf den Faserlaser mit der Wellenlänge von 1.064 nm fallen. Der Vorgänger des Faserlasers, der sogenannte YAG Laser, wäre früher die richtige Wahl für Metalloberflächen gewesen.

Muss man *Holz* bearbeiten, dann ist die Wahl auch einfach und eindeutig. Hier wählt man den CO_2-Laser. Muss man *Glas* bearbeiten, hat man die Wahl zwischen CO_2-

© Der/die Autor(en), exklusiv lizenziert an Springer Fachmedien Wiesbaden GmbH, ein Teil von Springer Nature 2023
C. Kollbach et al., *Von der Laserbeschriftung bis zum Lasermaterialabtrag*,
https://doi.org/10.1007/978-3-658-38130-1_8

Lasern, Grünlichtlasern und UV-Lasern (mit gepulsten Lasern mit hoher Pulsernenergie). Um den optimalen Laser für die eigene Anwendung zu finden, geht der Weg nur über die Anfertigung von Mustern oder eventuell über das Geld, also ein Ausschlussverfahren durch das mögliche Budget.

Geht es um die *Plexiglasbearbeitung,* so ist die Wahl eindeutig. Hier wird fast immer der CO_2-Laser eingesetzt.

Soll *Papier oder Pappe* mit dem Laser bearbeitet werden, so ist Vorsicht geboten, denn meistens handelt es sich um Beschichtungen auf dem Papier oder der Pappe, die der Laser abtragen soll. Dies geht sehr gut mit einem CO_2-Laser, der noch dazu sehr gut Papier und Pappe schneiden kann. Eventuell ist die Aufgabenstellung anders und die Beschichtung dick genug, dann würde es sich nicht mehr um Pappe oder Papier handeln, dann ginge es um eine Beschriftung auf Kunststoffbeschichtung, die im nächsten Absatz besprochen wird. Dann würde in die Beschichtung graviert.

Soll mit dem Laser *Kunststoff* graviert oder beschriftet werden, ist die Wahl des Lasers nicht eindeutig. Die meisten Kunststoffe können mit einem CO_2-Laser tiefengraviert werden. Jedoch ist diese Gravur nicht farbverändernd, was in vielen Anwendungen nicht ausreichend ist. Soll ein Farbumschlag im Kunststoff erzielt werden, der einen schönen Kontrast und damit eine gute Sichtbarkeit erzeugen soll, so können alle anderen Lasertypen infrage kommen. Hier hilft es nur, Vorversuche auf Musterteilen durchzuführen, um das beste Ergebnis und damit den richtigen Laser herauszufinden.

Literatur

1. Poprawe R (2005) Lasertechnik für die Fertigung, Grundlagen, Perspektiven und Beispiele für den innovativen Ingenieur. Springer, Berlin

Und welchen Lasertyp nehme ich für den Materialabtrag? 9

Inhaltsverzeichnis

9.1   Allgemeines

Um wirtschaftliche Abtragraten zu erzielen, werden für den Materialabtrag meist stärkere Laser eingesetzt, als für das Beschriften und Gravieren. Letzteres arbeitet, wie in Kap. 5 angesprochen, ebenfalls nach dem Prinzip des Laserabtragens, allerdings mit sehr viel geringeren Abtragraten als es beim Materialabtrag größerer Werkstückbereiche angestrebt wird. Wie im vorangegangenen Abschnitt für das Beschriften und Gravieren bereits ausgeführt, ist auch für den Materialabtrag der Werkstückwerkstoff in Verbindung mit den Laserparametern ein wichtiger Faktor [1], der den sinnvoll einzusetzenden Lasertyp festlegt.

9.2   Werkstoffe und Lasertypen

Handelt es sich um den Materialabtrag in *Metall,* so ist die Wahl eindeutig. Es wird der gepulste Faserlaser oder ein gepulster Ultrakurzpulslaser zum Einsatz kommen. Handelt es sich um *Beschichtungen* aller Art, so kann man die sehr gut mit dem CO_2-Laser entfernen. Eventuell muss man etwas genauer hinschauen. Soll von einem Blech eine Beschichtung entfernt werden, so kann man dies sicherlich mit dem CO_2-Laser sehr

© Der/die Autor(en), exklusiv lizenziert an Springer Fachmedien Wiesbaden GmbH, ein   147
Teil von Springer Nature 2023
C. Kollbach et al., *Von der Laserbeschriftung bis zum Lasermaterialabtrag,*
https://doi.org/10.1007/978-3-658-38130-1_9

gut machen. Bei manchen Beschichtungen ist unter der Deckschicht ein Primer, der oft metallische Bestandteile hat und durch den CO_2-Laser nicht abgetragen werden kann. Um diese zu entfernen, benötigt man einen Faserlaser 1064 nm. Also, man nimmt nicht zwei Laser, sondern arbeitet direkt mit dem Faserlaser bei 1064 nm.

Wenn die metallische Oberfläche aufgeraut werden soll, so wird das der CO_2-Laser nicht gut schaffen, der Faserlaser sehr wohl. Von daher ist von Fall zu Fall abzuwägen, welcher Laser für die Anwendung der Richtige sein wird.

Beispiele

Soll auf einem Produkt aus *Metall* zum Beispiel Aluminiumguss, Edelstahl oder Normalstahl an einer schwer zugänglichen engen Stelle eine Vertiefung eingebracht werden, so ist der gepulste Faserlaser eventuell die erste Wahl. Dieser kann aus Entfernung und berührungslos eine Vertiefung in das Metall hineinarbeiten. Je mehr Leistung der Laser hat, umso schneller wird es funktionieren.

Muss bei einem *Karton* die oberste Schicht partiell abgetragen werden, so geht das sehr gut mit dem CO_2-Laser. Dieser wird zuverlässig und schnell die Oberfläche „abrasieren". Müssen *Rost* oder ähnliche *Rückstände* von einer metallischen Oberfläche entfernt werden, so ist der Faserlaser die richtige Wahl. Muss *Graffiti-Farbe* von einer Betonwand entfernt werden, so wird dies sehr gut mit dem CO_2-Laser gehen.

Wenn der Laser in einer starken Version, also mit mehr Laserleistung ausgewählt wird, sollte auch darüber nachgedacht werden, den Scannerkopf in einer schnellen Version anzuschaffen. Ausgerüstet mit schnell stellenden Spiegeln kann der Laserstrahl mit Geschwindigkeiten von bis zu 10.000 mm/s geführt werden, was dem Abtragprozess zugutekommt.

Generell gilt: es ist immer richtig einen Test zu machen. Die oben genannten Vorschläge für die Wahl des richtigen Lasers sind pauschal richtig, sollten aber durch Lasertests untermauert werden. ◄

Literatur

1. Poprawe R (2005) Lasertechnik für die Fertigung, Grundlagen, Perspektiven und Beispiele für den innovativen Ingenieur. Springer, Berlin

Auswahl des richtigen Lasersystems

Inhaltsverzeichnis

10.1 Werkstoff, Produktwechsel und Stückzahl

Im Folgenden sollen Möglichkeiten aufgezeigt werden, die dem Entscheider bzw. der Entscheiderin bei der Auswahl seiner Maschine eine Hilfe im Sinne von „Wo ordne ich meine Aufgabenstellung ein?" geben kann (Abb. 10.1). Diese Auswahlhilfen bieten eine Orientierung und passen auf die meisten Fälle sehr gut. Natürlich passen solche Hilfen nicht auf jeden Fall, weshalb im Zweifel die Entscheidungskriterien hinterfragt werden sollten.

Bei der Auswahl des Lasersystems nach dem Material gibt es ein paar ganz klare Entscheidungen und ein paar nicht so klare. Es ist unstrittig, dass bei der Laserbeschriftung und -gravur heutzutage der gepulste Faserlaser mit einer Wellenlänge von 1064 nm und 20 W Leistung fast immer die richtige Wahl ist. Wenn man eine sehr hohe Taktzahl erreichen muss, nimmt man den gleichen Typ Laser aber mit mehr Leistung und eventuell mit schnellem Scankopf. Ein F-Theta Objektiv mit kurzer Brennweite hilft, die Kraft (Leistungsdichte) zu verstärken.

Geht es aber darum, eine Kunststoffbeschichtung von einem Metall abzutragen, so kann die Wahl ebenfalls auf einen CO_2-Laser fallen. Warum? Weil es sich beim Abtrag

C. Kollbach et al., *Von der Laserbeschriftung bis zum Lasermaterialabtrag*, https://doi.org/10.1007/978-3-658-38130-1_10

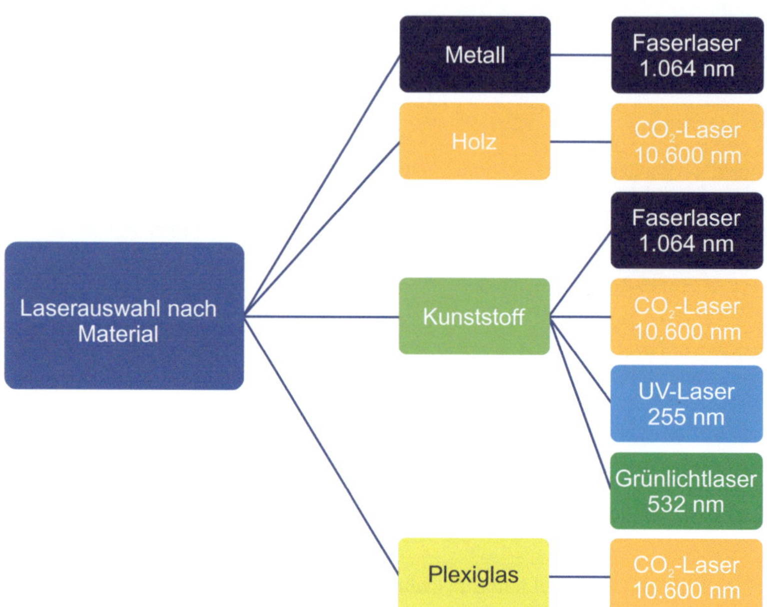

Abb. 10.1 Materialien und Laserauswahl

nicht um Metall handelt, sondern um eine Kunststoffbeschichtung. Und die Kunststoffbeschichtung lässt sich eventuell besser mit dem CO_2-Laser abtragen. Was zu prüfen wäre. Vielleicht ist es sogar von Vorteil, dass der CO_2-Laser das Metall nicht einmal an der Oberfläche ankratzen kann, sodass die Oberfläche bleibt wie sie ist.

Für Holz und zur Bearbeitung von Plexiglas, PMMA oder Acryl wählt man ganz sicher einen CO_2-Laser. Bei Kunststoff ist die Wahl nicht eindeutig, jeder der genannten Lasertypen kann hier eventuell zum Einsatz kommen. Am besten erstellt man mit allen Lasern ein Muster und sucht sich den für sein Material am besten geeigneten Laser aus. Eindeutig bei Kunststoff ist, dass der CO_2-Laser nur eine Tiefengravur ohne Farbveränderung ausführen kann. Die hochwertigste Art Kunststoff zu beschriften bietet der UV-Laser, weil dieser im Gegensatz zum Grünlicht und Infrarotlaser (Faserlaser 1064 nm) keine bräunliche sondern grauweiße Lasergravur bringt. Das Braun sieht z. B. bei weißer Ware nicht gut aus, da muss es dann schon mal ein etwas teurer UV-Laser sein.

Wer nur einen einzigen Job den ganzen Monat laufen hat, der kann sich überlegen, ob er in einen Vollautomaten investiert (Abb. 10.2). Die Maschine wird nur einmal eingerichtet und danach erledigt sich die Arbeit von selbst. Personal benötigt man nur zum Überwachen. Eventuell muss noch Material hin – und wegtransportiert werden.

Eine manuelle Maschine wie die SK LASER Workstation ist für jeden geeignet, der jeden Tag viele verschiedene Produkte lasern muss. Es dürfen auch mal 10 oder 500 gleiche Werkstücke sein, das geht problemlos (Abb. 10.3).

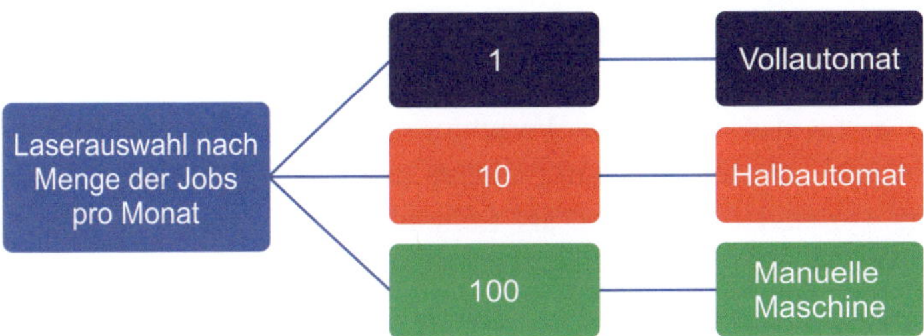

Abb. 10.2 Systemauswahl entsprechend dem Produktwechsel

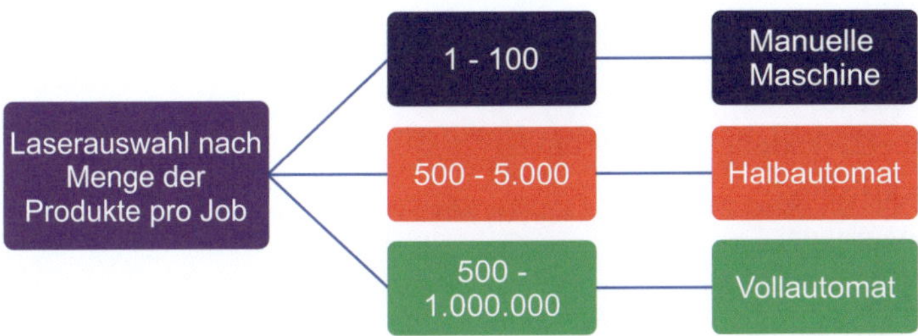

Abb. 10.3 Systemauswahl entsprechend der gefertigten Stückzahl

Wenn man jedoch laufend große Stückzahlen pro Artikel lasern muss, kann man über einen Halbautomaten wie eine Drehtelleranlage oder eine Maschine mit einer alternierenden Schublade mit zwei Arbeitsplattformen nachdenken. Diese Systeme haben den Vorteil, dass, während innen gelasert wird, außen be- und entladen wird.

Wer große Stückzahlen von ein und demselben Produkt lasern muss, wie es in der Industrie häufig vorkommt, ist mit einer vollautomatischen Laseranlage am besten bedient. Während der Laser arbeitet, kann das Personal Überwachungsfunktionen übernehmen.

Danach sind noch die Fragen bezüglich der Form der Werkstücke und des Gewichts der Werkstücke zu klären. Besonderheiten sind Gewicht und Geometrie der Produkte. Sind die Produkte sehr schwer, sodass man diese nicht von Hand in die Maschine einlegen kann, dann gibt es unterschiedliche Möglichkeiten. Oft wird eine Kranbeladung gefordert sein, aber wenn die Teile sehr groß sind und auf Palette zur Maschine gefahren werden müssen, so wird man die ganze Palette in die Maschine einfahren wollen. Sind die Teile nur groß, aber nicht schwer, sodass man sie von Hand einlegen kann, dann muss nur der Laserbearbeitungsraum groß genug sein und eventuell muss der Laserkopf über das Produkt verfahren können, um die richtigen Stellen des Produktes bearbeiten zu können. Hierfür werden gerne X-Y-Z-Portalanlagen benutzt.

10.2 Staubentwicklung beim Lasern

Wie in Kap. 5 zu den einzelnen Verfahrensarten der Laseroberflächenbearbeitung beschrieben wurde, können diese mit einem mehr oder weniger stark ausgeprägtem Materialabtrag verbunden sein, der als Schmelze oder Dampf in den Bearbeitungsraum abgegeben wird. Durch die Abkühlung der abgetragenen Schmelze und die Kondensation der Dämpfe entstehen Staubpartikel, die bei größeren Ansammlungen einen Produktionsprozess stören, die Funktion optischer Elemente beeinträchtigen und die Qualität der erzeugten Produkte herabsetzen können [1, 2]. Qualitativ kann diese Staubentwicklung für die einzelnen Verfahren wie folgt angenommen werden:

Wenig Staub:

- Anlassbeschriftung
- Metallbeschriftung

Mittlere Staubentwicklung:

- Metallbeschriftung
- Oberflächengravur
- Tiefengravur

Große Staubentwicklung:

- Tiefengravur
- Laserschneiden von Holz, Kunststoff
- Entlacken, Entrosten
- Entmanteln von Drähten
- Laserschneiden oder Laserperforieren von Papier
- Laserbohren

Die Staubentwicklung wird vor allem bei vollautomatisch laufenden Maschinen und bei 2- oder 3-Schichtbetrieb unterschätzt. Staub ist der Feind des Lasers und deshalb tut man gut daran, die Absaug- und Filteranlage ernst zu nehmen. Bei der Kategorie ‚große Staubentwicklung' sollte ein Spezialist für Absaug- und Filteranlagen zu Rate gezogen werden.

10.3 Software zur Laseroberflächenbearbeitung

Warum überhaupt dieser Abschnitt? Weil in den Anfängen Software angeboten wurde, die nur von Spezialisten mit viel Übung und anspruchsvoller Ausbildung ausgeführt werden konnte und so die Lasermaschine bedient werden konnte. Das ist glücklicherweise vorbei. Das ging noch in den 2010er Jahren bei manch renommiertem Hersteller so: Sie schalteten die Maschine ein und starteten die Lasersoftware. Diese zeigte einen schwarzen Bildschirm und gar nichts von WYSIWYG (What you see is what you get). Wenn man noch kein fertiges Programm hatte, welches man aufrufen konnte, musste man erst eins programmieren. D. h. zeilenweise wie in DOS musste der

Maschinenbediener bzw. die Bedienerin dem Laser ein Programm schreiben. Man sah nicht das Objekt und man sah auch nicht das Logo, welches importiert wurde. Und einen Pilotlaser gab es auch nicht. Das Arbeiten mit solch einer Maschine war nur gut ausgebildeten Spezialisten vorbehalten.

Das Wichtigste bei der Auswahl der Software ist die einfache Bedienung. Was nützt es, wenn die Lasermaschine noch so gut ist, sie aber nur von einem Laserspezialisten bzw. einer Spezialistin bedient werden kann. Der oder die ist immer wenn man ihn/sie unbedingt braucht nicht da. „Weil, bei uns ist der Laserspezialist entweder in Urlaub oder krank".

Diese Zeiten sind glücklicherweise vorbei. Doch auch heute entwickeln sich Programmiersprachen weiter und eine Software, die 2020 programmiert wurde, unterscheidet sich von einer Software, die 2010 entwickelt wurde und von noch älteren sowieso. Meist sieht man das an der Softwareoberfläche und an der Einfachheit (intuitiv) in der Bedienung.

Bei der Software gibt es nicht unbedingt eine Wahlmöglichkeit. Wenn man sich eine Maschine anschafft und sich für einen Hersteller entschieden hat, so wird der Hersteller entweder seine eigene Software anbieten oder die Software eines unabhängigen Softwareherstellers für die Laserbearbeitung.

Der erste Fall trifft meistens bei größeren Unternehmen zu. Diese Unternehmen haben oft ihre eigene Software, die sie vor Jahren programmiert haben und über die Jahre angepasst haben. Andere Firmen bedienen sich bei der Software unabhängiger Softwarehersteller. Dabei ist der Laserhersteller im engen Kontakt mit dem Softwarehersteller, der die Pflege und Weiterentwicklung übernimmt.

Generell hat der Anwender durch die eine oder andere Arbeitsweise keine Vorteile oder Nachteile. Für beide gilt, wann und wie wurde die Software programmiert und wie gut wurde sie weiterentwickelt.

Bei der Auswahl der Software ist es wichtig zu unterscheiden zwischen den oftmals marketingmäßig in den Vordergrund gestellten Spielereien, wie einem Autofocus, und den essenziell wichtigen Programmbausteinen, wie zum Beispiel die Steuerung von Achsen. Auf einen Autofokus kann ich verzichten, aber wenn die Software keine Achsverfahrung bietet oder diese nur von einem Spezialisten zu bedienen ist, dann könnte dies die falsche Wahl sein.

Welche Funktionen muss eine Software abdecken? Was muss Sie können?

- Die Software sollte in Landessprache sein
- Text Alphanumerisch, mit allen gängigen Schriftarten
- Codes, Barcodes, Data Matrix Code, QR – Code
- Import verschiedener Dateiformate, Logos, Grafiken, Bilder
- Bearbeitung von Vektorgrafiken und Bitmap-Dateien
- Erstellen einfacher Grafikobjekte, Kreis, Strich, Rechteck
- Ausrichten und Anordnen von Objekten, Größe verändern, Skalieren, Spiegeln, Rotieren, Schieben, Kippen, Teilen, Aufteilen

Die Software sollte in der Lage sein einige automatische Funktionen zu bieten, wie z. B.:

- Auto-Datum und Auto-Uhrzeit
- Auto-Schicht
- Serienfunktion mit Hochzählen mit einstellbarem Inkrement und Losgröße
- Automatisches Einlesen aus seiner Tabelle
- eventuell die Möglichkeit von Formatiercodes

Eine Materialdatenbank erleichtert das Arbeiten. Diese werden auch Profile oder Stifte genannt. Eine Maschine mit Kreuztisch oder eine Maschine mit Rotationsachse muss in der Software die Steuerung dafür haben. Das ist Grundvoraussetzung. Zu achten hat man dabei nur, ob sich diese leicht bedienen lassen, oder ob man erst einmal einen Dr. in Physik machen muss. Weitere Anforderungen ergeben sich eventuell beim Anschließen von einer Lesepistole oder der Möglichkeit, Daten von extern einladen zu können.

Bei allen Funktionen ist immer darauf zu achten, dass eine Softwarelimitierung eine Behinderung darstellen kann. Wenn die Software zum Beispiel nur maximal X Objekte darstellen und lasern kann oder wenn eine Software nur X Profile anlegen kann oder wenn man die Stifte nicht mit eigenem Text wie z. B. „Messing" belegen kann, dann ist das von Nachteil. Alle Arten von Einschränkung hindern später das praktische Arbeiten.

Allgemeines zur Bedienung der Software

Die Benutzeroberfläche der Laserbearbeitungssoftware (LBS) ist die Schnittstelle, über der Anwender die Parameter für die Laserbearbeitung festlegt und den Bearbeitungsprozess starten bzw. abbrechen kann. Über diese LBS können bei allen Herstellern u. a. Texte, Barcodes, Data-Matrix und viele Grafikelemente direkt erstellt werden. Alternativ können auch Grafiken importiert werden, die mit den gängigen Grafikprogrammen erstellt worden sind. Wer schon Erfahrung mit Grafikprogrammen hat wird sich auch leicht in die Bedienung der LBS hineinfinden.

Bei der Anschaffung einer Anlage für die Lasermaterialbearbeitung sollte man sich unbedingt vorab mit der LBS vertraut machen. Dazu ist es sinnvoll, vorab Demoversionen der Software zu installieren und sich dann mit der Bedienung vertraut machen. Wir empfehlen, sich vorab mit den folgenden Funktionen zu beschäftigen und dann hinsichtlich der eigenen Anforderungen zu testen – ohne Anspruch auf Vollständigkeit:

- Die Erstellung, Skalierung und Bearbeitung von einfachen Objekten wie z. B. Linien, Polygonen, Rechtecke, Kreise
- Die Bearbeitung der Objekte durch Funktionen (Rotieren, Verschieben, Zentrieren, Spiegeln an einer Achse etc.)
- Unterstützung und Test der auf dem PC installierten True-Type Schriftsätze
- Wie können Objekte mit geschlossener Kontur gefüllt werden und wie umfangreich sind die Möglichkeiten dafür?

- Welche Dateiformate werden beim Import von Grafiken, Bildern, Logos etc. unterstützt? Hier empfiehlt es sich auch den Import des bevorzugten Datenformats auszuprobieren. Wenn beispielsweise die Grafik mit CAD-Software o. ä. erstellt wird, sollte man konkret den Datenimport von Dateiformaten wie .dwg oder .dxf etc. ausprobieren.
- Bietet die Software Serialisierungsfunktionen, wie z. Bsp. das Hochzählen einer Seriennummer für ein Werkstück? Die gewünschte Funktion kann mit einer Demoversion normalerweise auch schon ausprobiert werden.
- Gibt es verschiedene Zugangsebenen wie ‚User' (kann nur Laserjobs starten, aber keine Einstellungen für den Job oder die Software allgemein verändern) und ‚Administrator' (voller Zugriff auf alle Funktionen mit Passwortschutz)?
- Können verschiedenen Objekte in einer Gruppe zusammengefasst werden bzw. durch ‚ungroup' wieder separiert werden?
- Etc.

Die Hardwareeinstellungen in der LBS

Zu einer LBS gehört eine sogenannte Steuerkarte, meistens als Steckkarte für den PCI- oder PCIe-Slot eines PCs oder alternativ auch als externe Karte für den USB-Port. Über die Möglichkeiten sollte man sich vorab informieren. Die Steuerkarte über einen USB-Port ist natürlich unumgänglich, wenn statt eines PCs beispielsweise ein Laptop verwendet werden soll.

Hardwareeinstellungen in der Software betreffen die Geräte der Peripherie, in erster Linie die Laserstrahlquelle und den Scanner. Dazu muss vorab geklärt werden, welche Einstellmöglichkeiten es über die LBS gibt und ob gegebenenfalls optionale Zusatzkarte, Adapter o. ä. nötig sind. Man kann mit einer Steuerkarte oft mehrere Lasertypen bedienen.

Beispiel CO_2-Laser: die Steuerkarte würde über einen Ausgang ein PWM-Signal bereitstellen, über das durch die Softwareeinstellungen die Leistung und die Taktfrequenz vorgegeben wird (vgl. in Abschn. 3.8 u. a. die Anmerkungen zum ‚duty cycle').

Beispiel gepulster Faserlaser: er braucht Ausgangssignale zur Ansteuerung des Master Oscillators (MO) und des ‚Power Amplifiers' (PA) – vgl. Abschn. 3.8. Außerdem wird die Leistungsvorgabe auch oft durch einen 8-bit Digitalausgang eingestellt, sodass dadurch die Leistung im Bereich 0 … 255 skaliert werden kann. In dieser Hinsicht wäre zu prüfen, ob diese Ausgänge über die Steuerkarte gesetzt werden können oder ob eventuell eine Zusatzkarte nötig ist. Prinzipiell könnte man diese Signale auch durch eine separate eigene oder zur Strahlquelle gehörigen Kontroll- und Steuersoftwarekarte bereitstellen und auch gegebenenfalls mit weiteren Abläufen einer komplexeren Gesamtanlage synchronisieren. Bei Pulslasern ist außerdem vorab zu klären welche maximale Taktfrequenz für die Anwendung nötig ist. Wie in Abschn. 3.8 beschrieben sind für die MOPA-Faserlaser mit einstellbarer Pulslänge besonders bei kleinen Pulslängen eventuell Taktfrequenzen bis in den MHz-Bereich nötig. Es muss also vorab geklärt werden, was die maximale Taktfrequenz der Steuerkarte ist. Die Vorgabe für die Pulse sind TTL-Signale mit einem ‚duty-cycle' von 50 %. Die Laserpulse bzw. der ‚Q-switch' wird dabei allerdings nur durch die steigende Flanke dieses TTL-Pulses ausgelöst. Bei einer Puls-folge des Faserlasers von beispielsweise 1 MHz würde die Steuerkarte also ein TTL-Signal mit Puls- und Pausenzeiten von jeweils 0,5 µs = 500 ns an den Laser senden.

Ansteuerung des Scanners

Der Scanner[1] wird ebenfalls durch Signale der Steuerkarte gesteuert. Das am meisten verbreitete Datenformat ist dabei das sogenannte ‚XY2-100-Protokoll'. Dabei werden die jeweiligen Auslenkungen der Scannerspiegel durch differentielle digitale Signale angesteuert. Manche Hersteller, die sowohl Scanner als auch Steuerkarten anbieten, haben oft eigene Übertragungsprotokolle, allerdings kann man in der Regel über einen zusätzlichen Adapter (Datenwandler) dieses Protokoll wieder in den XY2-100 Standard umwandeln. Es gibt auch Scanner, bei denen die Spiegelauslenkung durch eine analoge DC-Steuerspannung gesteuert wird. Wenn die Steuerkarte das nicht unterstützt, muss man einen Adapter (Datenwandler) vorsehen, der die analoge DC-Spannung wieder in das XY2-100 Datenformat umwandelt. Normalerweise wird das seitens des Herstellers optional für analoge Scanner mit angeboten. Wenn man selbst kein Komplettsystem für die Lasermaterialbearbeitung kauft, sondern einzelne Komponenten oder auch Ersatz-teile beschafft, muss auf jeden Fall vorher die Kompatibilität von Steuerkarte und Scanner geprüft werden.

Außerdem müssen in der Steuersoftware in den ‚System-Voreinstellungen' (‚Hardware Konfiguration' oder ähnlicher Name) verschiedene Basiskonfigurationen für den Scanner vorgenommen werden. Das wären u. a. – ohne Anspruch auf Vollständig-keit:

- Digitale oder analoge Steuerung
- 2D-Scanner mit 2 Spiegeln und F-Theta Optik oder mit einer einzelnen Linse und einer Fokuskorrektur durch eine verfahrbare Linse (vgl. Abschn. 3.7).
- 3D-System mit 2 Spiegeln und F-Theta Optik sowie einer verfahrbaren Linse (vgl. Abschn. 3.7)

Man muss auch hier vorab prüfen, welche Möglichkeiten die Steuerkarte und die LBS überhaupt anbieten.

Eine weitere wichtige Basiskonfiguration ist die Orientierung des Markierfeldes relativ zum Scanner. Dadurch wird festgelegt, wie ein auf dem Monitor dargestelltes Grafikobjekt (Grafik, Text, Barcode etc.) zum Werkstück orientiert ist (Abb. 10.4).

---

[1] Mit ‚Scanner' sind hier alle Varianten gemeint, also analog oder digital, 2D- oder 3D-Systeme.

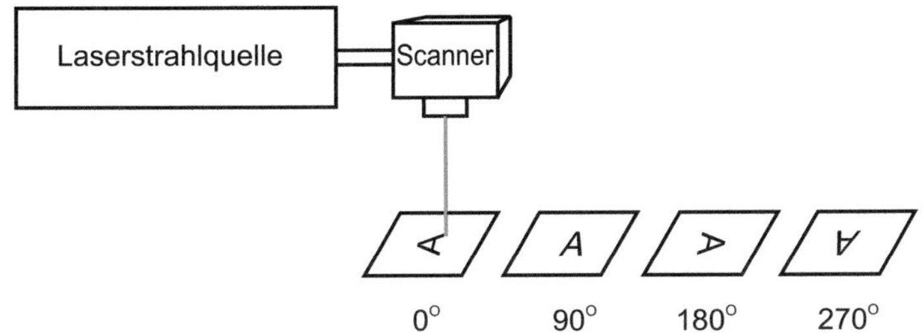

Abb. 10.4 die Orientierung des Markierfeldes relativ zur Ablenkeinheit kann in der Software festgelegt werden

Kalibrierung des Scanners

Seites der Hersteller von Scannern gibt es meistens sogenannte ‚Korrekturfiles', die in der LBS ausgewählt werden können. Diese Dateien beziehen sich auf den Arbeitsabstand und die Laserwellenlänge sowie die eingesetzte Optik (2D-, 3D-System, Spiegel, Linsen etc.). Sie enthalten bereits eine Basiskorrektur, auf die dann die eigentliche Kalibrierung aufsetzt, die im Folgenden beschrieben wird.

Zunächst einmal muss man sicherstellen, dass der Spot des Laserstrahls auf dem Werkstück kleinstmöglich ist, man sich also im ‚Fokusabstand' des Scanners befindet. Im Prinzip könnte man die Linienbreiten bei einer Laserbearbeitung unter dem Mikroskop oder einer Lupe mit hoher Vergrößerung ansehen. Alternativ kann man in der Praxis diesen Abstand festlegen, indem man eine Laserbearbeitung (Objekt mit Füllung o. ä.) auf dem Werkstück startet und den Abstand ‚per Auge' optimiert. Beispielsweise erzeugt ein gepulster Faserlaser bei der Gravur auf einem Metallteil ein Plasma (vgl. Abschn. 5.2). Bei dem Abstand, wo das Plasma am stärksten leuchtet, ist der Arbeitsabstand. Der Materialabtrag durch eine Lasergravur erzeugt auch ein Geräusch, sodass man zusätzlich ‚per Ohr' den Fokus festlegen könnte. Man könnte sich auf diese Weise der optimalen Fokuslage zumindest sehr gut annähern. Selbstverständlich ist das Ausmessen des Fokusdurchmessers durch ein Mikroskop oder durch eine Lupe mit starker Vergrößerung die genauere Methode. Wenn es aber schnell gehen muss oder die geeignete Gerätschaft nicht zur Verfügung steht, ist die Bestimmung des Arbeitsabstands ‚per Auge' und/oder ‚per Ohr' auch eine Alternative. Auf jeden Fall ist die Festlegung des Arbeitsabstands die Voraussetzung für die Kalibrierung des Scanners. Diese Kalibrierung bezieht sich immer auf den Arbeitsabstand. Eine richtige Kalibrierung bedeutet zunächst einmal, dass die in der Software festgelegten Dimensionen des Objekts mit denen der auf dem Werkstück erzeugten übereinstimmen. Das erfordert beispielsweise, dass ein in der Software erzeugtes Quadrat mit 100×100 mm Abmessungen diese auch nach der Laserbearbeitung auf dem Werkstück aufweist. Für diese Kalibrierung der Dimensionen gibt es normalerweise eine vorgegebene Anleitung in der LBS. Meistens wird ein Quadrat mit festgelegten Dimensionen auf dem Werkstück erzeugt und dann müssen die Dimensionen in X- und Y- Richtung vermessen werden.

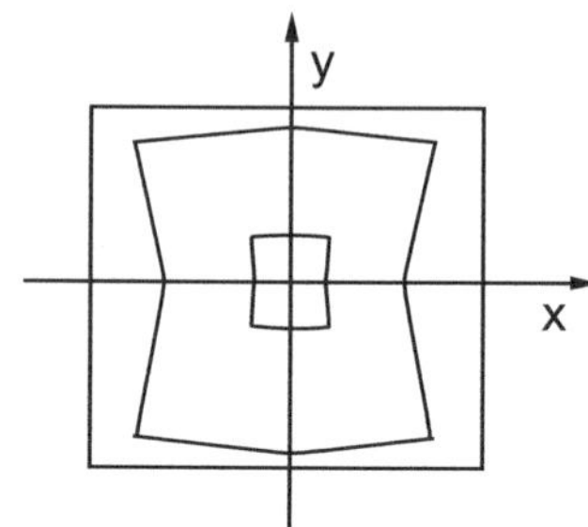

Abb. 10.5 Verzerrungen zweier Quadrate im Randbereich und in der Mitte bei einem 2D Scanner mit F-Theta Objektiv – übertrieben dargestellt; die Verzerrungen sind im Randbereich des Arbeitsfeldes deutlich größer im Vergleich zur Mitte

Diese werden in Textfelder der Software eingegeben und aufgrund der Abweichungen vom Sollwert wird eine Korrektur der Auslenkung der optischen Komponenten (z. Bsp. für die beiden Spiegel für die X- und Y- Auslenkung) berechnet und in einer Konfigurationsdatei dauerhaft gespeichert.

Diese ,Korrektur der Dimensionen' reicht für viele Anwendungen schon aus. Allerdings gibt es gerade im Randbereich des Arbeitsfeldes immer noch Verzerrungen und Abweichungen von den richtigen Dimensionen, die manchmal erst bei einer genauen Vermessung von Objekten nachgewiesen werden können. D. h. ein perfekter Kreis mit z. B. 20 mm Durchmesser, der in der Mitte des Arbeitsfeldes gelasert wird, würde im Randbereich bzw. in einer Ecke des Arbeitsfeldes vielleicht eine leicht elliptische Form aufweisen (vgl. auch Abschn. 3.7). Diese Verzerrungen werden durch eine F-Theta Optik zwar zum großen Teil ausgeglichen, bei hohen Ansprüchen könnten sie aber nur durch eine etwas aufwendigere sogenannte ,Multipoint Korrektur' kompensiert werden. Typische Verzerrungen zeigt die Abb. 10.5 anhand eines Quadrats, wobei die Abweichungen übertrieben dargestellt sind.

Durch die Multipoint Korrektur werden auch noch die Randbereiche des Arbeitsfeldes stärker in die Korrektur mit einbezogen. Im Prinzip funktioniert das so: es wird ein Liniengitter gelasert, wobei der Linienabstand in X- und Y- Richtung wählbar ist. Dann müssen die Abstände der benachbarten Schnittpunkte der Linien in X- und Y-Richtung vermessen werden. Die Werte werden in eine Tabelle innerhalb der Software eingegeben. Von der Software werden die Werte mit den Sollwerten verglichen und entsprechend eine Korrekturdatei berechnet. Je enger das Liniengitter ist, desto genauer wird die Korrektur, allerdings kann die Vermessung der jeweiligen Abstände der Linienschnittpunkte schon recht aufwendig werden. Das absolute Minimum an Linien wären jeweils 3 in X- bzw. Y-Richtung, also ein Liniengitter mit 9 Gitterpunkten. Bei einem Liniengitter von jeweils 9 Linien in beiden Dimensionen wäre man allerdings schon bei 81 Gitterpunkten. Ein guter Kompromiss wäre eine Methode, bei der sich der Messaufwand noch in Grenzen hält und trotzdem schon eine gute Korrektur erreicht wird. Einige LBS bietet auch die Möglichkeit die Verzerrungen ohne Multipoint Korrektur zu beseitigen, und zwar durch eine Skalierung von verschiedenen Formen der Verzerrung. In dem Fall wird ein großes Quadrat gelasert und dann kann man durch die Skalierung von Verzerrungsformen das nicht korrigierte Quadrat in ein nahezu perfektes

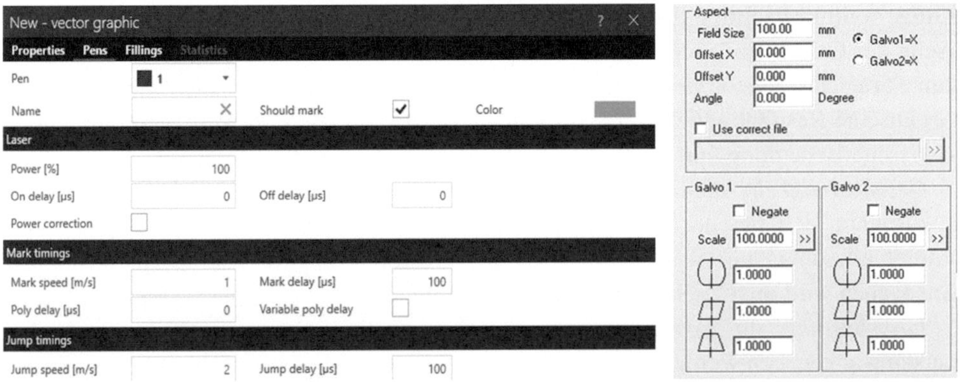

Abb. 10.6 Rechts: Korrekturmöglichkeiten durch Skalierung der Dimensionen und der Skalierung von Verzerrungsformen („EZCAD'- Laserbearbeitungssoftware); links: weitere Einstellmöglichkeiten in einer Laserbearbeitungssoftware („Rayguide' von Raylase GmbH); Erläuterungen dazu finden sich in diesem Buchabschnitt

Quadrat überführt werden (Abb. 10.6). Erfahrungsgemäß ist eine Multipoint Korrektur mit relativ engem Liniengitter am besten, weil dadurch alle Bereiche des Arbeitsfeldes gleichermaßen berücksichtigt werden – vorausgesetzt ist natürlich, dass die Abstände der Gitterpunkte sehr genau vermessen werden. Die Korrektur, wie im zweiten Bild der Abb. 10.6 dargestellt ist einfacher und führt ebenfalls zu guten Resultaten. Eine einfache Korrektur, die nur die Dimensionen eines Quadrats berücksichtigt, ist aber auch für viele Anwendungen schon ausreichend. Letztendlich ist es entscheidend, wie hoch die Ansprüche für die jeweilige Anwendung sind. Auf jeden Fall sollte man sich auch mit den Kalibrierungs- und Korrekturmöglichkeiten einer LBS vorab beschäftigen.

Korrektur der Vorschau durch den „Pilotlaser'

Wenn die Laseranlage mit einem sogenannten „Pilotlaser' (meistens rotes Licht, vgl. Abschn. 3.7) ausgestattet ist, muss die Optik des Scanners auch für diesen Vorschaulaser kalibriert werden. Die Korrekturdaten für die Spiegelauslenkungen werden wieder in einer separaten Initialisierungsdatei gespeichert. Hierfür reicht aber die oben beschriebene „einfache Kalibrierung' aus, bei der also nur die Dimensionen in X- und Y-Richtung korrigiert werden. Diese rote Vorschau des zu lasernden Objekts ist eine rein visuelle Hilfe bei der Einrichtung, ohne Ansprüche an eine hohe Genauigkeit. Es wird also wieder ein Quadrat mit festgelegten Dimensionen gelasert und mit dem Pilotlaser dasselbe Quadrat (rotes Licht) auf das Werkstück projiziert. Durch Verschieben und Skalieren der beiden Dimensionen wird dieses rote Quadrat mit dem gelaserten Quadrat zur Deckung gebracht. Bei Anwendungen, wo eine Laserbearbeitung auf viele verschiedene Werkstücke neu eingerichtet werden muss, ist diese Vorschau mit dem Pilotlaser eigentlich eine unverzichtbare Einrichthilfe.

Einige weitere wichtige Einrichtungen bei der Lasermaterialbearbeitung

Wenn ein Objekt in der Software erstellt wird oder als Grafik importiert wird, müssen ihm Parameter zugeordnet werden, damit beim Laserprozess auf dem Werkstück das gewünschte Resultat erzielt wird. Im Folgenden werden wichtige Parameter aufgelistet, sowie ihre Bedeutung und Auswirkungen beim Laserprozess kurz erläutert.

Geschwindigkeit: damit ist die maximale Geschwindigkeit gemeint, mit der der Fokuspunkt sich bei der Laserbearbeitung über das Werkstück bewegt. Dieser Wert stimmt allerdings nur dann genau, wenn die Kalibrierung für die Optik erfolgt ist. Angegeben wird die Geschwindigkeit meist in mm/s.

Laserleistung: die Ausgangsleistung des Lasers, die meistens in % der maximalen Leistung angegeben werden muss.

Frequenz: die Taktfrequenz des Pulslasers oder auch die eines PWM-Steuersignals (vgl. Abschn. 3.8), beispielsweise eines CO_2-Lasers.

Laser-An-Verzögerung: die Wartezeit am Anfang eines Markiervektors bevor der Laser eingeschaltet wird. Mit ‚Markiervektor' ist eine durchgezogene Linie oder auch kompliziertere Geometrie gemeint, die auf dem Werkstück durch den Laserstrahl vom Anfangspunkt bis zum Endpunkt abgefahren wird. Am Anfang eines Markiervektors muss der Laser verzögert zugeschaltet werden, weil die Scannerspiegel noch in der Beschleunigungsphase sind (Abb. 10.7). Ist diese Wartezeit zu kurz, kommt es zu Einbrenneffekten am Startpunkt des Vektors. Ist sie zu lang, fehlt der Anfang des Vektors. Die Spiegel sind also an diesem Punkt dem Laser schon ‚davongefahren'.

Laser-Aus-Verzögerung: Die Wartezeit am Ende eines Markiervektors bevor der Laser ausgeschaltet wird. Der Laser darf am Ende eines Markiervektors nicht zu spät ausgeschaltet werden, um Einbrenneffekte zu verhindern, wenn die Scannerspiegel abbremsen und schließlich den Endpunkt erreichen und ganz zum Stillstand kommen

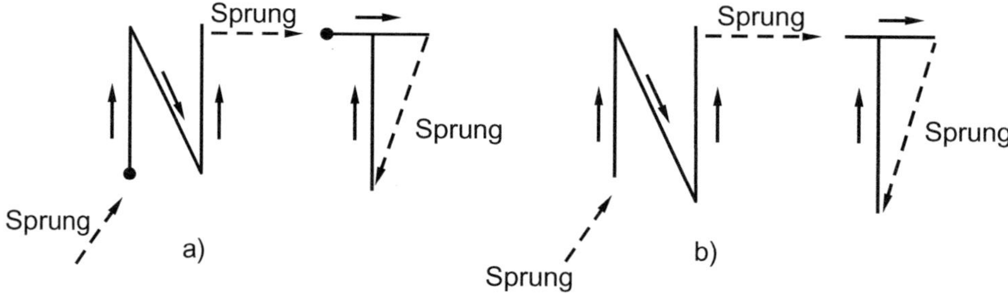

Abb. 10.7 **a)** die Laser-An-Verzögerung ist zu kurz; **b)** die Laser-An-Verzögerung ist zu lang. Mit ‚Sprung' ist hier und in den folgenden Abbildungen die Bewegungsphase der Scannerspiegel zwischen zwei Objekten oder auch zwischen zwei Markiervektoren innerhalb eines Objekts gemeint. Während dieser Bewegungsphase ist der Laser ausgeschaltet, und zwar wird er am Anfang dieser Bewegungsphase ausgeschaltet und am Ende wieder eingeschaltet

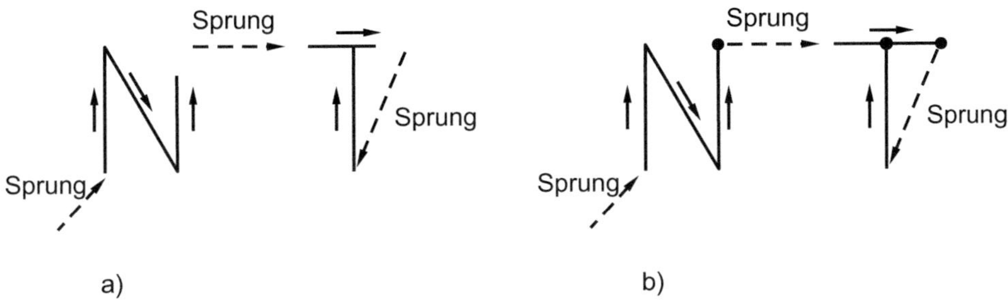

Abb. 10.8   **a**) die Laser-Aus-Verzögerung ist zu kurz; **b**) die Laser-Aus-Verzögerung ist zu lang

(Abb. 10.8). Wenn diese Wartezeit zu groß ist, kommt es zu Einbrenneffekten am Ende des Markiervektors. Ist sie zu klein, fehlt das Endstück des Markiervektors.

Markierverzögerung: Das ist die Wartezeit am Ende eines Markiervektors vor dem nächsten Sprung. Bevor die Spiegel einen neuen Vektor abfahren, müssen die Spiegel erst die Endposition des momentan bearbeiteten Vektors erreicht haben und dann zum Startpunkt des neuen Vektors springen. Die Markierverzögerung verhindert, dass schon zum Startpunkt des neuen Markiervektors gesprungen wird, obwohl der zur Zeit bearbeitete Vektor noch nicht vollständig abgefahren wurde. Ist diese Wartezeit zu kurz, wird der Endpunkt des Markiervektors nicht mehr richtig dargestellt (Abb. 10.9). Eine zu lange Wartezeit stellt kein Problem dar, kostet aber Markierungszeit.

Polygon-Verzögerung: Die Wartezeit der Scannerspiegel beim Richtungswechsel zusammenhängender Vektoren. Die Konturen sind aus Verbindungslinien zwischen Punkten aufgebaut und werden von den Scannerspiegeln entsprechend abgefahren. Die Kontur ist also ein zusammenhängender Vektorzug mit vielen Einzelvektoren zwischen den Verbindungspunkten. Im Bereich der Zwischenpunkte und besonders an den Endpunkten müssen die Scannerspiegel abgebremst und wieder beschleunigt werden (Abb. 10.10). Die dadurch entstehende Verzögerungszeit muss so angepasst werden, dass diese Umkehrpunkte nicht durch eine zu große Verzögerung überbetont werden und es zu dort zu Einbrenneffekten kommt. Andererseits dürfen diese Stellen durch eine zu kleine Verzögerungszeit auch nicht unterrepräsentiert sein. Das könnte dazu führen, dass die Ecken eines Vektorzuges wie Rundungen aussehen.

Abb. 10.9   die Markierverzögerung ist zu kurz.

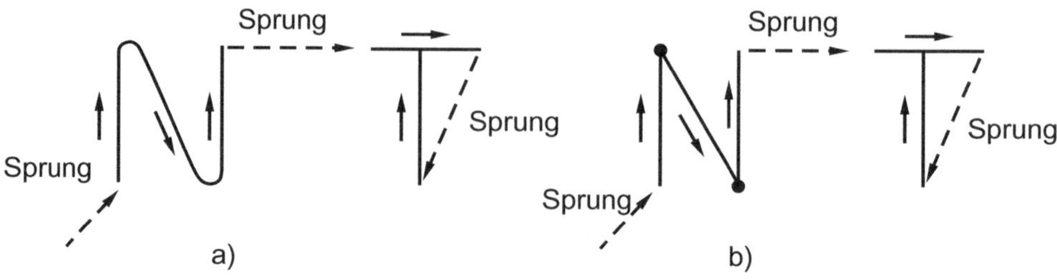

Abb. 10.10 **a**) die Polygon-Verzögerung ist zu kurz; **b**) die Polygon-Verzögerung ist zu lang

Abb. 10.11 Durch
eine große Zeit für die
Polygonverzögerung wird
bei einer bidirektionalen,
mäandernden Füllung der
Rand besonders betont, weil
hier die Umkehrpunkte des
Vektorzuges liegen

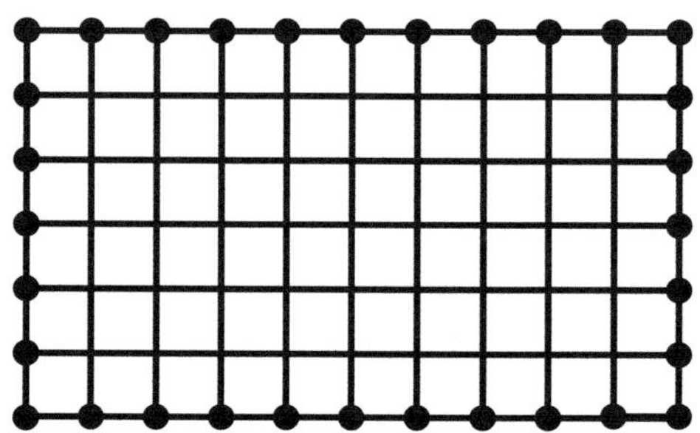

Die verschiedenen Verzögerungszeiten sind natürlich vom Material des Werkstücks abhängig. So reagieren beispielsweise Kunststoffe in der Regel empfindlicher auf Einbrenneffekte im Vergleich zu Metallen. In manchen Fällen sind etwas extremere Einstellungen bei den Verzögerungszeiten jedoch auch von Vorteil. Zum Beispiel kann eine hohe Polygon-Verzögerungszeit bei der Füllung von Objekten dazu führen, dass die Ränder des Objekts betont werden. In der Abb. 10.11 ist das Anhand einer bidirektionalen und mäandernden Füllung eines Rechtecks prinzipiell dargestellt. Durch eine Füllung mit einer Kreuzschraffur in X- und Y-Richtung werden durch die große Polygon-Verzögerungszeit die Kanten durch die Einbrenneffekte stärker betont. Dies kann erwünscht sein, wenn der Materialabtrag etwas in die Tiefe gehen soll und führt dann dazu, dass die Wände des Rechtecks steiler werden.

Sprung-Verzögerung: Das ist die Wartezeit der Scannerspiegel nach der Ausführung eines Sprungs zum nächsten Vektor. Wenn zwischen einem neuen und einem alten Vektor eine Lücke ist, muss die Laseremission während des Sprungs der Scannerspiegel zum neuen Vektor unterbrochen werden.[2] Nach dem Sprung haben die Scannerspiegel die

---

[2] Dieses kurzzeitige Ausschalten der Laseremission wird beispielsweise bei einem Faserlaser durch das Steuersignal für den ‚Power Amplifier' erreicht oder bei einem CO_2-Laser durch die Unterbrechung des PWM-Signal – vgl. Abschn. 3.7.

Abb. 10.12 Die Sprungverzögerung ist zu kurz; eine zu große Sprung-Verzögerung stellt kein Problem dar, allerdings erhöht sich dadurch die Markierungszeit

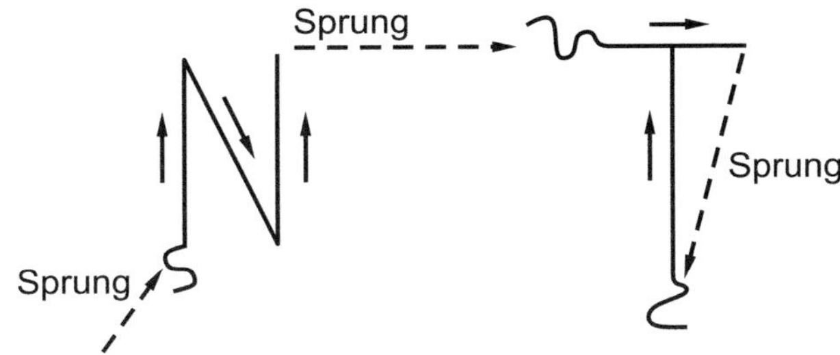

Startposition des neuen Vektors erreicht, brauchen aber noch eine gewisse Einschwingzeit, um zum Stillstand zu kommen. Diese Zeit wird ihnen durch die Sprung-Verzögerung gegeben. Wenn diese Zeit zu kurz ist, wird der neue Vektor schon markiert, obwohl die Einschwingzeit noch nicht beendet ist (Abb. 10.12). An den Startpunkten der neuen Vektoren sind dann wegen der noch nicht abgeklungenen Schwingung wellenförmige Abweichungen von der gewünschten Kontur zu erkennen.

Sprung-Geschwindigkeit: Das ist die Geschwindigkeit der Scannerspiegel bei der Fahrt vom alten zum neuen Vektor. Sie wird als ‚Sprung' bezeichnet, weil in dieser Zeit die Laseremission abgeschaltet ist. Je höher die Sprunggeschwindigkeit ist, desto mehr Einschwingzeit ist nötig. Diese beiden Parameter sind auch wichtige Spezifikationen eines Scanners und hängen natürlich auch von der Spiegelgröße ab.

Möglichkeiten der Automatisierung und der Integration von externen Geräten
Hierzu sind im Wesentlichen zwei Aspekte zu beachten:

1. Die Laserbearbeitungsmaschine (LBM) ist ein Teil einer übergeordneten Anlage
2. Die Laserbearbeitungssoftware (LBS) steuert und synchronisiert selbst weitere externe Geräte

Zu 1): In vielen Fällen ist die LBM nur ein Teil einer komplexeren Gesamtanlage. Beispielsweise könnte die LBM in eine Produktionsanlage für ein bestimmtes Werkstück integriert sein, mit der Aufgabe der individuellen Laserbeschriftung dieses Werkstücks. In diesem Fall gäbe es eine übergeordnete Anlagensteuerung (z. B. eine SPS-Steuerung als ‚Master-Steuerung'), in die die LBS quasi als Befehlsempfänger (‚Slave-Steuerung') integriert ist. Dabei muss geprüft werden, welche Möglichkeiten der Systemintegration die LBS bietet. Im einfachsten Fall kann die Kommunikation über ‚IO-Signale' (24 V, 0 V Signalpegel) erfolgen, wobei die Minimalkonfiguration der Ausgänge der SPS für den ‚Start', ‚Stop' bzw. ‚Abbruch' und ‚Freigabe' für eine Laserbearbeitung sein könnte und von der LBS eine Rückmeldung gegeben wird, dass die Laserbearbeitung gerade stattfindet. In diesem Fall muss in der Software eine Einstellung vorgenommen werden, die zulässt, dass die Laserbearbeitung durch das Setzen eines externen Signalpegels startet. Sollten weiter Status- und/oder Steuersignale benötigt werden, ist zu prüfen, ob die Steuerkarte weitere, entsprechend konfigurierbare IO-Signale bietet oder ob alternativ eine Zusatzkarte nötig ist, die von der LBS erkannt und integriert werden kann. Eine etwas komplexere Anwendung wäre es beispielsweise, wenn über Bitmuster verschiedene Unterprogramme der Software aufgerufen werden können. Das bedeutet, dass den ausführbaren Objekten (also das, was auf das Werkstück gelasert werden soll) ein bestimmtes Bitmuster zugeordnet wird, die jeweiligen Objekte also nur ausgeführt werden, wenn die SPS-Steuerung dieses Bitmuster gesetzt hat. Man könnte z. B. über einen 4-Bit Eingang $2^4 = 16$ verschiedene Bitmuster erzeugen. Man kann das Setzen eines Bitmusters dann als Aufruf eines Unterprogramms innerhalb der Software auffassen. Jedem Bitmuster sind dann die jeweiligen Objekte zugeordnet und nur diese werden mit dem Startbefehl ausgeführt.

Für eine einfache Integration der LBM ist die Kommunikation über IO-Signale oft schon ausreichend, allerdings ist für komplexere Anwendungen eine umfassendere Kommunikation zwischen der SPS und der LBS nötig. In diesem Fall ist zu prüfen, ob Funktionen innerhalb der LBS über eine Schnittstelle (USB, Ethernet, RS232 etc.) gesteuert werden können. Beispielsweise das Laden von ‚Laserjobs' (ausführbare Dateien für die Laserbearbeitung) von der Festplatte oder von externen Servern bzw. Datenbanken. Wichtig wäre auch, inwieweit Funktionen der Software (z. B. Parametereinstellungen, Skalierungen von Objekten etc.) über Steuerbefehle aufgerufen und deren Inhalte verändert werden können. Oder mit anderen Worten: in welchem Umfang kann die LBS ferngesteuert werden? Manche LBS bieten umfangreiche Programmbibliotheken für eine externe Programmierung an, was bei komplexeren Anwendungen das entscheidende Kriterium für die Wahl einer LBM bzw. der LBS ist.

Zu 2): Bei kleineren Automatisierungen kann es durchaus sinnvoll sein, wenn die gesamte Anlagensteuerung von der LBS mit übernommen wird. In diesem Fall gibt es also keine übergeordnete Steuerung, die LBS ist also die Master-Steuerung. Die Kommunikation wird dann in der Regel über IO-Signalpegel erfolgen. Es ist dann zu prüfen, welche Möglichkeiten seitens der LBS vorhanden sind und ob beispielsweise innerhalb der Software ein einfacher ‚Automatisierungsskript' für die Anlagensteuerung erstellt werden kann. Also z. B. die Statusabfrage externer Geräte über IO-Signale und abhängig davon der ‚Start' oder ‚Stop' dieser Geräte bzw. der Laserbearbeitung. Im Automatisierungsskript könnte dann der Ablauf eines einfachen Produktionsprozesses einschließlich der Laserbearbeitung programmiert werden. Die Möglichkeiten wären im Vergleich zu denen einer SPS-Steuerung natürlich sehr eingeschränkt, könnten für einfache Anwendungen aber ausreichen.

Eventuell ist es auch wichtig, ob über die LBS auch Achsen gesteuert werden können, also beispielsweise eine Drehachse oder Linearachsen wie ein XY-Tisch oder eine Achse zu Höhenverstellung von Werkstück oder Laserkopf. Wenn Achsen über die LBS gesteuert werden können und das Verfahren einer Achse quasi als weiteres ausführbares Objekt in einen Automatisierungsskript integriert werden kann, würde man eine weitere externe Steuerung dieser Achsen einsparen können. Generell muss man abwägen, ob die Komplexität einer Anwendung eher in der Synchronisation des Gesamtablaufs einschließlich des Verfahrens von Achsen besteht oder in der Laserbearbeitung selbst. Eine LBS ist natürlich immer in erster Linie eine Software für den Laserprozess selbst und die Gerätesteuerung ist eine zusätzliche Option. Wenn die Anforderung an die Anlagensteuerung größer wird, wäre eher eine geeignetere Master-Steuerung (SPS o. ä.) vorzuziehen und die LBS wird nur für die Laserbearbeitung eingesetzt.

Ganz generell kann man festhalten, dass es keine ‚schlechte' LBS gibt. Allerdings gibt es Unterschiede hinsichtlich des Umfangs der oben dargestellten Anforderungen. Wer einen Einzelarbeitsplatz braucht und beispielsweise als ‚Lohnbeschrifter' ständig neue Einstellungen für die Laserbeschriftung weiterer Werkstücke vornehmen muss, der wird eine LBS bevorzugen, die viele grafische Gestaltungsmöglichkeiten bietet, intuitiv zu bedienen ist und in die extern erstellte Grafiken mit vielen verschiedenen Dateiformaten importiert werden können. Wer dagegen eine größere Anlage plant, beispielsweise mit einer Serienproduktion und der anschließenden Laserbeschriftung des immer gleichen Werkstücks wird eine LBS bevorzugen, die hinsichtlich einer Anlagenintegration – wie oben beschrieben – möglichst viele Möglichkeiten bietet.

10.4 Zubehör

Es wird viel Zubehör angeboten, um den Produktionsprozess wirtschaftlicher zu machen, das bearbeitbare Bauteilspektrum zu erweitern und höhere Bearbeitungsqualitäten zu erreichen. Hier gibt es optische und mechanische Einheiten:

- X-Y-Kreuztisch
- X-Y-Z-Portal
- Dreheinheit
- Drehschwenkeinheit
- Autofokus
- Focus Shifter
- Kamera zur Lageerkennung
- Kamera zum Auslesen und Kontrollieren
- Kamera als Positionierhilfe

Literatur

1. Hügel H, Graf T (2009) Laser in der Fertigung, Strahlquellen, Systeme, Fertigungsverfahren. Vieweg+Teubner GWV Fachverlage, Wiesbaden
2. Poprawe R (2005) Lasertechnik für die Fertigung, Grundlagen, Perspektiven und Beispiele für den innovativen Ingenieur. Springer, Berlin

Inhaltsverzeichnis

11.1   Ein guter Kaufmann holt immer mindestens 3 Angebote ein

Es ist eine betriebswirtschaftliche Regel, dass man mindestens drei Angebote einholt. Daran kommt man auch bei der Beschaffung einer Lasermaschine nicht vorbei. Durch drei verschiedene Angebote bekommt man einen Überblick, nicht nur über den Preis, sondern auch über das Leistungsspektrum. Zudem erfährt man mit etwas Glück Neuigkeiten oder Detailinformationen, die vorher vielleicht noch nicht bekannt waren. Darüber hinaus bekommt man einen Überblick und ein Gefühl dafür, ob man den letzten Stand der Technik kauft oder eventuell ein veraltetes System angeboten bekommt. Die angebotene Technik wird im Angebot beschrieben und ein Leistungsvergleich ist somit auf dem Papier möglich. Verbunden mit dem Preis ergibt sich schon bei erster Betrachtung eine Vorauswahl.

C. Kollbach et al., *Von der Laserbeschriftung bis zum Lasermaterialabtrag*,
https://doi.org/10.1007/978-3-658-38130-1_11

Soweit die Theorie. Leider ist es in der Praxis sehr schwer, über das Internet oder auf Messen gleichwertig kompetente Firmen zu finden. Möglichst sollen die Anbieter in regionaler Reichweite angesiedelt sein, sodass man schon in der Vor-Kaufphase keine weiten Wege zurücklegen muss, um sich die Maschinen anzuschauen. Nach dem Kauf eines Lasersystems ist die Entfernung zum Lieferanten natürlich immer noch ein Kriterium, da im Bedarfsfall ein Serviceeinsatz Fahrzeit und damit Geld kostet.

Dieses Thema wird in der Praxis von den wenigsten Interessenten in die Betrachtung aufgenommen. Die „After Sales Kosten" werden komplett ausgeblendet, so als würde schon alles gut gehen und die Maschine keinen Service brauchen. In der Praxis ist es jedoch oft anders. Die Kunden, die schon länger im Besitz einer Maschine sind, haben den Kaufpreis schon längst vergessen – oder auch nicht. Aber die Kosten für den Service und die Qualität sind ab dem Moment entscheidend. Es kommt nicht selten vor, dass die Ersatzteile von Lasermaschinen der marktführenden Anbieter sehr teuer sind. Man ist gut beraten, zu erfragen, was ein Serviceeinsatz kosten wird. Auch schadet es nicht, sich darüber zu informieren, was der Tausch eines Netzteiles oder eines Controllers kostet.

Auch die Firmengröße ist ein Kriterium. Die Großindustrie kauft gerne bei großen Firmen. Der Mittelstand macht auch gerne mal ein Schnäppchen und sucht dies in kleineren Firmen, wo man auf Augenhöhe verhandeln kann.

Neben den Hardfacts kommt es daneben noch zum Vergleich der Softfacts: Lieferzeit, Zahlungsbedingungen, Gewährleistung und last but not least die Servicebedingungen verbunden mit eventuellen Wartungsverträgen und die Kosten, wie zum Beispiel Stunden oder Tagessätze. In der betrieblichen Praxis vergleichen maximal 10 % der Käufer die Gesamtkosten einer Anlage über zehn Jahre. Oft wird noch nicht einmal über Servicekosten gesprochen. Das große Erwachen kommt dann später.

Fragen Sie auch, wie Sie die Zeit überbrückt bekommen, bis die Maschine geliefert wird. Kann der Hersteller Ihnen eine Leihmaschine zur Verfügung stellen? Oder kann der Hersteller die ersten 1000 Stück in Lohnfertigung lasern? Das sind auf einmal ganz neue Aspekte, die in der Praxis aber häufig sehr wichtig sind. Was machen wir denn, wenn die Maschine eine lange Lieferzeit hat und wir aber schon Lieferverpflichtungen gegenüber den Kunden haben?

Übrigens sollten Sie für Ihre Verhandlung wissen, dass die Hersteller von Laseranlagen als Maschinenbaufirmen ihr Geld mit dem Verkauf der Maschine verdienen müssen, da es keine Betriebsmittel wie zum Beispiel Tinte oder Kartuschen beim Inkjet oder Etiketten beim Labeldrucker gibt. Und auch wenn selten Serviceeinsätze notwendig sind, muss er Servicepersonal für den Einsatzfall vorhalten. Das kann teuer sein. Wenn sich dies nicht über die Serviceeinsätze rechnet, ist auch dies über den Maschinenverkauf abzudecken. Mit diesem Hintergrundwissen wäre es geradezu fahrlässig, wenn man sich nur ein Angebot von einem Hersteller einholt.

11.2   Lassen sie sich ein Muster anfertigen

Jeder, der bzw. jede, die sich zum ersten Mal ein Lasersystem kauft, interessiert sich dafür, wie das Produkt nach der Bearbeitung mit dem Laser aussieht. Von daher ist es in dieser Branche mehr als normal, dass die Hersteller zum Verdeutlichen ihrer Leistung und der Leistung ihrer Maschinen dem Kunden ein kostenloses Muster anfertigen. Zum Beispiel vergleicht der große deutsche Hersteller von Spülmaschinen Miele in der Angebotsphase, wie gut der Hersteller der Lasermaschine sein Logo auf die Frontblende der Spülmaschine lasern kann. Das Design und die Schönheit, aus der Sicht des Kunden betrachtet, ist mit ausschlaggebend für die Entscheidung, welche Maschine gekauft werden soll. Natürlich gibt es im Lastenheft dafür genaue Vorschriften, wie dies auszusehen hat. Letztendlich ist aber die Lasermaschine und der Hersteller für die Ausführung verantwortlich. Von Maschine zu Maschine gibt es hierbei oft Unterschiede. Diese Unterschiede liegen zum einen in der Maschine und den Komponenten begründet und zum anderen natürlich im Können des Mitarbeiters bzw. der Mitarbeiterin des Herstellers, der das Muster anfertigt.

Und da sind wir genau bei dem Punkt, wo man aufpassen muss. Ist das Muster des Herstellers A nur schöner als das Muster des Herstellers B, weil der Mitarbeiter bzw. die Mitarbeiterin des Herstellers A mehr Erfahrung hatte oder das bessere Händchen? Oder liegt es tatsächlich an der Maschine? Hier ist Vorsicht und Objektivität gefordert. Man ist gut beraten, wenn man sich die Ausführung genau anschaut. Oft hilft es aber auch dem Kunden eine gute Vorlage zur Verfügung zu stellen. Wenn der Mitarbeiter bzw. die Mitarbeiterin des Herstellers, der die Applikation bearbeitet, eine Vorlage hat und damit genau weiß, welches Ziel er erreichen soll, sollte es für ihn einfacher sein, ein gutes Muster herzustellen. Liegt dies nicht vor und wurde das gewünschte Ergebnis nur beschrieben, bedarf es der Vorstellungskraft des Mitarbeiters bzw. der Mitarbeiterin und das kann zu einem unterschiedlichen Ergebnis führen.

Es ist auch nicht verwerflich, wenn man der Firma B das superschöne Muster der Firma A zeigt und sagt so hätten wir es gerne. Schafft die Firma B nicht dieses Ergebnis mit der Maschine zu erzielen, ist dies eine eindeutige Aussage. Und die Wahl für diesen Hersteller ist durch ein eindeutiges Ergebnis untermauert.

11.3   Fahren Sie zum Lieferanten und schauen sie sich vor Ort um

Wenn die Lasermaschine für Sie wichtig ist, macht es Sinn, dass sie in den Auswahlprozess einiges an Energie stecken. Dann kommen sie kaum an einem Besuch der wichtigsten Anbieter vorbei. Sie lernen vor Ort die Mitarbeiter und Mitarbeiterinnen kennen. Sie lernen die Maschinen und die maschinelle Ausrüstung kennen und sie sehen bei Besichtigung der Produktion und Büros, wie dort gearbeitet wird. Sie erhalten einen Eindruck und ein Gefühl dafür, ob dieser Anbieter zu Ihnen passt.

Auf einer Messe dagegen präsentieren sich alle Firmen von der Schokoladenseite und wer viel Geld übrig hat baut sich einen pompösen, kurzzeitig genutzten Firmensitz auf die Messe. Hier wird viel Show veranstaltet. Gut und weniger gut geschulte Verkäufer und Verkäuferinnen warten auf Sie.

Im Internet ist das ähnlich, man kann sich informieren aber es wird auch viel vorgegaukelt, was in der Realität vielleicht ganz anders aussieht. Meist sieht man im Internet nur eine Webseite, die die auf Hochglanz getrimmte heile Welt vorspielt. Im Internet können auch kleine Firmen ganz groß rauskommen.

Beispiel: manchen Messeständen sieht man nicht an, wer oder was dahintersteckt. Ich erinnere mich an einen Standnachbar auf der Hannover Messe, der einen Stand hatte, relativ klein wie ein Mittelständler. Man kommt mit dem Verkäufer ins Gespräch und fragt, was sie so machen. Ausgestellt war nur eine Kabine, so ähnlich wie eine Duschkabine. Und was war es? Eine Firma, die Reinräume für die pharmazeutische Industrie und für die medizintechnische Industrie herstellt. Hinter dem unbekannten Namen verbarg sich eine extrem große Firma. Die kleinste bestellbare „Maschine" kostete laut Verkäufer circa 750.000 €. Das hätte man diesem Messestand nicht angesehen.

Das heißt, fahren Sie zum Anbieter hin und schauen sich um. Bereiten Sie Ihre Fragen vor. Nehmen Sie Muster mit, lassen Sie sich Muster anfertigen. Fragen Sie, wie viele Maschinen von dem Typ, den sie beabsichtigen zu kaufen, pro Jahr hergestellt werden. Wenn sie vor Ort sind, sehen Sie auch, ob der Ansprechpartner bzw. die Ansprechpartnerin allein ist oder ob er noch Kollegen bzw. Kolleginnen hat. Ebenso können Sie feststellen, ob er bzw. sie die Maschine wirklich selbst baut oder ob es sich um einen Händler handelt. Fragen Sie danach, wo die Bauteile herkommen. Auch wenn mittlerweile ordentliche Lasermaschinen aus China kommen, so kommen die besten Laser nach wie vor aus USA und Deutschland.

In dem Zusammenhang sei erwähnt, dass von Anbietern chinesischer Lasermaschinen, die in den Jahren 2010 bis 2015 CO_2-Laserplotter zum lasern von Holz und Plexiglas in Deutschland angeboten hatten, kaum noch einer am Markt ist. Auch die Hersteller in China haben sich längst anderen Aufgaben zugewandt. Es ist unglaublich, wie schnell manche Firmen kommen und gehen.

Fragen Sie nach dem Mitarbeiter bzw. der Mitarbeiterin, der bzw. die bei Ihnen die Maschine installieren wird und sprechen Sie mit ihm bzw. ihr. Verschaffen Sie sich einen Eindruck über das Können der Menschen. Fragen Sie danach, wer die Schulung machen wird und wie lange diese dauern wird.

Ganz wichtig ist natürlich, dass Sie sich die Maschine nicht nur vorführen lassen, sondern dass sie selbst Hardware und Software einmal bedienen, um ein Gefühl dafür zu bekommen, ob dies sehr einfach oder furchtbar kompliziert ist. Wenn sie 2 bis 3 solcher Besuche machen, bekommen Sie einen guten Überblick über die Anbieter und Ihre Entscheidung fällt Ihnen leichter.

11.4   Folgen Sie Ihrem Bauchgefühl

Was nützt es, wenn eine Flasche Wein 99 Parker Punkte hat, mehr als 200 € pro Flasche kostet, Ihnen aber nicht schmeckt? Genauso kann Ihnen dies beim Kauf einer Maschine passieren. Die technischen Daten sind überzeugend, aber hinterher stellen Sie fest, dass der Laser von dem renommierten Anbieter, mit den besten technischen Daten, leider etwas kompliziert in der Bedienung ist und manches nur schwer oder schlecht funktioniert. Folgen Sie bei der Auswahl schon früh ihrem Bauchgefühl. Wenn Sie das Gefühl haben, die richtige Maschine bei dem richtigen Lieferanten gefunden zu haben, ist dies wichtiger als „gute technische Daten".

11.5   Der Werksstudent, „ass protection" und was es sonst noch für tolle Sachen gibt

Wer bereitet die Kaufentscheidung vor, wer kümmert sich um die Angebote, wer holt die Muster ein, wer fällt die Entscheidung? Wer die Entscheidung trifft, hängt von der Firmengröße und der Arbeitsweise in der jeweiligen Firma ab. Je größer die Firma ist, umso mehr Menschen sind an diesem Entscheidungsprozess beteiligt. Die da sein könnten: die Geschäftsführung, das Management, die Werksleitung, der Verkauf, der Einkauf, die Arbeitsvorbereitung, die Instandhaltung, der Maschinenbediener oder die Maschinenbedienerin. Und bei allem darf man nicht vergessen, der Ehepartner:in vom Chef, zumindest bei kleinen Firmen.

Manchmal sind alle irgendwie in den Prozess involviert und manchmal nur die Geschäftsführung. Das ist die Bandbreite. Dazu gibt es auch nicht viel zu sagen. Das einzig Auffällige, wo man als Inhaber bzw. Inhaberin vorsichtig sein sollte, beschreibt die amerikanische „Managementweisheit" mit dem englischen Ausdruck „Ass Protection". Was ist damit gemeint?

Es gab eine Zeit, da war der IBM Computer der Maßstab aller Computer. Leider waren die Computer der Firma IBM auch sehr teuer. Trotzdem entschied das Management, sowohl das mittlere Management auch das obere Management, sich bei der Auswahl der Computersysteme sehr gerne für die Maschinen von IBM. Warum? Weil mit dieser Entscheidung das Management auf der sicheren Seite war und niemand ihm oder ihr „Einen reinwürgen" konnte. Niemand konnte ihm oder ihr vorwerfen, dass man eine schlechte Maschine gekauft hat. Natürlich kann man meckern, weil man eine zu teure Maschine gekauft hatte. Aber darüber ist noch nie ein Manager oder Managerin gestolpert. Kauft man jedoch bei der Firma XY zu einem günstigen Preis, ist man angreifbar und eine Fehlentscheidung würde ihm bzw. ihr persönlich angelastet. Diese Systematik führt auch in der Laserindustrie dazu, dass „große" Manager gerne bei bekannten Topp-Herstellern kaufen.

In einigen Firmen gibt es sogenannte Werksstudenten oder Praktikanten bzw. Werksstudentinnen oder Praktikantinnen, die für eine Zeit beschäftigt werden. Das Management beschließt, ihn oder sie mit der Aufgabe zu betrauen, sich einen Überblick über den Markt der Lasersysteme zu verschaffen, um eine Auswahl vorzubereiten. Häufig kommt es vor, dass der Werkstudent bzw. die Werksstudentin eine Analyse über die verschiedenen Angebote machen muss. Dies hat den Vorteil, dass er oder sie sich mit viel Zeit dieser Aufgabe widmen kann. Er bzw. sie recherchiert im Internet und holt Angebote ein. Diese Angebote vergleicht man in einer oder mehreren Excel Tabellen. Hierzu nimmt man sich üblicherweise die technischen Daten und die Preise und füllt diese in die Tabelle. Sie merken schon worauf dies hinausläuft. Den Werkstudenten bzw. -studentinnen fehlt die Erfahrung und sie wissen oft nicht, welche Softfacts eine wichtige Rolle spielen. Er bzw. sie kann von sich aus nicht die Gewichtung für die einzelnen Punkte des Angebotes, wie Hardware, Software, Wartung, Nähe zum Hersteller, leichte Bedienbarkeit, Servicekosten etc. vornehmen. Vielleicht laufen auch nicht alle diese genannten Kriterien in die Excel Tabelle, vielleicht werden nur Daten aus dem Angebot verglichen. Wo bleiben die Softfacts? Am Ende wird das Ganze in eine Power-Point Präsentation gepackt und dem Management vorgestellt. Was daraus für Schlüsse gezogen werden, ist nicht voraussehbar. In jedem Fall ist diese Aufstellung vom Management eingehend zu prüfen. Bei dieser Vorgehensweise wurden schon oft die Maschinen mit den besten technischen Daten angeschafft. Das mußte aber nicht immer die passenste Maschine sein.

Im Folgenden kommen ein paar Punkte, an die Sie denken sollten.

- Ist der Aufstellungsort für den Laser geeignet?
- Ist der Boden vibrationsfrei?
- Ist die Umgebung frei von Staub und ölhaltiger Luft?
- Platzbedarf?
- Passt die Maschine durch die Tür?
- Genügend elektrische Energie und Anschlüsse?
- Eventuell Druckluft, eventuell Kühlwasser?

Ein jeder Hersteller oder Inverkehrbringer einer Maschine in der EU unterliegt der Verpflichtung, neben der Maschine einige Dokumente zu liefern. Die technische Sicherheit muss belegt werden. Die Maschine muss den Anforderungen in Bezug auf Sicherheit und Gesundheit erfüllen. Die Maschine muss mechanisch und elektrisch sicher gebaut sein. Sicherheits- und Schutzeinrichtungen können nicht umgangen werden. Ein Maschinenhandbuch muss nach der EU Maschinenrichtlinie 2006/42/EG die folgenden Informationen in Landessprache (also Deutscher Sprache) beinhalten:

- CE-Konformitätserklärung und CE-Kennzeichnung auf der Maschine
- Bedienungsanleitung Hardware
- Bedienungsanleitung Software

Die Bedienungsanleitung sollte folgenden Mindestinhalt haben:

- Bestimmungsgemäße Verwendung
- Anleitung zum Transport
- Anleitung zur Aufstellung
- Anleitung zur Inbetriebnahme
- Anleitung zu Störungsbeseitigung
- Anleitung zur Pflege und Wartung
- Risikoanalyse
- Elektroschaltplan
- Ersatzteillisten
- Emissionswerte

Freiwillige Angaben: Ist die Maschine eventuell vom TÜV (freiwillig) geprüft?
Beim Betreiben der Maschine kann es zu folgenden Fragen kommen:

- Wird eine Schulung angeboten?
- Notwendige Schutzeinrichtung vorhanden und funktionsfähig?
- Funktioniert die Absaugung im geforderten Umfang?

Vorauswahl nicht in den richtigen Händen
Die richtigen Hände wären diejenigen Personen, die unmittelbar mit den Maschinen zu tun haben. Das sind auf der einen Seite Maschinenbediener bzw. Maschinenbedienerinnen, Arbeitsvorbereiter bzw. Arbeitsvorbereiterinnen aber auch Werkspersonal aus dem Management und natürlich der technische Einkauf. Wenn diese sich zusammentun und eine Anforderungsliste an die Maschine aufstellen und diese selbst bewerten, dann kommt meist etwas Vernünftiges dabei heraus.

11.6 Checkliste, damit Sie nichts vergessen

Eine Checkliste, die bei der Anschaffung einer neuen Lasermaschine von Nutzen sein kann, stellt die folgende Tab. 11.1 zur Verfügung. Und bitte prüfen Sie die Seriosität Ihres Anbieters durch die Vollständigkeit der Unterlagen. Ein jeder Hersteller oder Inverkehrbringer einer Maschine in der EU unterliegt der Verpflichtung, neben der Maschine Dokumente zu liefern. Es soll sichergestellt werden, dass die Maschine sicher ist.

Die Maschine muss die Anforderungen in Bezug auf Sicherheit und Gesundheit erfüllen. Die Maschine muss mechanisch und elektrisch sicher gebaut sein. Sicherheits- und Schutzeinrichtungen können nicht umgangen werden.

Tab. 11.1 Checkliste für die Maschinenanschaffung

Nr.	Aufgabe	Ja/Nein
1	Ist der Aufstellungsort für den Laser geeignet?	
2	Ist der Boden vibrationsfrei?	
3	Ist die Umgebung frei von Staub und ölhaltiger Luft?	
4	Platzbedarf?	
5	Passt die Maschine durch die Tür?	
6	Genügend elektrische Energie und Anschlüsse?	
7	Eventuell Druckluft, eventuell Kühlwasser?	
	Ein Maschinenhandbuch muss nach der EU Maschinenrichtlinie 2006/42/EG die folgenden Informationen in Landessprache (also Deutscher Sprache) beinhalten:	
8	CE-Konformitätserklärung und CE-Kennzeichnung auf der Maschine	
9	Bedienungsanleitung Hardware	
10	Bedienungsanleitung Software	
	Die Bedienungsanleitung sollte folgenden Mindestinhalt haben:	
11	Bestimmungsgemäße Verwendung	
12	Anleitung zum Transport	
13	Anleitung zur Aufstellung	
14	Anleitung zur Inbetriebnahme	
15	Anleitung zu Störungsbeseitigung	
16	Anleitung zur Pflege und Wartung	
17	Risikoanalyse	
18	Elektroschaltplan	
19	Ersatzteillisten	
20	Emissionswerte	
21	Bestimmungsgemäße Verwendung	
	Freiwillige Angaben:	
22	Ist die Maschine vom TÜV geprüft?	
23	Wird eine Schulung angeboten?	
24	Notwendige Schutzeinrichtung vorhanden und funktionsfähig?	
25	Funktioniert die Absaugung im geforderten Umfang?	

11.7   Die Lasermaschine ist beschafft, was nun?

Installation und erste Schritte

In den meisten Fällen werden Sie eine Lasermaschine kaufen und sich diese zu Ihnen liefern lassen. Üblicherweise sollte auch die Installation, die Inbetriebnahme und eine

Schulung mit in dem Paket enthalten sein. Also:

- Lieferung
- Installation
- Inbetriebnahme
- Schulung

Wird die Maschine durch eine Spedition angeliefert, sind Sie gut beraten, die Maschine vor der Annahme zu kontrollieren. Hierzu gehören die Lieferpapiere, genauso wie die Unversehrtheit der Palette beziehungsweise der Kistenverpackung. Die Verpackung darf keine Schäden aufweisen. Sehen Sie Löcher, Kratzer oder Schleifspuren, werden Sie misstrauisch und kontrollieren Sie noch genauer. Außen auf der Verpackung sollte ein Transportindikator angebracht sein. Dies kann ein Stoßindikator sein oder ein Kipp-indikator. Diese Indikatoren zeigen verlässlich an, ob die Transportvorschriften ein-gehalten wurden.

Sollte die Verpackung äußerlich beschädigt sein oder ein Transportindikator eine Unregelmäßigkeit anzeigen, dann müssen Sie sofort entscheiden, ob sie die Ware eventuell nicht annehmen oder nur unter Vorbehalt annehmen.

Lasersysteme sind empfindliche elektronische Geräte. Sie dürfen nicht stürzen und es gelten bezüglich der Lagerung und des Transportes maximale Grenzen in Bezug auf Feuchtigkeit und Temperatur, die je nach Hersteller unterschiedlich sein können. Das Wichtigste, worauf beim Transport geachtet werden muss, ist dass das Lasersystem nicht gestürzt ist oder gar vom Gabelstapler fallen gelassen wird. In solch einem Fall könnte das optische System der Lasermaschine beschädigt werden. Also nicht einfach annehmen und unterschreiben, sondern sorgfältig kontrollieren.

Liefert der Hersteller das System mit dem eigenen Lieferwagen oder dem eigenen LKW an und stellt die Maschine bei Ihnen auf, muss man im Normalfall davon aus-gehen können, dass der Hersteller und damit gleichzeitig der Lieferant den Transport so durchgeführt hat, dass Ihre Maschine in einwandfreiem Zustand ist. Von daher ist die Anlieferung durch den Hersteller ein Pluspunkt.

Aufstellungsort

Sie haben sich sicher im Vorfeld Gedanken gemacht, wo die Maschine aufgestellt werden soll. Generell kann man sagen, dass sich eine Lasermaschine dort wohlfühlt, wo auch wir Menschen uns wohl fühlen. D. h. die meisten Lasermaschinen vertragen Temperaturbereiche von 15–35 °C und Luftfeuchtigkeit bis 80 %. Ganz wichtig ist, dass der Aufstellungsort möglichst sauber und staubfrei sein sollte. Staub ist der Feind des Lasers.

Nun kommen wir zum Platzbedarf. Kontrollieren Sie vor der Anlieferung die Maße der Maschine. Überprüfen Sie, ob die Maschine durch alle Türen und Flure passt. Klären Sie vorher ab, ob Sie mit einem Aufzug in eine andere Etage transportieren müssen. Und messen Sie, ob die Maschine in den Aufzug passt. Kontrollieren Sie, ob die Höhen so sind, dass die Maschine bis zum Aufstellungsort durch die Türen passt.

Sie glauben nicht, wie oft ein paar Zentimeter fehlen und deshalb die Maschine nicht an den vorgesehenen Ort kommt. Ein interessantes Erlebnis in diesem Zusammenhang gab es in Sibirien bei der Anlieferung einer Lasermaschine, die circa 500 kg wog und mit einem Aufzug auf die fünfte Etage musste. In der fünften Etage war die Tür so klein, dass die Maschine niemals dadurch passen konnte. Die Geschäftsleitung hatte dafür aber eine schnelle Lösung. Die Maschine musste in dem Aufzug auf der Seite liegen und die Tür und die Wand zu dem Laserraum wurde kurzerhand mit dem Vorschlaghammer herausgeschlagen. Nach der Mittagspause stand die Maschine im Laserraum in der fünften Etage und die Maurer setzten gerade die dritte Reihe Ziegelsteine für eine neue Wand.

Sie benötigen in der Größe der Lasermaschine Platz von vielleicht 3–5 m². Bei einem Auftischsystem ist das natürlich anders als bei einer großen Maschine mit Extras. Eventuell stellen Sie einen Tisch für ein paar Werkzeuge oder zur Ablage von den Teilen, die Sie beschriften wollen, direkt neben die Anlage. Je nach Bedarf und Maschine kommt für den Bediener oder die Bedienerin ein Stuhl oder eine Stehhilfe hinzu.

Der Bereich sollte gut beleuchtet sein, weil bei der Laserbearbeitung oft das Ergebnis mit bloßem Auge kontrolliert werden muss und dafür ist gutes Licht sehr hilfreich. Bei manchen Anwendungen reicht dies nicht, da muss eventuell ein Vergrößerungsglas oder sogar ein Mikroskop zur Begutachtung auf dem Tisch platziert werden.

Die Stromanschlüsse erfragen Sie bitte beim Hersteller und sorgen Sie vor der Anlieferung dafür, dass am Ort des Geschehens die nötigen Anschlüsse vorhanden sind. Falls Druckluft benötigt wird denken Sie bitte auch an die Druckluftanschlüsse.

Installation

Je nachdem wie komplex die Maschine, die sie gekauft haben, ist, fällt die Installation kurz und einfach oder eben komplizierter aus. Bei einer Standardmaschine sollte werkseitig alles so vorbereitet sein, dass ein Techniker innerhalb von einer halben oder 1 h die Maschine fertig installiert hat und man mit dem Testen beginnen kann.

Was macht der Techniker bei der Installation?

Neben dem Anschließen von Kabeln und Leitungen muss der Techniker bzw.die Technikerin eventuell Teile, die für den Transport abgeschraubt waren, neu anschrauben. Sicherlich muss er oder sie die Maschine ausrichten, die Ausrichtung des Laserkopfes kontrollieren und überprüfen, ob die Maschine und der Arbeitstisch „im Wasser stehen", (also mit der Wasserwaage überprüfen. Sollte der Laserkopf noch nicht kalibriert sein, so wird der Techniker bzw. die Technikerin dies nun erledigen. Darüber hinaus wird er ein paar Funktionstests durchführen, um sicherzustellen, dass im Werk nichts vergessen wurde und die Maschine den Anforderungen entsprechend funktioniert. Wenn er damit fertig ist, können Sie zur Schulung übergehen.

Schulung

Die Schulung sollte in drei Schritten ablaufen.

- Hardware Erklärung
- Software Erklärung
- Bedienung und Handhabung

Spätestens jetzt sollten Sie die Dokumentation mit der Bedienungsanleitung und den Gefahrenhinweisen überreicht bekommen. Der Inhalt dieses Ordners sollte mindestens die Hardware- und die Softwarebeschreibung mit einer jeweiligen Bedienungsanleitung enthalten. Die Maschinenrichtlinie ist die Vorgabe für alle Länder der Europäischen Union. Sie hat die Nummer 2006/42/EG oder aber die ISO 20607. Gemäß der Maschinenrichtlinie muss jede Betriebsanleitung wenigstens die nachfolgenden Informationen enthalten:

- Firmenname und vollständige Anschrift des Herstellers und seines Bevollmächtigten
- Bezeichnung der Maschine entsprechend der Angabe auf der Maschine selbst
- Die EG-Konformitätserklärung
- Die allgemeine Beschreibung der Maschine
- Die für die Verwendung, Wartung und Instandsetzung der Maschine und zur Überprüfung ihres ordnungsgemäßen Funktionierens erforderlichen Zeichnungen, Schaltpläne, Beschreibungen und Erläuterungen
- Die bestimmungsgemäße Verwendung
- Warnhinweise in Bezug auf Fehlanwendung der Maschine
- Anleitung zur Montage, zum Aufbau und zum Anschluss der Maschine
- Hinweise zur Inbetriebnahme
- Risikobeurteilung
- Schutzmaßnahmen
- Sicherheitshinweise zum Transport zur Handhabung und zur Lagerung
- Fehlerbehebung bei Störungen
- Angabe und Spezifikation von Ersatzteilen, wenn sich diese auf die Sicherheit oder Gesundheit des Bedienungspersonals auswirken können
- Angabe über Emissionsschalldruckpegel kleiner gleich 70 dB(A)
- Angabe über nicht ionisierende Strahlung für Träger aktiver oder implantierbarer medizinische Geräte, wenn eine Strahlung vorliegt, die das Bedienungspersonal gefährden könnte.

Kurz noch einmal das Wichtigste aufgezählt:

- Technische Daten
- Sicherheitsanweisungen
- Beschreibung des Produkts
- Montage Installation Inbetriebnahme
- Beschreibung der Bedienung
- Bestimmungsgemäße Verwendung

- Wartung
- Außerbetriebsetzung

Hardware-Schulung

Der erste Schritt der Schulung ist die Erklärung der Hardware und damit der Anschlüsse und der Bestandteile Ihrer neuen Maschine. Lassen Sie sich zeigen, welche Hauptkomponenten in ihrer Maschine enthalten sind. Lassen Sie sich bitte ebenso erklären, welche Anschlussmöglichkeiten an der Maschine vorhanden sind. Wo ist zum Beispiel ein USB-Port, über den Sie etwas auf die Maschine kopieren können oder etwas in die Software importieren können? In diesem Zusammenhang stellt sich die Frage, ob man solch eine Maschine an ein Netzwerk oder mit dem Internet verbinden soll. Generell spricht nichts gegen ein Netzwerk und auch nichts gegen das Internet. Schaffen Sie die möglichen Sicherheitsvorkehrungen wie sie bei jedem Computer heutzutage mit Virenscanner etc. üblich sind.

Jedoch gibt es noch etwas anderes, was Sie bedenken sollten. Eine Maschine, die heute unter Windows 11 funktioniert, wird in 10 oder 15 Jahren mit dem dann gültigen Stand von Windows nicht mehr klarkommen. Zudem kann es durch automatische Updates von Windows zu Komplikationen führen, wie Sie vielleicht auch schon bei anderen Windows Updates auf anderen Rechnern kennengelernt haben. Zum Beispiel kann passieren, dass ein Update von Windows irgendwelche Einstellungen der Lasermaschine zerschießt. Wenn Sie ein Back-up haben und dies zurückspielen können oder wenn Sie wissen welche Einstellungen berichtigt oder erneut eingerichtet werden müssen, ist das kein Problem. Aber wenn nicht, kann es unangenehm und zeitaufwendig werden. Zudem muss man bedenken, dass eine Windows Version in 15 Jahren Anforderungen an die Maschine stellen könnte, die die Maschine nicht erfüllen kann. Niemand kann das Voraussagen. Aus diesem Grunde ist es oft ratsam keine Updates bei solch einer Maschine zu machen. Die Maschine funktioniert so wie sie heute funktioniert super und Sie benötigt kein Update.

Lassen Sie sich danach erläutern, inwieweit die Maschine eine Wartung benötigt. Bei einer Lasermaschine ist es sehr wichtig, dass Staub aus der Maschine entfernt wird. Lassen Sie es nicht soweit kommen, dass sich irgendwo in der Maschine Staubschichten bilden. Diese Staubschichten sind ein Indikator dafür, dass Sie handeln müssen. Ganz schlecht könnte es werden, wenn sich auf irgendwelchen optischen Elementen Staubschichten bilden und diese eingebrannt würden. Dann ist Gefahr im Verzug. Eingebrannter Staub auf einer Linse würde durch den Laserstrahl selbst oder eine Rückreflektion des Laserstrahls erhitzt und dies könnte zur Zerstörung der Linse führen. Im schlechtesten Fall müssen Sie damit rechnen, dass es Rückkopplungen des Laserstrahls in den Laserresonator gibt und der Laserstrahl den Laser zerstört. Eventuelle Schäden schließen die Hersteller von Lasermaschinen aus der Gewährleistung aus, weil diese auf mangelnde Wartung oder Fehlbedienung zurückzuführen sind.

Bedienung

Danach geht es zur Bedienung der Hardware, wo sie gezeigt bekommen, wie Sie die Maschine einrichten. Der Hersteller wird Einrichtungshilfen mitgeliefert haben oder Sie haben sich spezielle Vorrichtungen vorbereitet. Wie diese am besten zu handhaben sind, zeigt Ihnen Ihr Trainer bzw. Ihre Trainerin.

Nehmen wir einmal an, Sie wollen die Oberfläche eines flachen Bleches bearbeiten. Alternativ könnte dies auch ein Schild sein, auf das Sie einen Text gravieren wollen.

Der erste Schritt ist immer den Fokus einzustellen. Nachdem der Fokus eingestellt ist, sollten Sie ermitteln, welche Laserparameter am besten für Ihre Aufgabe geeignet sind. Dies kann man durch einfaches Ausprobieren testen, wobei dies nervig und zeitaufwendig sein kann. Hier gibt es bessere Systeme. Der Hersteller wird ihn vielleicht eine Testmatrix mitliefern, mit der sie jedes neue Material zuerst testen sollten. Eine solche Test Matrix besteht aus vielen verschiedenen, aber gleich großen Quadraten, die mit verschiedenen Parametern angesteuert werden. Solch eine Matrix könnte eine Variation über zwei Parameter darstellen: zum Beispiel: beim Laser bietet sich als erstes die Laserstärke und als zweites die Geschwindigkeit, mit der der Laserstrahl bewegt wird, an. Wenn man also in 10er oder 100er Schritten die Rechtecke variiert und jeweils zehn Rechtecke anfertigt, so könnte man bei der Lasergeschwindigkeit als niedrigste Geschwindigkeit zum Beispiel 100 mm/s und als höchste Geschwindigkeit zum Beispiel 1000 mm/s parametrieren. Bei der Leistung könnten es 10 % in Zehnerschritten bis 100 % sein. Dadurch erhalten Sie 100 Testquadrate, die Sie nun auf das neue Material lasern und damit 100 verschiedene Ergebnisse erhalten. An diesem Ergebnis können Sie ablesen, welche eine geeignete Einstellung des Lasers für dieses Material sein könnte. Selbst wenn Sie keine optimale Einstellung durch diese 100 Quadrate finden, gibt Ihnen diese Testmatrix sehr viel Aufschluss. Sie sind quasi ab sofort der Laserprofi. Sie wissen, ob es überhaupt funktioniert und Sie wissen ebenso, in welche Richtung die schönsten Ergebnisse erzielt werden. Sollten also auf einer Seite die schöneren Ergebnisse auf der Testmatrix zu finden sein, zum Beispiel der Kontrast ist am stärksten bei langsamer Geschwindigkeit und hohe Leistung, wissen Sie danach, dass Sie in dem hohen Leistungsbereich und bei niedriger Geschwindigkeit anfangen sollten. Hier können Sie nach Belieben Detailtests mit Ihrem Material durchführen. Natürlich könnten Sie sich weitere Testdateien anfertigen, wo Sie ebenfalls 100 Rechtecke über andere Parameter, wie zum Beispiel Frequenz oder Linienabstand, variieren könnten. Man sollte dies nicht zu weit treiben, weil dadurch sehr viele unterschiedliche Testdateien entstehen. Sie müssen in der Praxis abwägen, welche davon für Sie sinnvoll sind oder nicht.

Softwarebedienung

Hoffentlich war bis jetzt alles so, wie Sie es sich vorgestellt haben und es gab noch keine bösen Überraschungen. Jetzt geht es um die Bedienung der Software.

Unabhängig von dem Hersteller sollte eine Maschine zur Oberflächenbearbeitung und zur Gravur mindestens folgende Aufgaben sehr leicht erfüllen. D. h. die Software soll folgendes können.

- Text erstellen
- Variable Daten wie automatisches Datum, Serientext, alphanumerische Zeichen aus einer Liste
- Strichcodes und 2D-Codes
- Rechtecke, Kreise oder Linienobjekte erstellen
- Verschiedene Schriftarten wie sie im Microsoft Computer vorhanden sind
- Laseroptimierte Schriften wie „Single line"
- Schraffur von Objekten
- Importieren von Vektorgrafiken wie DXF DWG PLT WMF EPS AI PDF und andere Datei Formate
- Importieren von Pixel Grafiken BMP JPG
- Unterschiedliche Einstellmöglichkeiten für Vektorgrafiken und unterschiedliche Einstellmöglichkeiten für Pixelgrafiken
- Kreisbeschriftung
- Objekte füllen oder nur die Kontur lasern
- Matrixanordnung von gleichen Objekten
- Kalibrieren des Pilotlasers
- Kalibrieren eines Objektives
- Wechseln eines Objektivs und Wahl des passenden Korrekturfiles
- Verfahren von Achsen
- Abspeichern des Jobs
- Abspeichern von guten Einstellungen in der Materialdatenbank
- Bedienung des Focusshifters
- Einstellung einer Kamera
- Einlernen der Kamera auf ein neues Produkt
- Einstellen und Korrektur des Autofokus
- Bei einer vollautomatischen oder halbautomatischen Anlage kommen eventuell die anlagenspezifischen Softwareeinstellungen hinzu.

Lassen Sie sich in der Schulung vor allen Dingen die Softwarebereiche erklären, mit der Sie in Zukunft viel arbeiten werden. Natürlich gibt es je nach Anwendung große Unterschiede. Jemand, der am Tag 30 verschiedene Jobs einstellen muss, hat ganz andere Anforderungen an die Software als jemand, der eine Maschine nur einmal einstellen muss, die danach Tag und Nacht das Gleiche tun soll.

Literatur

1. Bräckling E, Oitdmann K (2019) Beschaffungsmanagement. Springer Gabler, Wiesbaden

Zusammenfassung und Ausblick 12

Inhaltsverzeichnis

Der Markt für Laser und darauf aufbauender Bearbeitungssysteme ist in einer langfristigen Aufwärtsentwicklung [1]. Neben den traditionellen Einsatzbereichen von Lasern in der Industrie für das Schneiden, Schweißen und Löten haben sich Laseranwendungen zur Oberflächenbearbeitung in den vergangenen Jahren zunehmend mehr verbreitet. Beschriftungen für die Produktkennzeichnung, Erzeugung fälschungssicherer Beschriftungen, Strukturieren und Gravieren von Werkzeugoberflächen, Entfernen von Lack- und Isolierschichten und Reinigen von Oberflächen sind Beispiele wichtiger Fertigungsoperationen, bei denen der Laser heute im Vordergrund steht. Dieses Buch greift diese Entwicklung und den damit verbundenen wachsenden Bedarf an Informationen zur Laseroberflächenbearbeitung auf und setzt sich mit wichtigen Aspekten der Planung, Beschaffung und Anwendung auseinander. Die ersten Buchabschnitte behandeln die Entstehungsgeschichte des Lasers und wesentliche Grundlagen zur Erzeugung und zu Eigenschaften von Laserlicht. In diesem Zusammenhang werden wichtige physikalische Zusammenhänge anschaulich gemacht, die Besonderheiten von Laserlicht erläutert und wichtige Laserstrahlquellen und optische Komponenten vorgestellt. Die darauffolgenden Abschnitte befassen sich mit anwendungsrelevanten Gesichtspunkten und Richtlinien zur Arbeitssicherheit beim Umgang mit Laserstrahlquellen und Lasersystemen sowie mit Grundlagen zu wichtigen Verfahren für die Bearbeitung von Oberflächen mit Laserstrahlen. In diesem Zusammenhang wird auch auf die unterschiedlichen Mechanismen beim Abtragen von Werkstückwerkstoff durch Laserenergie eingegangen. Der abschließende Teil des Buches gibt zunächst eine Übersicht zu gebräuchlichen Maschinenformen zur Oberflächenbearbeitung mit

© Der/die Autor(en), exklusiv lizenziert an Springer Fachmedien Wiesbaden GmbH, ein   181
Teil von Springer Nature 2023
C. Kollbach et al., *Von der Laserbeschriftung bis zum Lasermaterialabtrag*,
https://doi.org/10.1007/978-3-658-38130-1_12

Lasern und zu Einsatzbereichen und stellt dann wesentliche Kriterien für die Auswahl, Beschaffung und Aufstellung zusammen. Zu dem eingangs angesprochenen Trend des zunehmenden Einsatzes von Lasern in der Oberflächenbearbeitung tragen in erster Linie die Vorteile der Laser für die industrielle Fertigung bei, wie z. B. gute Automatisierbarkeit, hohe Geschwindigkeit, nahezu kein Verschleiß, schonende und berührungsfreie Werkstückbearbeitung und hohe Flexibilität. Aber auch die Entwicklungen der vergangenen Jahre im Bereich der Festkörper- und Faserlaser mit höheren Leistungen, verbesserter Strahlqualität und einem breiten Spektrum verfügbarer Wellenlängen vom Infrarot bis zum Ultraviolett unterstützen diesen Trend. Letzteres erlaubt eine verbesserte gezielte Anpassung der Laserbearbeitung an die Eigenschaften des Werkstückwerkstoffs. Ergänzend zu den traditionellen, im Nanosekundenbereich gepulsten Laser kommen zunehmend Ultrakurzpulslaser als Festkörperlaser mit Pulslängen im Picosekunden und Femtosekundenbereich im Bereich des Abtragens zum Einsatz, was mit höheren Genauigkeiten und verbesserten erzeugten Oberflächen verbunden ist [2]. Besondere Potenziale bietet der Laser in der Funktionalisierung von Oberflächen, um z. B. besondere flüssigkeits- und schmutzabstoßende Eigenschaften zu erreichen [3], die Verschleißfestigkeit zu erhöhen und Schmierungseigenschaften zu verbessern [3,4] oder bestimmte biomedizinische Prozesse zu unterstützen [5]. Angelehnt sind solche mit Lasern erzeugte Oberflächenstrukturen dabei in vielen Fällen an Oberflächen aus der Natur, wie z. B. der Nachbildung der Hautstruktur von Geckofüßen [6], die über eine besondere Haftfestigkeit verfügt.

Literatur

1. Mayer A (2021) Märkte und Trends. In: Förster M (Hrsg) World of laser technology. VDMA-Verlag, Frankfurt, S 28–33
2. Gillner A, Horn A (2011) Ablation. In: Poprawe R (Hrsg) Tailored Light 2, Laser Application Technology. Springer-Verlag, Berlin, S 343–363. https://doi.org/10.1007/978-3-642-01237-2_15
3. Obilor AF, Pacella M, Wilson A, Silberschmidt VV (2022) Micro-texturing of polymer surfaces using lasers: a review. Int J Adv Manuf Technol 120:103–135. https://doi.org/10.1007/s00170-022-08731-1
4. Shimizu T, Kobayashi H, Vorholt J, Yang M (2019) Lubrication analysis of micro-dimple textured die surface by direct observation of contact interface in sheet metal forming. Metals 9(9):917. https://doi.org/10.3390/met9090917
5. Riveiro A, Maçon ALB, del Val J, Comesaña R, Pou J (2018) Laser surface texturing of polymers for biomedical applications. Front Phys 6(16). https://doi.org/10.3389/fphy.2018.00016
6. Röhrig M, Thiel M, Worgull M, Hölscher H (2012) 3D Direct laser writing of nano- and microstructured hierarchical gecko-mimicking surfaces. Small 8(9):3009–3015. https://doi.org/10.1002/smll.201200308

Anhang

Zu Kap. 3

Seiten 12–14: Beschreibung der elektromagnetischen Welle

Nach Gl. 3.4 aus Kap. 3 gilt für den elektrischen Anteil E der sich in z-Richtung ausbreitenden EM-Welle:

$$E_\mathrm{y} = E_0 \cdot \sin\left[2 \cdot \pi \cdot f\left(t - \frac{z}{c}\right)\right] \tag{1}$$

Diese transversale, ebene Welle ist eine Lösung der sogenannten ‚Wellengleichung‘, die auch für die Beschreibung von Wellenerscheinungen aus der Mechanik wie z. B. Seilwellen oder Schallwellen gilt [2]. Für den Spezialfall der Gl. 1 kann man sie in der folgenden Form schreiben:

$$\frac{\mathrm{d}^2 E_\mathrm{y}}{\mathrm{d}z^2} = \frac{1}{c^2} \cdot \frac{\mathrm{d}^2 E_\mathrm{y}}{\mathrm{d}t^2} \tag{2}$$

Mit den Ableitungsregeln für die sin- bzw. cos-Funktion ($\mathrm{d/d}x \sin(a \cdot x) = a \cdot \cos(a \cdot x)$ und $\mathrm{d/d}x \cos(a \cdot x) = -a \cdot \sin(a \cdot x)$) könnte man nachrechnen, dass Gl. 1 eine Lösung der Wellengleichung Gl. 2 ist. Für die EM-Welle (Gl. 3.4 in Kap. 3) gilt außerdem:

$$\frac{-\mathrm{d}B_\mathrm{x}}{\mathrm{d}t} = \frac{\mathrm{d}E_\mathrm{y}}{\mathrm{d}z} \quad \text{und} \quad -\mu_0 \cdot \varepsilon_0 \cdot \frac{\mathrm{d}E_\mathrm{y}}{\mathrm{d}t} = \frac{\mathrm{d}B_\mathrm{x}}{\mathrm{d}z} \tag{3}$$

$\varepsilon_0 = 8{,}854 \cdot 10^{-12}\ \mathrm{C} \cdot \mathrm{V}^{-1} \cdot \mathrm{m}^{-1}$ ist die ‚elektrische Feldkonstante‘. (C = die elektrische Ladung Coulomb, V = Volt; m = Längeneinheit Meter).

$\mu_0 = 4 \cdot \pi \cdot 10^{-7}\ \mathrm{V\,s\,A}^{-1} \cdot \mathrm{m}^{-1}$ ist die ‚magentische Feldkonstante‘ (A = Ampere; s = Sekunde).

Die beiden Gleichungen Gl. 3 folgen auch direkt aus der 3. und 4. Maxwellschen Gleichung, angewendet auf die spezielle Darstellung der EM-Welle in der Form von

© Der/die Herausgeber bzw. der/die Autor(en), exklusiv lizenziert an Springer Fachmedien Wiesbaden GmbH, ein Teil von Springer Nature 2023
C. Kollbach et al., *Von der Laserbeschriftung bis zum Lasermaterialabtrag*,
https://doi.org/10.1007/978-3-658-38130-1

Gl. 3.4. Wen es interessiert, der findet weiteres zu den 4 Maxwellschen Gleichungen in den Lehrbüchern zur Elektrodynamik, z. B. in [2]. Dort wird auch gezeigt, dass sich alle Phänomene der Elektrodynamik auf diese 4 Maxwellschen Gleichungen zurückführen lassen. Die wesentliche Aussage der 3. und 4. Maxwellschen Gleichung und damit auch vom Spezialfall der Gl. 3 ist, dass zu einem zeitabhängigen magnetischen Feld B immer auch ein elektrisches Feld E existiert bzw. zu einem zeitabhängigen elektrischen Feld E immer ein magnetisches Feld B. Zeitabhängige E- und B- Felder können also nicht unabhängig voneinander existieren. Im Gegensatz dazu hat ein konstantes, also zeitunabhängiges elektrisches Feld E kein magnetisches Feld B zur Folge. Ein Beispiel wäre ein aufgeladener Kondensator, zwischen dessen Platten ein konstantes elektrisches Feld vorhanden ist, vgl. auch Abschn. 3.1. Genauso hat ein von einem konstanten Strom durchflossener Leiter ein konstantes (zeitunabhängiges) magnetisches Feld B zur Folge, ohne dass damit ein elektrisches Feld E verbunden ist. Aus Gl. 3 – Gleichung links – folgt:

$$\frac{-\mathrm{d}B_x}{\mathrm{d}t} = \frac{\mathrm{d}}{\mathrm{d}z} E_0 \cdot \sin\left[2 \cdot \pi \cdot f\left(t - \frac{z}{c}\right)\right] \tag{4}$$

Mit den Ableitungsregeln für die sin- bzw. cos-Funktion (s. o.) folgt aus Gl. 3 damit:

$$\frac{\mathrm{d}B_x}{\mathrm{d}t} = E_0 \cdot \cos\left[2 \cdot \pi \cdot f\left(t - \frac{z}{c}\right)\right] \cdot \frac{2 \cdot \pi \cdot f}{c} \tag{5}$$

Durch Integration erhält man (ohne Berücksichtigung einer Integrationskonstanten):

$$B_x(t) = \frac{E_0}{c} \cdot \sin\left[2 \cdot \pi \cdot f\left(t - \frac{z}{c}\right)\right] \tag{6}$$

Also so wie in Gl. 3.4 dargestellt. Aus Gl. 3 – Gleichung rechts – erhält man für $\mathrm{d}B_x/\mathrm{d}z$:

$$\frac{\mathrm{d}B_x}{\mathrm{d}z} = \frac{-E_0}{c} \cdot \cos\left[2 \cdot \pi \cdot f\left(t - \frac{z}{c}\right)\right] \cdot \frac{2 \cdot \pi \cdot f}{c} \tag{7}$$

Bzw. für $-\mu_0 \cdot \varepsilon_0 \cdot \mathrm{d}E_y/\mathrm{d}t$:

$$-\mu_0 \cdot \varepsilon_0 \cdot \frac{\mathrm{d}E_y}{\mathrm{d}t} = -\mu_0 \cdot \varepsilon_0 \cdot E_0 \cdot \cos\left[2 \cdot \pi \cdot f\left(t - \frac{z}{c}\right)\right] \cdot 2 \cdot \pi \cdot f \tag{8}$$

Aus Gl. 3 folgt durch Gleichsetzen von Gl. 7 und Gl. 8 damit:

$$c = \sqrt{\frac{1}{\mu_0 \cdot \varepsilon_0}} = 3 \cdot 10^8 \mathrm{m} \cdot \mathrm{s}^{-1} \tag{9}$$

Der Wert auf der rechten Seite von Gl. 9 folgt durch Einsetzen der obigen Werte für μ_0 und ε_0. Damit erhält man aus der 4. Maxwellschen Gleichung bzw. aus dessen spezieller Form in Gl. 3 für die transversale EM-Welle, dass sich diese mit der Lichtgeschwindigkeit c ausbreitet. Aus Gl. 3.4 ergibt sich für das Verhältnis der Amplituden des elektrischen- bzw. magnetischen Feldes:

$$\frac{E_y}{B_x} = c \tag{10}$$

Außerdem folgt aus Gl. 3.4, dass die Orte und Zeiten der maximalen Amplituden von E und B immer gleich sind. Beide Felder haben also keine Phasenverschiebung zueinander.

Seiten 19–22: genauere Beschreibung des Bohrschen Atommodels

Das negativ geladene Elektron und das positiv geladene Proton im Kern haben beide die Elementarladung e und ziehen sich durch die Coulombkraft F_{Coulomb} gegenseitig an. Dieser anziehenden Kraft wirkt die Zentrifugalkraft $F_{\text{Zentrifugal}}$ entgegen. Im Gleichgewicht gilt:

r_n und v_n sind dabei der Radius der n-ten Umlaufbahn bzw. die Geschwindigkeit des Elektrons auf derselben. $\varepsilon_0 = 8{,}854 \cdot 10^{-12}$ C $\cdot$ V^{-1} $\cdot$ m^{-1} ist die ‚elektrische Feldkonstante‘. (C = Coulomb, V = Volt; m = Längeneinheit Meter).

$$F_{\text{Coulomb}} = F_{\text{Zentrifugal}} \Rightarrow \frac{e^2}{4 \cdot \pi \cdot \varepsilon_0 \cdot r_n^2} = \frac{m \cdot v_n^2}{r_n} \tag{11}$$

Aus Gl. 3.18 aus Kap. 3 und der Beziehung für den Impuls des Elektrons $p_n = m \cdot v_n$ (m = Masse) folgt:

$$2 \cdot \pi \cdot r_n \cdot m \cdot v_n = n \cdot h \tag{12}$$

Wenn man Gl. 12 nach r_n bzw. v_n auflöst und in Gl. 11 einsetzt erhält man:

$$r_n = \frac{\varepsilon_0 \cdot h^2 \cdot n^2}{m \cdot e^2 \cdot \pi} \text{ und } v_n = \frac{e^2}{2 \cdot \varepsilon_0 \cdot h \cdot n} \tag{13}$$

Die Geschwindigkeit v_n des Elektrons ist also umgekehrt proportional zu seiner Umlaufbahn n bzw. der Radius r_n ist proportional zum Quadrat derselben. Die Gesamtenergie des Elektrons E_n auf der Umlaufbahn n besteht aus kinetischer Energie E_{kin} und potenzieller elektrischer Energie E_{pot}, also:

$$E_n = E_{kin_n} + E_{pot_n} = \frac{1}{2} \cdot m \cdot v_n^2 - \frac{e^2}{4 \cdot \pi \cdot \varepsilon_0 \cdot r_n} \tag{14}$$

Wenn man nun Gl. 13 in Gl. 14 einsetzt, folgt aus Gl. 3.16 damit für die Energiedifferenz ($E_n - E_m$) zwischen der n-ten und der m-ten Umlaufbahn:

$$h \cdot f = E_n - E_m = \frac{e^4 \cdot m}{8 \cdot \varepsilon_0^2 \cdot h^2} \cdot \left(\frac{1}{n^2} - \frac{1}{m^2} \right); m > n \tag{15}$$

Aus Gl. 15 lassen sich die Energiedifferenzen zwischen den Energieniveaus des Wasserstoffatoms berechnen.

Noch eine Anmerkung zur kinetischen und potentiellen Energie aus Gl. 14:
Aus Gl. 13 und Gl. 14 folgt für die kinetische Energie des Elektrons:

$$E_{kin_n} \approx \frac{1}{r_n} \tag{16}$$

Sie ist also umso grösser, je näher sich das Elektron am Kern befindet. Die potentielle Energie des Elektrons in Gl. 11 folgt aus der Coulombkraft: wenn man sich vorstellt, dass das Elektron sich aus unendlich großer Entfernung r_∞ dem Kern bis zur n-ten Umlaufbahn mit dem Radius r_n nähert, so wird ihm die potentielle Energie

$E_{pot_n} = \int\limits_{\infty}^{r_n} F_{Coulomb} \cdot dr$ zugeführt, also:

$$E_{pot_n} = \int\limits_{\infty}^{r_n} \frac{e^2}{4 \cdot \pi \cdot \varepsilon_0 \cdot r_n^2} \cdot dr = \left[-\frac{e^2}{4 \cdot \pi \cdot \in_0 \cdot r_n} \right] \tag{17a}$$

$$= \frac{-e^2}{4 \cdot \pi \cdot \in_0 \cdot r_n} + \frac{e^2}{4 \cdot \pi \cdot \in_0 \cdot \infty} = \frac{-e^2}{4 \cdot \pi \cdot \in_0 \cdot r_n} \tag{17b}$$

$$\Rightarrow E_{pot_n} \approx \frac{-1}{r_n} \tag{17c}$$

Abb. A.1 zeigt schematisch den Verlauf von E_{kin} und E_{pot} sowie der Gesamtenergie $E = E_{kin} + E_{pot}$. Der Grundzustand E_1 ist der Energiezustand mit der geringsten Gesamtenergie. Der Radius zu diesem Energiezustand ist $r_{n=1}$

Seite 23: Besetzung von zwei Energieniveaus

Nach Abb. A.1 beträgt die Energiedifferenz zwischen dem Grundzustand E_1 und dem ersten angeregten Energieniveau E_2 beim Wasserstoffatom $E_2 - E_1 = 10{,}3$ eV. eV ist eine Einheit für Energie. Dabei bezeichnet e die Ladung eines Elektrons: $e = 1{,}6 \cdot 10^{-19}$ As. Wenn ein Elektron eine Spannungsdifferenz von 1 V durchläuft ist seine Energie um 1 eV $= 1{,}6 \cdot 10^{-19}$ VAs $= 1{,}6 \cdot 10^{-19}$ Ws angestiegen. 10,3 eV sind demnach also $10{,}3 \cdot 1{,}6 \cdot 10^{-19}$ Ws $= 1{,}65 \cdot 10^{-18}$ Ws. Eine Raumtemperatur von 20 °C entspricht in *Kelvin* 293° K. Damit erhält man:

$k \cdot T_{293° K} = 1{,}38 \cdot 10^{-23}$ J/K $\cdot$ 293 K $= 4{,}0 \cdot 10^{-21}$ J. Mit Gl. 3.20 aus Kap. 3 erhält man damit:

$$\frac{N_2}{N_1} = e^{-\frac{1{,}65 \cdot 10^{-18}}{4{,}0 \cdot 10^{-21}}} \Rightarrow N_2 = N_1 \cdot e^{-780} \tag{18}$$

Das erste angeregte Energieniveau ist also praktisch unbesetzt. Eine Besetzung höherer elektronischer Energieniveaus durch Wärmezufuhr (,thermische Besetzung') ist also nicht möglich. Das gilt auch für deutlich höhere Temperaturen von beispielsweise einigen 1000 K.

Abb. A1 Verlauf von E_{kin} und E_{pot} sowie der Gesamtenergie $E = E_{kin} + E_{pot}$. Der Zustand mit der niedrigsten Gesamtenergie ist der Grundzustand eines Atoms oder Moleküls (in diesem Fall also des Wasserstoffatoms). Im Fall des Wasserstoffatoms entspricht das Minimum der Gesamtenergie auch dem Radius der Umlaufbahn im Grundzustand

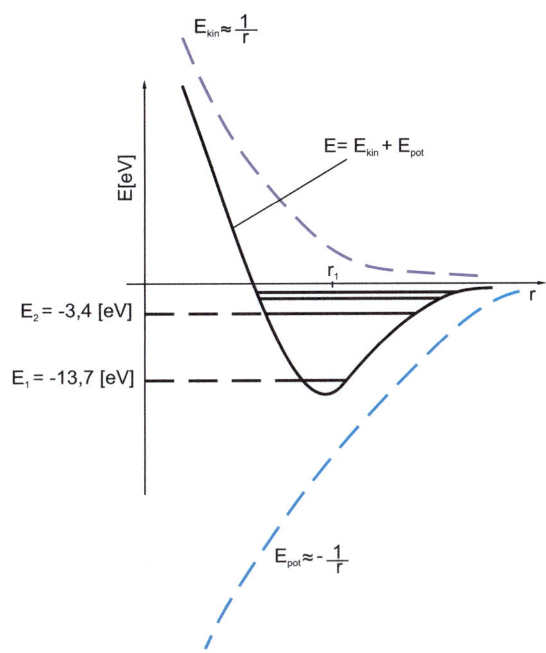

Seiten 24 und 27: exponentielle Abnahme der Teilchen bei spontaner Emission und bei der Verlustrate im Laserresonator

Wenn Teilchen (Atome, Moleküle etc.) vom angeregten Zustand E_2 wieder in den Grundzustand E_1 übergehen wird dem angeregten Zustand E_2 eine bestimmte Lebensdauer τ zugeordnet. Die Wahrscheinlichkeit, dass ein Atom nach einer Zeit t vom angeregten Zustand wieder in den Grundzustand übergeht, wird mit einer Exponentialfunktion beschrieben. Dahinter steckt die Tatsache, dass die die Zahl der Übergänge pro Zeit proportional zu den noch im angeregten Zustand vorhandenen Teilchen ist. Es gilt also (*const* ist eine Konstante):

$$\frac{dN_2(t)}{dt} \approx -const \cdot N_2(t) \tag{19}$$

Vorausgesetzt ist dabei, dass es nur einen Zerfallskanal für E_2 gibt, also ausschließlich nur der Weg $E_2 \rightarrow E_1$ möglich ist. Die Lösung der obigen Gleichung ist eine Exponentialfunktion:

$$N_2(t) \approx e^{-const \cdot t} \tag{20}$$

Als Lebensdauer τ wird die Zeitdauer definiert, nach der die Anzahl der Teilchen in E_2 auf $e^{-1} \cong 0{,}37$ abgenommen hat.

Damit gilt:

$$N_2(\tau) \approx e^{-const \cdot \tau} = e^{-1} \Rightarrow const = \frac{1}{\tau} \tag{21}$$

Damit erhält man also:

$$N_2(t) \approx e^{-\frac{t}{\tau}} \text{ bzw. } \frac{\mathrm{d}N_2(t)}{\mathrm{d}t} \approx -\frac{1}{\tau} \cdot N_2(t) \tag{22}$$

Diese Annahmen stecken in den Ansätzen von Gl. 3.21 im Kap. 3 für die Abnahme von N_2 durch spontane Emission. Ebenfalls gilt dies auch für den Term $-ph/\tau$ in Gl. 3.29 im Kap. 3 als ein Beitrag (Verlustrate) für die zeitliche Änderung von $ph(t)$ im Laserresonator.

Seite 31: ph im Resonator in Abhängigkeit von der Pumpleistung p

Die beiden Ausgangsgleichungen Gl. 3.39 und Gl. 3.40 sind:

$$0 = -g \cdot N_2 \cdot ph + g \cdot N_1 \cdot ph + p \cdot N_0 - se_{21} \cdot N_2 \tag{23}$$

$$0 = g \cdot N_2 \cdot ph - g \cdot N_1 \cdot ph + se_{21} \cdot N_2 - we_{10} \cdot N_1 \tag{24}$$

Aus Gl. 23 folgt:

$$N_2 \cdot (g \cdot ph + se_{21}) = g \cdot N_1 \cdot ph + p \cdot N_0 \Rightarrow \tag{25a}$$

$$N_2 = \frac{g \cdot N_1 \cdot ph}{g \cdot ph + se_{21}} + \frac{p \cdot N_0}{g \cdot ph + se_{21}} \tag{25b}$$

Aus Gl. 24 folgt:

$$N_1 \cdot (g \cdot ph + we_{10}) = N_2 \cdot (g \cdot ph + se_{21}) \Rightarrow \tag{26a}$$

$$N_1 = \frac{N_2 \cdot (g \cdot ph + se_{21})}{(g \cdot ph + we_{10})} \tag{26b}$$

Gl. 26b in Gl. 25b eingesetzt ergibt:

$$N_2 = \frac{g \cdot ph \cdot N_2}{(g \cdot ph + we_{10})} + \frac{p \cdot N_0}{(g \cdot ph + se_{21})} | \cdot (g \cdot ph + we_{10}) \tag{27a}$$

$$\Rightarrow N_2 \cdot (g \cdot ph + we_{10}) = g \cdot ph \cdot N_2 + \frac{p \cdot N_0 \cdot (g \cdot ph + we_{10})}{(g \cdot ph + se_{21})} \tag{27b}$$

$$\Rightarrow N_2 \cdot we_{10} = \frac{p \cdot N_0 \cdot (g \cdot ph + we_{10})}{(g \cdot ph + se_{21})} | \cdot (g \cdot ph + se_{21}) \tag{27c}$$

Damit erhält man:

$$g \cdot ph \cdot p \cdot N_0 + p \cdot N_0 \cdot we_{10} = N_2 \cdot g \cdot ph \cdot we_{10} + N_2 \cdot se_{21} \cdot we_{10} \tag{27d}$$

$$\Rightarrow g \cdot ph \cdot (p \cdot N_0 - N_2 \cdot we_{10}) = N_2 \cdot se_{21} \cdot we_{10} - p \cdot N_0 \cdot we_{10} \tag{27e}$$

$$\Rightarrow g \cdot ph = \frac{N_2 \cdot se_{21} \cdot we_{10} - p \cdot N_0 \cdot we_{10}}{p \cdot N_0 - N_2 \cdot we_{10}} \Rightarrow ph(p) = \frac{p \cdot N_0 - N_2 \cdot se_{21}}{N_2 - \frac{p \cdot N_0}{we_{10}}} \cdot \frac{1}{g} \quad (27f)$$

Seiten 38–39: Zur Definition der Kohärenzzeit von zwei EM-Wellen mit der Frequenzdifferenz df

In der Abb. 3.16 werden zwei EM-Wellen dargestellt, die eine Frequenzdifferenz von df zueinander aufweisen. Mit zunehmender Zeit t werden sie also ‚auseinanderlaufen'. Wenn man jetzt die Differenz zwischen diesen beiden EM-Wellen bildet, ist diese also nicht gleich 0, außer wenn aufgrund der Periodizität der cos- bzw. sin-Funktion die Phasendifferenz gleich π, 2π,… (bzw. 180°, 360°,…) ist.

Die folgende Rechnung zeigt, dass dies genau nach der Zeit $t_{\text{Kohärenz}} = 1/df$ erstmals der Fall ist. Zu zeigen ist also, für welche Zeit t erstmalig gilt:

$$\cos(2 \cdot \pi \cdot f \cdot t) - \cos(2 \cdot \pi \cdot (f + df) \cdot t = 0 \quad (30)$$

Mit dem Summensatz $\cos(\alpha) - \cos(\beta) = -2 \cdot \sin((\alpha+\beta)/2) \cdot \sin((\alpha-\beta)/2)$ erhält man damit:

$$\cos(2 \cdot \pi \cdot f \cdot t) - \cos(2 \cdot \pi \cdot (f + df) \cdot t = \quad (31a)$$

$$-2 \cdot \sin \frac{4 \cdot \pi \cdot f \cdot t + 2 \cdot \pi \cdot df \cdot t}{2} \cdot \sin \frac{-2 \cdot \pi \cdot df \cdot t}{2} = 0 \quad (31b)$$

Diese Gleichung ist erfüllt, wenn $\sin(-2 \cdot \pi \cdot df \cdot t/2) = 0$ *ist*. Das wäre natürlich zum Zeitpunkt $t = 0$ der Fall und dann erstmals wieder zum Zeitpunkt $t = 1/df$, was einer Phasendifferenz von π entspricht.

Die Kohärenzzeit von zwei EM-Wellen ist also als der Zeitpunkt definiert, bei dem die beiden Wellen um π (bzw. 180°) ‚auseinandergelaufen' sind.

Seite 44: Erklärung der Gl. 3.58

Aus der Abb. 3.22 folgt:

$$\tan(\theta) = \frac{r_{\min}}{f} \quad (32)$$

Ausserdem gilt (vgl. auch die Abb. 3.23):

$$\tan(\theta) = \lim_{\substack{z \to \infty \\ z \gg z_R}} \frac{\widetilde{r}(z)}{z} = \frac{\widetilde{r}_{\min} \sqrt{1 + \frac{z^2}{\widetilde{z}_R^2}}}{z} \quad (33)$$

$$\tan(\theta) \cong \frac{\widetilde{r}_{\min}}{\widetilde{z}_R} \quad (34)$$

Durch Gleichsetzen von Gl. 32 und Gl. 34 erhält man damit:

$$\frac{r_{\min}}{f} = \frac{\widetilde{r}_{\min}}{\widetilde{z}_{R}}$$

(35)

Wenn man jetzt $\widetilde{z}_{R}$ mithilfe der Gl. 3.56 ersetzt, erhält man:

$$\widetilde{r}_{\min} = \frac{\lambda \cdot f}{\pi \cdot r_{\min}}$$

(36)